실내환경학개론

한국실내환경학회

도서출판 동화기술

머 리 말

지구상에 사람이 살아가기 시작하면서 춥고, 덥고, 비바람이 몰아치는 열악한 기후조건으로부터 신체를 안전하게 보호하기 위하여 외부와 차단된 공간을 찾게 되었다. 처음에는 자연적 동굴 등을 이용하였으나 점차 다양한 형태의 건축물을 만들어 실내에서 생활하게 되었다. 이러한 실내공간은 외부의 자연환경과 다른 특성을 갖고 있는데, 1800년대 후반 독일의 Max von Pettenkofer 교수가 사람이 호흡하면서 방출하는 이산화탄소(CO_2)를 환기 연구에 활용한 것이 최초의 실내환경연구이다. 그 후 국제학술대회인 실내기후 심포지엄이 1978년 덴마크의 코펜하겐에서 처음으로 개최되었다. 실내환경은 인류의 역사와 함께 하였지만, 많은 사람들이 관심을 갖게 된 것은 최근으로 생활환경의 오염으로부터 건강을 보호하기 위하여 우리가 탐구할 것이 많은 새로운 학문 분야이다.

우리나라가 1990년대 이후 경제성장으로 부유해짐에 따라 많은 주택을 새로 건설하고, 기존 건물을 리모델링하는 과정에서 화학물질이 많이 함유된 건축자재를 사용하여 실내공기가 매우 나빠져 새집증후군으로 불리는 실내공기오염이 사회문제로 대두되었다. 이에 따라 정부에서는 2003년 '실내공기질관리법'을 제정하여 많은 사람들이 이용하는 다중이용시설을 중심으로 실내공기질을 관리하고 있다. 또한 대학, 연구소, 기업, 정부기관 등에 소속된 환경, 보건, 건축, 기계 등 다양한 분야의 전문가들로 구성된 한국실내환경학회가 2004년 발족되어 실내환경연구의 구심점 역할을 수행하고 있다.

현대인들은 평균적으로 85% 이상을 실내공간에서 생활하고 있으므로, 100세 시대에 건강한 삶을 영위하는데 깨끗한 실내공기의 중요성은 더욱 커질 것으로 예상된다. 이에 따라 실내환경과 관련된 직업도 보다 세분화되고, 이 분야의 지식을 습득한 전문가도 더욱 많이 필요할 것이다. 미래사회를 이끌어갈 젊은이들이 실내환경을 잘 이해하여 보다 건강한 삶을 영위하고, 일부는 실내환경 전문가로서 사회에 기여하면서 생활할 수 있기를 바라는 한국실내환경학회 회원들의 뜻을 모아 이 책을 펴냈다. 이 책은 학부 강의교재로 사용할 수 있도록 구성하였고, 현업에 종사하는 분도 다양한 지식을 쉽게 이해할 수 있도록 표현하였다. 바쁜 일정에도 기꺼이 원고를 집필하여 주신 전문가들께 진심으로 감사드리고, 특히 책의 구성, 편집 등 전반적인 사항을 점검하여 준 손부순 교수께 고마움을 표한다. 끝으로 이 책이 실내환경을 배우고자 하는 모든 분께 조금이나마 도움이 될 수 있기를 바란다.

(사) 한국실내환경학회 7대 회장 배귀남

차 례

Chapter 1. 실내환경이란 무엇인가?

Chapter 2. 실내공기오염

Chapter 9. 실내공기질공정시험기준

Chapter 10. 생활공간의 실내공기질 관리

김윤신 교수

1

실내환경이란 무엇인가?

제 1 절

실내환경의 정의와 생활환경

일반적으로 실내환경은 다양한 실내공간에서 발생하는 환경문제(공기, 물, 생활쓰레기, 소음, 진동, 조명 등)를 총칭해서 정의할 수 있다. 특히, 도시인의 경우 하루 24시간 중 85% 이상을 다양한 실내공간(집, 사무실, 학교, 병원, 지하생활공간, 교통수단 등)에서 보내고 있어, 실내공간에서 환경문제가 발생 시 거주하는 사람들의 체제시간 및 공기질에 따라 거주자의 오염노출이 건강에 영향을 줄 가능성이 많다. 특히, 최근 병원에서 발생된 MERS 같은 신종 바이러스 감염은 특수한 실내공간에서 미생물에 의한 건강영향을 나타내는 하나의 예로 공기오염물질의 평가 및 관리는 매우 중요한 분야로 대두되고 있다. 이와 같은 실내공기 오염물질의 관리기술은 실내환경 속의 건강증진을 위한 융합과학기술로 발전할 뿐만 아니라 우리가 살고 있는 밀접한 생활환경 속에서 생활환경질의 개선이라는 차원에서 매우 중요하게 다뤄져야 한다.

1.1 실내환경과 지구환경

새로운 환경분야로 대두되고 있는 실내환경문제는 인간이 주체가 된 생활환경 속에서 다양하게 나타날 수 있으며, 특히 지구환경문제 중 전 세계적으로 이슈화되고 있는 기후변화에 영향을 주는 이산화탄소(CO_2)의 발생은 대도시의 건축 구조물의 화석연료 사용이 많이 기여하는 것으로 보고되어, 실내환경문제의 개선은 지구환경문제의 해결과도 밀접한 관련이 있음을 인식하고 그 관련성을 파악하여야 한다.

1.2 공기의 기본 특성

공기는 지구를 둘러싸고 있는 대기권의 최하위 부분의 질소, 산소, 아르곤 등의 혼합기체로 수증기를 포함하지 않는 공기를 건조공기라 하며, 공기의 혼합조성 부피농도에 따라 질소 78%, 산소 21%, 아르곤 1% 등으로 나누며, 평균 분자량은 28.84 g이다(표 1.1 참조).

〈표 1.1〉 공기의 조성

구분	성분	분자량	함유율(%)
주성분	질소(N_2)	28	78.09
	산소(O_2)	32	20.94
소량성분	아르곤(Ar)	39.94	0.93
	이산화탄소(CO_2)	44	0.03
미량성분	네온(Ne)		0.00182
	헬륨(He)		0.00052

일반적으로 인간은 생존을 위해 물, 음식을 섭취하고, 하루 24시간 동안에 공기 14 m^3를 호흡하며, 단 3분간 숨을 쉬지 않으면 생존할 수 없음에도 불구하고, 공기의 중요성을 간과하고 있는 것이 현실이다.

1.3 실내공기질의 정의 및 중요성

실내공기질(IAQ, Indoor Air Quality)은 실내공간의 공기질을 말하며, 실내공기가 오염되었을 경우 이것을 실내공기오염(IAP, Indoor Air Pollution)이라고 할 수 있다.

실내공기오염의 정의를 얘기하기 전에 세계보건기구(WHO)에서는 대기오염을 "대기 중에 인위적으로 배출된 오염물질이 한 가지 또는 그 이상 존재하여 오염물질의 양, 농도 및 지속시간에 따라 어떤 지역의 불특정 다수인에게 불쾌감을 주어 생활과 재산을 향유할 정당한 권리를 방해받는 상태"라고 정의하고 있다. 따라서 실내공기오염의 정의는 실외대기(outdoor air)오염이 실내에서 발생되어 거주자에게 불쾌감을 주는 상태라 할 수 있다.

실내공기오염의 발생 배경을 보면, 1970년대 이전 거주지역 및 비산업 지역의 실내공기질에 관한 문제는 점차적으로 증가하였으나, 그 관심수준은 매우 미약한 실정이었다. 그러나 1970년대 초 중동지역의 오일(oil) 전쟁 이후 각종 산업 분야 및 건축물에서 에너지 소비를 줄이기 위하여 건물의 밀폐화와 에너지 절감 장치를 설치하는 건물의 증가로 인하여, 이들 건물의 실내공기질이 악화되어 건물 거주자나 사무원들의 자각증상 호소율이 증가되면서, 서양에서는 일명 빌딩증후군(SBS, Sick Building Syndrome), 화학물질과민증(MCS, Multi Chemical Sensitivity) 등과 같은 증상이 사회적 문제로 대두되었다. 한편, 1990년대 후반 이후 일본에서는 Sick House Syndrome (SHS)이란 용어가 사용되기 시작하였고, 국내에서는

2004년 초 모 방송국에서 "집이 사람을 죽인다"라는 다큐멘터리 프로그램이 방송된 이후 새집증후군(SHS), 새차증후군, 새학교증후군과 같은 시사용어가 유행되어, 실내공기질의 중요성 및 관리에 대한 일반인의 관심이 증대되었다. 새집증후군은 새로 지은 건축물의 건축자재에서 배출되는 물질, 특히 휘발성유기화합물(VOCs), 폼알데하이드 등에 노출되어 거주자들이 느끼는 다양한 자각증상(눈이 따갑다, 코가 매캐하다, 목이 아프다, 눈이 맵다, 피로감을 느낀다, 기침이 난다 등)을 정의하는 것으로, 거주자들이 별로 심각하게 생각하지 않지만, 장기간에 반복적으로 자각증상을 호소할 경우, 호흡기계통의 질병으로 발전할 가능성이 많다는 연구결과가 보고되어 관련 증상의 중요성이 부각되었다.

실내환경의 다양한 요인에 의해 나타나는 실내공기오염은 의식적이든 무의식적이든 재실자의 건강에 많은 영향을 주고 있으며, 이에 따라 실내공기 오염물질을 제어하기 위한 많은 기술들이 개발되어 왔으며, 이들 기술의 평가방법에 관한 연구도 이루어지고 있다. 특히 일반인뿐만 아니라 어린이와 노약자에게 미치는 영향은 더욱 클 수 있으며, 실내공기오염의 문제점을 인식하고 원인을 파악한 후, 이에 대한 해결방법을 제시하는 연구는 매우 중요하다.

제 2 절
실내공기 오염물질 및 발생원

일반적으로 실내공기질에 영향을 주는 요인은 크게 외부로부터 대기오염물질의 유입, 다양한 건축자재, 인간의 활동, 생활용품, 온열환경(온・습도, 냉・난방 조건), 기상조건, 환기율, 건물 구조 및 설계 등으로 나눌 수 있다.

공기오염의 원인이 되는 가스상 물질과 입자상 물질로 나눠져 실내공기를 오염시킬 수 있다. 특히, 실내공기오염은 대기질에 비해 확산이 잘 안 되는 경우가 많고, 오염물질의 복합성과 복잡성으로 인해 특성을 단적으로 파악하기는 매우 어렵다. 생활 속에서 발생하는 주요 오염물질과 발생원을 구분하면 표 1.2와 같다.

〈표 1.2〉 실내공기오염의 주요 발생원과 오염물질

실내공기오염의 주요 발생원	오염물질
인간 활동	미세먼지, 이산화탄소, 담배연기
난로, 가스레인지	일산화탄소, 이산화황, 이산화질소
단열재	석면
가습기, 애완동물, 카페트	미생물
건축자재, 가구, 옷, 화장품	폼알데하이드, 휘발성유기화합물
프린터, 컴퓨터	오존
주택 밀폐화	환기 부족
오염된 외부대기	미세먼지, 이산화질소, 이산화황
음식물 쓰레기	악취
토양, 지하수	라돈

2.1 실내공기오염 개선의 배경

국내에서 실내공기질 관리를 위한 법은 1989년 이전에는 보건사회부의 실내공기질관리법이 우선한다. 1989년부터 환경부에서는 "지하생활공기질 관리법"을 필두로, 2003년에는 세계 최초로 "다중이용시설 등의 실내공기질관리법"에서 최근 2015년 말에는 새로운 "실내공기질관리법"을 공포하는 단계에 이르렀다(표 1.3 참조).

2.2 실내공기오염 측정대상 및 관리현황

국내에서 실내공기오염도의 조사는 1983년에 명동 지하상가의 이산화질소 농도의 측정을 필두로, 1986년 이후 서울시 지하철 공기오염도 조사 및 개선방안이라는 서울시 지하철공사의 용역조사를 통해 일반인에게 실내공기오염의 중요성을 알리고 지하생활공간의 공기질을 개선하는 계기가 되었다.

서울시 지하철역 공기오염조사를 통하여 국내에서 최초로 라돈 방사능가스의 농도값을 추정함으로써 새로운 실내공기오염의 측정 및 분석방법을 제시하는 시발점이 되었다고 할 수 있다. 또한, 일반적으로 라돈가스는 자연 속에 존재하는데 지하수의 라돈농도가 높아 그 지역 공기질의 라돈농도에 영향을 줄 수 있음을 파악한 계기가 되었다.

〈표 1.3〉 실내공기질관리법의 변천

연도	법명	내 용
1989	지하공간 환경기준 권고치 설정	먼지, 납 등 14개 항목, 他부처 개별법에 반영 요청_대기환경보전법
1996	지하생활공간 공기질관리법 제정	지하역사 및 지하도상가 대상 실내공기질 관리 – 미세먼지, 이산화탄소, 폼알데하이드 등 7개 물질, 관리기준 설정 · 관리
2003	다중이용시설 등의 실내공기질관리법 마련	지하역사, 지하도 상가 외 어린이집 등 17개 다중이용시설군 관리 – 유지기준(5종) 및 권고기준(5종) 실내 주된 오염원인 건축자재 관리(사용제한) 신축 공동주택 실내공기질 관리(시공자의 측정 · 공고 의무)
2005	실내공기질관리법 개정	신축 공동주택 공기질 권고기준 설정(폼알데하이드 등 6종) 다중이용시설의 공기정화설비 및 환기설비 설치의무 면제 ※「건축물의 설비기준 등에 관한 규칙」(국토부령)으로 이관(2006.2)
2006	실내공기질관리법 개정	대상시설 확대 : 국공립 어린이집(1,000 m^2 이상) ⇒ 법인 · 직장 · 민간어린이집 추가 – 적용규모 대폭 확대 : 1천 m^2 이상 → 430 m^2 이상
2011	실내공기질관리법 시행령 개정	대상시설 확대 : 영화관, 학원, 전시장, PC방 등 4개 시설군 추가 (2012.1.1부터 시행)
2013	실내공기질관리법 개정 (3월, 6월)	대상시설 확대 : 대중교통차량(철도, 도시철도, 시외버스) ※「대중교통차량 제작 또는 운행 관리지침(고시)」 마련 근거 실내공기질 관리 기본계획 및 시행계획 수립 근거 마련 측정망 설치 및 상시 모니터링 체계 가능 실내공기질 오염도검사 결과 공개 근거 마련
2016	실내공기질관리법 법명개정	공중이용시설 이관, 건축자재 사전적합확인제도 도입, 위해성평가 실시근거, 실내환경관리센터 설치, 실내 라돈 조사 및 관리계획 수립 등

1990년대 후반부터 2000년대 초반에 걸쳐 문화재청 문화재연구소 주관으로 미술관, 박물관 소재의 미술품 등의 실내오염 조사연구가 시작되어, 귀중한 문화재 대상으로 보존과학 분야가 발전하는 기틀을 만들었다.

또한, 국방부 산하의 방위시설, 무기체계의 발전에도 실내환경의 적용이 가능하며, 예로 잠수함 · 항공기 내 및 지하 벙커실의 공기질 측정을 통해 해당 병력의 건강증진 및 친환경적 무기체계 발전에도 기여하였다. 2006년 이후에는 군인 막사 시설 내 석면함유 조사를 통해 석면에 노출되지 않도록 하였다.

다양한 실내공간 중 근로자가 일하는 사무실은 아직도 고용노동부의 산업안전보건법에 의해 실내공기질을 측정하고 있고, 학교시설의 교실 내 실내환경은 교육부의 학교보건법에 의해 관리되고 있다.

일부 지하시설의 공기질은 건설교통부에 의해 관리되는 등 국내의 실내공기질 관리법규는 7개 부처에 분산되어 있으나, 가능한 환경부 소관으로 통합하여 관리하는 것이 바람직하다.

실내공기오염을 측정하는 이유는 거주자의 건강영향을 최소화하고, 각종 호흡기질환에 노출되지 않도록 하기 위함이다. 일반적으로 최적의 실내공기질(IAQ)은 적당한 온도・습도・기류를 유지하면서 오염되지 않은 공기질이라 할 수 있다.

실내공기오염 관리의 발전은 국내에서는 1990년 후반 이후 궁극적으로 유해성 확인(hazard identification), 오염물질의 양－반응관계(dose-response relationship), 거주자 개인의 실내오염 노출평가(personal exposure assessment)를 통한 위해성 확인(risk characterization)의 과정을 거치는 위해성 평가 및 관리(risk assessment and risk management)의 방법론을 배우는 계기가 되었고, 최근에는 다양한 생활환경 속의 환경문제가 사회적으로 이슈화되면서 위해도 인식(risk perception)과 위해성 소통(risk communication)의 중요성을 인식하지 않고는 생활환경 중 화학물질의 노출을 이해할 수 없는 단계에 이르렀다.

제 3 절
미래의 실내환경

3.1 실내공기질 관리기반 구축

실내공기오염의 공학적 관리방안은 환기, 오염원의 제거 및 변경, 부가적인 공기청정시스템의 설치 등을 들 수 있다. 국내에서 “실내환경과학”이란 책이 1995년에 첫 선을 보였고, 최근 실내환경 분야는 다양하게 급속도로 발전되어 왔다. 실내공기 이외에도 다양한 생활환경문제(전자파, 조명, 소음, 진동 등)는 향후 산학연 연구 및 시민단체의 관심 속에서 관리기반이 구축되어야 한다.

실내공기 오염물질의 효과적인 저감을 위한 친환경건축자재의 사용, 지능형 공조시스템 등 실내공기질 제어기술 개발 및 관련 실내환경산업 육성과 지원을 장기적으로 추진해야 하며, 다중이용시설 및 공동주택 입주자와 관리자 등 관련 주체들의 자발적인 실내공기질 관리를 위한 지침서 제작 등 교육과 홍보를 강화하여야 한다.

3.2 미래의 실내공기질 관리방안

실내공기 오염물질의 연구는 과거 19세기에 일산화탄소의 연구를 시작으로 최근에는 초미세먼지($PM_{2.5}$), 나노먼지, 미생물(박테리아, 곰팡이, 바이러스 등)에 대한 관심이 높아지고 있으며, 특수한 실내공간의 공기질 파악 및 공기청정시스템의 연구로 확대되고 있다. 또한 거주자의 노출평가, 건강위해성평가 및 관리는 실내환경관리의 기반이 될 것으로 기대된다. 인체 노출을 평가하는데 소비자의 생활용품에 유해물질이 함유됨으로 인한 인체영향 평가를 위해 소비자 노출 모델(consumer exposure models)을 이용하여 소비자의 노출량을 예측하도록 제안하고 있다.

향후 실내공기질의 연구방향은 산업 패러다임의 변화로 관리대상의 확대(사람 + 사물 + 공간) 및 디바이스・개체・공간의 스마트화를 기반으로 새로운 가치를 창조하는 초연결시대로 진입할 것으로 전망된다. 그리고 미래에 다중이용시설 등에 필요한 실내환경 설비 투자 및 실내공기질 통합관리시스템의 발전을 위해 실내공기 오염물질 측정센서의 개발과 자동연속측정망 산업이 육성되어 지속적인 일자리 창출이 가능할 것으로 기대된다.

참고문헌

김윤신, 실내공기오염의 보건학적 소고, 대한보건협회지, 1983.

김윤신, 실내환경과학, 민음사, 1995.

김윤신, 실내환경문제의 국제적 동향과 전망, 한국대기환경학회 21세기 정책수립을 위한 대토론회 요지집, pp 61~72, 1996.

김기영・김윤신, 바이오에어로솔 특론, 신광출판사, 2006.

이철민, 김윤신 외, 국내 다양한 실내환경에서 라돈농도 및 거주자의 실효선량 평가, 한국환경보건학회지, 33(4), pp 264~275, 2007.

김종철, 김윤신 외, 신축공동주택 내 실내유해공기오염물질(HAPs)의 건강위해성 평가, 한국환경보건학회지, 33(1), pp 1~10, 2007.

김윤신, 실내환경과학특론, 신광출판사, 2010.

Spengler JD and Samet JA, Indoor Air Quality Handbook, McGraw-Hill, 2005.

손부순 · 김성환 · 조승연 · 홍승철 교수

2

실내공기오염

제 1 절

실내 발생원

실내공기질을 평가하는데 실내공기 오염물질의 발생과 성질은 매우 중요하다. 이것은 작업환경(산업장, 사무실 등)에서는 명백한 사실이지만, 비작업환경(주택 등) 분야에서도 명확해지고 있다. 대부분의 실내 발생원은 아직 충분히 파악되어 있지 못하며, 여기서 설명되는 요약도 시작단계라고 생각해도 좋다.

1.1 연소기구(Combustion)

주택에서 중요한 연소발생원은 가스 연소기구(gas-fired appliances)이다. 일반적으로 레인지, 오븐, 화구로부터 발생물은 외부로 배출되지 않고, 실내에서 일산화탄소(CO), 일산화질소(NO), 이산화질소(NO_2), 폼알데하이드(HCHO), 입자상 물질(PM)의 오염원이 된다.

가스 연소기구를 사용하는 주택에서 1시간 대기환경기준 25 ppm을 상회하는 높은 CO 농도가 관측되고 있다(Sterling and Sterling, 1979; Wade et al., 1975; Hollowell et al., 1977). 가스조리기를 사용하는 실내환경에서 NO_x, NO_2 농도는 대기환경 수준을 초과하는 경우가 보고되었다(Melia et al., 1978; Hollowell et al., 1977; Spengler et al., 1977).

연통이 없는 스페이스 히터(Palmes et al., 1979), 공기 공급식 가스 중앙난방 시스템(Hollowell et al., 1979)의 경우, NO와 NO_2 농도가 실외 대기보다 높은 것으로 보고되었다.

1.2 흡연(Smoking)

담배 연기는 잠재적으로 여러 가지 유해물질을 포함하고 있다. 표 2.1에 담배 1개비당 실측한 배출계수(EF, Emission Factor)를 나타낸다. 주류연(mainstream)은 흡연자에 의해서 흡인된 것으로 배출계수는 흡입이전 조건의 것이다. 대부분의 오염물은 흡연자의 폐에서 제거되며, 예를 들면 입자상 물질의 경우 70%가 된다. 부류연(sidestream)은 cigarette, cigar, 파이프에서 직접 방출되는 비여과된 것이다. 따라서 부류연의 배출계수는 흡연장소의 실내환경 특성을 설정하는데 보다 유용하다.

가정에서 흡연자 한 사람 당 연간 실내 호흡성 입자 농도 중 약 20 μg/m^{3}을 발생하고 있다(Dockery and Spengler, 1981a, b; Spengler et al., 1981).

흡연에 의한 입자는 폐 속의 폐흉부까지 도달되어 침착된다고 생각할 수 있다. 최초의 주류연 중앙입경 0.37~0.52 μm가 15초 이내에 0.41~0.71 μm까지 성장한다(Hinds, 1978). 부류연의 입자도 같은 양상을 보인다. 챔버실험에서 2.5시간 후 75%가 중앙입경 0.7 μm에 남아 있고, 2 μm 이상의 입자는 없다(Hoegg, 1972).

〈표 2.1〉 주류연 및 부류연의 오염물질 배출계수

Properties	Source [a]	Mainstream	Sidestream	Sidestream/ Mainstream Ratio
General characteristices				
Duration of smoke production	2	20 sec	550 sec	27
Amount of tobacco burnt	2	347 mg	411 mg	1.2
Number of particles per cigarette	2	1.05 × 10^{12}	3.5 × 10^{12}	3.3
Particle number median diameter	2	0.2 μm	0.15 μm	0.75
Particulate phase		μg/cigarette	μg/cigarette	
Total suspended particulate matter	2	36,200	25,800	0.7
Tar	9,2	<500~29,000	44,100	2.1
Nicotine	4,9	100~2,500	2,700~6,750	2.7
Total phenols	2	228	603	2.6
Pyrene	4	50~200	180~420	3.6
Benzo(a)pyrene	4	20~40	68~136	3.4
Naphthalene	4	2.8	40	16
Methylnaphthalene	4	2.2	60	28
Aniline	4	0.36	10.8	30
NNN [b]	4	0.1~0.55	0.5~2.5	5
NNK [c]	4	0.08~0.22	0.8~2.2	10
Cadmium	2	0.13	0.45	3.6
Nickel	3	0.08	-	-
Arsenic	3	0.012	-	-
2-Naphthylamine	4	0.002~0.028	0.08	39
Hydrogen cyanide	5	74	-	-

Polonium-210	7	0.029～0.044 pCi/cigarette	-	-
Gases and vapors		μg/cigarette	μg/cigarette	
Carbon monoxide	4.9	1,000～20,000	25,000～50,000	2.5
Carbon dioxide	4	20,000～60,000	160,000～480,000	8.1
Hydrogen cyanide	1,3	18～1,400	40～3,100	2.2
Methyl chloride	4	430	110	0.25
Acetone	4	650	1,300	2.1
Ammonia	4	100～600	250～1,500	2.5
Pyridine	1,3,4	10～150	980～150,000	98
Acrolein	1,3	25～140	55～300	2.2
Nitric oxide	3,6,8	10～570	2,300 [e]	4
Nitrogen dioxide	3,6,8	0.5～30	625 [e]	20
Formaldehyde	3,6	20～90	1,300	15
DMN [f]	4	10～65	520～3,380	52
NPy [g]	4	10～35	270～945	27

a: (1) Wakeham (1972); (2) Hoegg (1972); (3) HEW (1979), Chap. 14; (4) HEW (1979), Chap. 11; (5) Schmeltz et al. (1975); (6) Weber et al. (1979); (7) Kelley (1965); (8) Jenkins and Gill (1980); (9) FTC (1981)

b: Nitrosonornicotine (NNN)

c: 4-(N-methyl-N-nitrosamino)-1-(3-pyridyl)-1-butanone (NNK)

d: Ratied from total aldehydes

e: Based on the date of Weber et al. (1979), Table 1, assuming a mixing factor of 1.0. Values will be lower if mixing was less than ideal

f: Dimethylnitrosamine (DMN)

g: Nitrosopyrolidine (NPy)

1.3 건축재료(Building Materials)

1.3.1 라돈 낭핵종

여러 가지 건축재료가 유해물의 발생원으로 명백히 밝혀져 있다. 건축재료에서 Rn-222 발생은 재료의 수분함유량, 밀도, 밀폐제의 유무, 재료에 함유되어 있는 소재의 성질에 영향을 받는다. Rn-222의 또 다른 발생은 밖으로 흘러나가지 않는 누출부분[누출분 pCi/발생분은 벽, 천정재료에서 일반적으로 1%의 차수(order)]이다. 발생량과 누출분은 재료 두께의 관수이다(UN, 1977).

라돈은 방사성 물질을 포함한 흙과 접하고 있는 토양지하실의 벽, 마루를 통해 방출된다. 흙의 Rn-222 발생량은 6×10^{-3}~1.4 pCi/m² · sec의 범위이며, 평균치는 0.42 pCi/m² · sec이다. Rn-222와 짧은 수명의 그 낭핵종에 흥미를 갖고 있기 때문에, Pb-210 (22년의 반감기로 그 과정을 끝낸다)에게 라돈 낭핵종의 희석과 자연붕괴를 나타내는 5개의 미분방정식을 풀 필요가 있다. 그 미분방정식은 다음과 같다.

$i=1, 2, 3, 4$에 대해

$$\frac{dA_i}{dt} = \lambda_i A_{i-1} - (\lambda_i + I)A_i + IA_i^o \tag{2.1}$$

여기서, $i=1$~4는 각각 Rn-222, Po-218, Pb-214, Bi-214와 Po-214를 나타낸다. A_i는 시간 t에 대한 i번째 방사성 핵종(pCi/L)의 방사능 농도이다. λ_i는 이것의 감소상수(min^{-1}), A_i에 위첨자가 없는 것은 실내농도를 표시하며, 위첨자 o는 실외농도를 나타낸다. I는 환기회수(회/min), Q는 발생원 강도, 즉 단위용적당 건물에 Rn-222의 침입량이다(pCi / L · min)(Kusuda et al., 1980).

〈표 2.2〉 각종 재료로부터의 라돈 발생량(UN)

Material	Emanation rate of Rn-222 per unit activity concentration of Ra-226 (pCi/m² · sec per pCi/g)	Comments
By-product gypsum	0.01	Internal walls 76 mm thick
By-product gypsum	0.001	Ceiling 13 mm thick
Concrete	0.005	10 cm thick
Uranium mill tailings	0.2	10 cm thick
Uranium mill tailings	1.6	Infinite thickness
Soil	0.5	Infinite thickness
Light concrete	0.02	20 cm thick
Heavy concrete	0.01	8 cm thick

1.3.2 폼알데하이드(HCHO)

파티클보드(particle board)와 우레아수지 발포형(urea-formaldehyde foam) 단열재는 HCHO 발생원으로 밝혀지고 있다(Andersen et al., 1975; Allan et al., 1980; Sardinas et al., 1979; Breysse, 1981; Dally et al., 1981). 실내농도를 나타내는 실험적으로 얻어진 수치 모델이 개발되고 있다.

$$C = \frac{(RT - N)(aH + b)}{1 + nf/a} \tag{2.2}$$

여기서, C는 농도(mg HCHO/m^3), 프로그램 실험에 의해 얻어진 실험상의 정수로서 $R = 0.064$, $a = 0.143$, $b = 0.048$, $f = 0.304$, $N = 0.764$, H는 습도(g H_2O/kg dry air), T는 온도(℃), n은 시간당 환기횟수, a는 실 체적당 보드 면적이다. 이 식은 17~32℃, 5~13 g H_2O/kg air, 0.4~3회/hr의 조건에서 적용 가능하다. 식 (2.2)를 지지하는 농도 데이터는 발생농도와 환기량에 의한 제거농도가 평행상태에 도달한 후, 전부 얻어진 것이기 때문에 파티클보드로부터 폼알데하이드 발생은 S'에 의해 나타내는 것이 가능하다.

$$S' = \frac{nC_{i,ss}}{a} = \frac{(\kappa n/a)(RT - N)(aH + b)}{1 + nf/a} \tag{2.3}$$

여기서, $C_{i,ss}$는 정상상태(steady-state)에서 실내농도이며, k는 혼합률(혼합계수)을 나타낸다. S'의 단위는 mg HCHO/m^2・hr이다. 평균 모수(parameter)의 값, $n/a = 0.67$ m/hr, $T = 22.8$℃, $H = 7.1$ g/kg(Andersen et al., 1975)을 도입하여 완전혼합($k = 1$)을 가정하면, $S' = 0.41$ mg/m^2・hr가 된다. S'가 미정의 상대습도, 22~25℃에서 0.035 mg/m^2・hr의 밀폐공간에서 Berge and Mellegaard (1979) 등의 연구에서 얻어진 값보다 이 값은 약간 크다. 이 정도의 범위는 파티클보드 발생량으로 일반적이다.

한층 더 흥미 있는 것은 13개월 지난 파티클보드에서 HCHO 발생이 초기값의 약 70%라는 것이다(Andresen et al., 1975). 파티클보드와 합판은 주요한 HCHO 발생원으로 확인되고 있다(Breysse, 1981). 파티클보드에서 발생이 시간경과에 따라 지수함수적으로 감소한다는 실험실과 주택 측정에 기초한 몇 가지 증거가 있다. 실내 HCHO 농도와 채취한 시간 t의 관계는 다음과 같다.

$$C = G_1 e^{-G_2 t} \tag{2.4}$$

여기서, G_1과 G_2는 실험적인 상수이다. 이 식은 파티클보드의 양, 온도, 습도, 환기를 고려하지 않고 있다. 식 (2.4)에 기초한 반감기는 2년(파티클보드로 만들어진 스칸디나비아 주택), 58개월(덴마크 주택), 69개월(무작위로 선발된 위스콘신주의 이동주택), 28개월(고통을 호소했던 위스콘신주의 이동주택)로 일컬어지고 있고, 이들 자료를 종합하면 개개 주택에 대하여 이 값과 차이는 상당히 있지만 반감기는 53개월(NAS, 1981b)이다.

1.3.3 석면

빌딩 내 석면 섬유 오염은 낙하, 접촉, 유지관리 작업에 의해 발생된다(Sawyer and Spooner, 1987). 낙하에 의한 섬유 발생량은 낮은 수준이라는 것이 특징이다. 낙하는 실험적 섬유재료의 물리적인 파손이 없어도 발생되며, 접착제의 변질과 함수적인 관계가 있다. 그 양은 구조상의 진동, 습도변화, 공기이동에 의해서 변한다. 농도의 범위는 좋은 상태에서 시멘트 혼합의 경우 0에 가까운 것부터 질이 낮은 건조 혼합의 경우 100 mg/m^{3}까지이다. 조용한 활동시 농도는 대기에 가까운 농도에서 전자현미경에 의한 100 ng/m^3, 광학현미경에 의한 2×10^4 fibers/m^{3}까지 변한다(Sawyer and Spooner, 1978).

일상관리에서 섬유발생은 20×10^6 fibers/m^{3}을 초과하거나 건조 분무된 석면의 철거작업에서는 100×10^6 fibers/m^3 이상의 발생도 있을 수 있다. 보관작업 중 유지관리 작업에 의해서는 5×10^6 fibers/m^{3}이 관측된다.

1.4 사무기기와 가정용 공기청정기

복사기(Selway et al., 1980; Allen et al., 1978)와 가정용, 상업용 정전식 공기청정장치(Allen et al., 1978; Sutton et al., 1976)의 시험에 의해 이들 기기가 실내 오존 발생원이라는 것이 알려졌다.

복사기는 일반인 작업조건에서 작업자의 호흡영역의 경우, 0.068 ppm까지 평형 농도가 측정되고 있다. 복사기의 청소와 관리에 따라 일반적으로 발생량이 감소하지만, 15일 이내에 이전의 양으로 돌아온다(Selway et al., 1980). 탄화수소의 발생률 자료는 없지만, 실측에 의하면 7.5시간 이상 걸쳐서 1.05 mg/m^{3}까지의 농도를 나타냈다(NIOSH, 1977). 복사기에서 사용되고 있는 어떤 종류의 토너는 극히 적은 양의 나이트로피렌(nitropyrene)을 함유하고 있다는 보고도 있다.

1.5 기타 발생원

암모니아와 화합된 산업용의 강한 세척 화합물(cleaning compounds)과 살균 세척으로부터 여러 가지 유기화합물이 발생될 수 있다(Selway, 1979; Allen, 1977). 마감재, 접착제, 염료도 유기물의 발생원이지만(Hollowell et al., 1979), 배출계수는 조사되어 있지 않다.

가정 생활환경에서도 위험한 물질이 발생한다. 석면은 헤어드라이어에서도 방출되고, 냄새제거제, 가구용 왁스, 염료는 에어로졸 상태로 사용되는 대표적인 가정용품이다. 에어로졸의 가압제는 프로페인(propane), 아이소뷰테인(isobutane), 트라이클로로플루오로메테인(trichor-ofluoromethane), 다이클로로다이플루오로메테인(dichlorodifluoromethane)이며, 측정은 1974년 소비자 상품으로 실시되었다. 에어로졸 제품의 개수 중앙입경(NMD, Number Median Diameter)이 0.04~0.06 μm 범위에 있다는 것을 주목하는 것은 이 크기의 입자가 폐포에서 침착될 가능성이 높기 때문이다.

참고문헌

손부순 저, 실내공기오염, 신광문화사, 1998.
손부순 저, 환경과학개론, 신광출판사, 1995.

제 2 절
미생물

2.1 개요

미생물(microorganisms)은 실내에서 생물학적 공기오염물질로서 중요한 존재이다. 실내의 다른 화학적, 물리적 오염물질과 비교할 때 매우 짧은 시간 동안 농도가 기하학적인 숫자로 증가할 수 있는 매우 독특한 특성을 가지고 있다. 또한 다른 실내공기 오염물질과 달리 미생물은 실제로 한 가지 오염물질이 아니라는 사실이다. 미생물은 종(species)이 다양하고 종마다 크기, 구조, 생육조건, 독성, 부유특성, 인체와 상호작용하는 능력 등이 다르기 때문에 단순한 오염물질로 취급해서는 안 된다. 실내의 환경조건(온도, 습도, 환기상태, 자연광 존재 유무, 유기물 존재 유무, 동식물 존재 유무, 사람의 활동 정도 등)에 따라 종 다양성, 농도, 분포가 달라지기 때문에 생태학적 이해가 요구되는 오염물질이다. 따라서 실내공기 중 미생물 오염을 잘 관리하기 위해서는 미생물의 일반적인 특성을 이해하는 것이 중요하다.

2.2 미생물의 종류

미생물은 단어 자체로는 단순히 크기가 작은 생명체를 의미하는데, 학술적으로는 여러 가지 특성에 따라 몇 가지 그룹으로 나누어진다. 그 중 실내환경에서 나타나는 대표적인 것으로 세균(bacteria), 진균(fungi 또는 molds), 바이러스(virus)가 있다. 세균은 단세포(single cell)로서 세포 내에 유전정보를 지닌 염색체인 핵산 물질을 보호하는 핵막이 없는 생명체이다. 세균의 크기는 종에 따라 1～60 μm 정도이나 대부분 1～5 μm 정도이다. 세포질을 둘러싼 세포벽의 구성물질과 두께에 따라 그람염색시약에 염색되는 정도가 다른데, 염색되면 그람양성균으로 염색되지 않으면 그람음성균으로 분류된다. 일반적으로 그람양성균이 그람음성균보다 세포벽이 두꺼우며 환경에서 저항성이 높다. 현미경으로 관찰된 모양에 따라 막대모양(바실러스균형), 둥근 모양(코쿠스균형), 실 모양(방선균형) 등으로 구분된다. 표면에 가느다란 섬모를 지니고 있으며 다당체로 둘러 싸여 있다. 종에 따라 이동을 위해 운동성의 편모를 가지고 있는 종도 있다. 이러한 구조로 볼 때 수분이 있는 환경을 좋아함을 알 수 있다. 수분이 있는 환경에서 자라다가 수분이 증발할 때 공기 중으로 부유하게 된다. 세균은 이분법으로 분열하여 하나의 개체가 두 개의 개체로 증식하면서 지수적으로 개체 증식이 이루어진다. 세균의 대표적인 예로 대장균(*Escherichea coli*), 고초균(*Bacillus substilis*), 포도상구균(*Staphylococcus aureus*), 녹농균(*Pseudomonas aeruginosa*), 레지오넬라균(*Legionella pneumophila*), 결핵균(*Mycobacterium tuberculosis*) 등이 있다.

진균은 실모양의 다세포(multi-cellular cells)성 균사(mycelia)를 가지고 있어 사상균이라고도 부른다. 사상균은 균사로 생육하면서 물체의 표면을 이동하며 퍼져 나간다. 일정 기간 자란 후 포자를 형성한다. 종에 따라 포자는 단세포에서 다세포 형태로 형성되며 건조되거나 바람이 불면 이탈하여 기류를 타고 공기 중으로 부유하게 된다. 포자의 크기는 종에 따라 1~100 μm 범위의 크기를 가지나 10~30 μm가 대부분을 차지하고 있다. 바람이 세게 불면 균사체도 공기 중으로 부유하게 된다. 자연환경에서 일반적으로 균사가 포자보다 더 생존력이 강하다. 사상성 진균의 대표적인 예로 아스페르길루스 나이가(*Aspergillus niger*), 페니실리움 마네피아이(*Penicillium marneffei*), 클라도스포리움 균(*Cladosporium cladosporioides*), 알터나리아 알터나타(*Alternaria alternata*), 뮤코 레이스모우스(*Mucor racesmous*) 등이 있다.

진균의 또 다른 형태는 타원 또는 막대형의 단세포인 효모(yeast)이다. 출아(budding) 또는 분열(fission)에 의해 이분법으로 증식하며, 크기는 3~4 μm 정도이며 세균처럼 이동할 수 있는 편모 구조를 지니고 있다. 효모는 바람에 의해 공기 중으로 부유하게 된다. 대표적인 효모로는 빵효모인 사카로미세스 세르비시아(*Saccharomyces cerevisiae*), 쉬조사카로미세스 폼베(*Schizosaccharomyces pombe*), 칸디다 알비칸(*Candida albicans*), 크립토코쿠스 네오포만스(*Cryptoccocus neoformans*) 등이 있다.

바이러스는 보통 핵산과 단백질로 구성되어 있으며 세포질(cytosol)이 없는 입자이다. 대개 30~300 nm 범위의 크기를 가진다. 스스로 증식, 생육할 수 없으며 사람, 동물, 식물, 미생물 등의 기주(host)에 침입하여야만 증식할 수 있다. 스스로 기주세포 밖으로 나오거나 분비물을 따라 나와서 비말핵(1~4 μm 직경의 물 입자)이나 부유하는 다른 입자와 결합하여 공기 중에 부유하게 된다. 이 경우 바이러스를 운반하는 입자의 크기는 다양하다. 바이러스의 대표적 예로 파지바이러스(Bacteriophage), 인플루엔자바이러스(Influenza virus), 중증급성호흡기증후군 코로나바이러스(Severe Acute Respiratory Syndrome corona virus), 조류독감바이러스(Avian Influenza virus), 간염바이러스(Hepatitis virus) 등이 있다.

2.3 미생물의 생육 특성

미생물이 생육하기 위해서는 몇 가지 요건을 충족해야 한다. 영양원, 온도, 습도, 산소가 가장 중요한 요소이다. 모든 미생물은 종류에 관계없이 주로 유기물로 구성되어 있으며, 핵심적인 성분은 탄수화물, 지질, 단백질이다. 따라서 이러한 몸체 구성을 위해서는 유기물을 영양원으로 얻어서 생육해야 한다. 동물과 식물의 잔재는 미생물 생육에 필요한 엄청난 영양원을 제공한다.

수분은 미생물이 영양원을 흡수하는데 중요하다. 영양원이 포함된 기질에서 수분을 잘 흡수할 수 있어 영양원을 충분히 이용할 수 있다. 영양 기질에 포함된 수분이 줄어들수록 수분 이용도는 떨어지며 이에 따라 미생물의 생육도 줄어들게 된다. 또한 미생물이 기질에 들어 있는 수분을 흡수하는데, 기질에 들어 있는 당, 염분 등의 농도도 흡수력에 영향을 미친다.

세균의 경우 산소가 있는 호기조건뿐만 아니라 산소가 없는 혐기조건에서도 생육하는 종이 많이 있다. 이에 반해 진균의 경우는 호기조건에서 생육한다. 바이러스는 스스로는 증식할 수 없기 때문에 호기조건과 혐기조건에 따른 생육을 논할 수 없다.

실내의 온도는 보통 10~30℃ 범위에서 관리되고 있는데, 이는 중온성 미생물들이 살아가는데 적합한 온도이다. 중온성 미생물의 생육 범위는 10~40℃ 범위이다. 인체 감염균의 적온은 37℃인 것을 고려하면 대체적으로 보통의 실내 온도인 24℃에서 인체 감염균의 증식은 왕성하지 않다. 그러나 공기를 매질로 인체에 접촉되면 감염을 일으키고 인체의 온도인 37℃에서 급속히 생장한다.

미생물의 생장을 시간대 별로 측정하면 종에 따라 생장 속도에 차이가 있지만 일정 시간 동안 생장한 후 안정화되는 S자형 곡선으로 증식한다. 그러나 미생물은 생육에 적합한 영양원, 온도, 습도, 산소가 지속적으로 주어지면 생장을 멈추지 않고 계속해서 생장하는 특성이 있다. 그러나 이러한 요소 중에 하나라도 부족하면 생장이 억제된다. 이러한 특성은 미생물 관리에서 고려해야 할 중요한 사항이다.

2.4 균으로서 미생물 속성

우리 생활과 관련하여 미생물은 눈으로 잘 보이지 않지만 그 영향에 따라 여러 가지 형태로 그 존재를 나타내고 있다. 질병을 일으키는 병원균 또는 감염시키는 감염균, 식품을 오염시키는 식중독균, 부패시키는 식품부패 유발균, 알레르기 유발균, 건물을 부식시키는 부식균 등이다. 이러한 부정적인 영향과 반대적인 측면에서는 식품발효균, 냄새억제균, 식용균(버섯

류), 음식물쓰레기 분해균 등 유용한 균으로도 이용되고 있다.

그러나 자연에 존재하는 미생물의 종수를 고려할 때 이러한 명칭으로 사용되는 균의 종류는 극히 일부에 지나지 않는다. 이러한 명칭이 부여되지 않은 대부분의 미생물은 일반균 또는 일반미생물로 취급되고 있다. 세균의 경우 일반세균이 그 좋은 예이다. 일반미생물에 대해 주의해야 할 사항은 다음과 같다. 일반미생물은 대개의 경우 병원성이 없는 것으로 인식하고 있는데, 이를 "일반미생물은 병원성이 전혀 없다"라고 단정해서는 안 된다는 것이다. 자연에는 수없이 많은 종이 존재하는데, 병원성이 확실히 밝혀진 경우 병원균, 아직 잘 밝혀지지 않은 경우는 일반미생물로 구분해 놓고 있기 때문이다. 따라서 시간이 지나고 세월이 지남에 따라 일반미생물 중에 인체 감염 사례 등 병원성이 밝혀지면 일반미생물이 아닌 병원균으로 취급되어진다. 실제로 임상적 보고에 따르면 환자의 병증 부위에서 일반미생물이 발견되는 사례가 늘고 있으며 환자의 면역 상태에 따라 그 증상 정도가 달리 나타나고 있다. 따라서 일반미생물도 소홀히 할 사항이 아니라 계속해서 새로운 정보가 있는지 지속적으로 주의 깊게 살펴야 한다. 자연에서 발생하는 총미생물수를 고려하면 병원균의 수는 극히 적은 수이다. 총미생물수 중에 거의 대부분이 일반미생물이다. 확률적으로 일반미생물수가 증가하면 그 안에 병원균이 존재할 가능성이 증가하기 때문에 총미생물수가 매우 높으면 주의해야 한다. 또한 총미생물수가 높으면 병원균은 아니더라도 식중독균, 식품부패 유발균, 알레르기 유발균, 건물 부식균 등이 많이 존재하게 되어 인체 영향과 건물 관리에 영향을 줄 수 있다. 우리생활에 영향을 주는 미생물이 없다가 나타나거나 농도가 낮다가 높아지면 오염으로 간주되기 때문에 실내공기 중 미생물 농도를 법으로 지정하여 관리한다는 것은 바로 이러한 측면이 고려된 것이다.

이렇듯 미생물이 우리 생활에 미치는 영향을 고려할 때 실내공기 중에 존재하는 미생물이 어떤 존재인지를 파악하는 것은 매우 중요하다. 실내공기 중에 어떤 종의 미생물이 존재하는지 판단은 미생물을 채집하고, 순수 분리하여 종 동정(species identification)을 수행하는 것으로서 그 결과는 특정 공간의 공기 중에 존재하는 미생물의 다양성을 파악하는 기본 절차이다. 더불어 종 동정은 공기질의 상태를 판단하는 기준이 될 수 있다. 그 기준은 실내공기질을 잘 관리하는데 매우 중요한 정보이다. 예를 들면, 병원의 감염 병동 같은 경우 공기 중에 존재하는 미생물 중 폐렴균의 존재 유무는 총미생물수의 많고 적음보다 더 깊은 관심 사항이다.

미생물은 생태학적으로 볼 때 다양성이 높을수록 특정 종의 농도가 높지 않다. 이는 미생물간에 경쟁적 상호작용을 통해 특정 종만의 무한한 증식을 막는 데 기여한다. 따라서 공기 중에 특정 병원균이나 감염균의 농도가 높지 않기 위해서는 공기 중 미생물 다양성이 높아야 한다. 특정 종의 대량 서식은 문제를 일으킬 가능성이 높으므로, 이 경우 왜 특정 종의 서식이 높아졌는지 분석해야 한다. 그 분석 결과가 있어야 특정 종의 대량을 억제하는 문제를 해결하는 실마리를 찾을 수 있기 때문이다. 이러한 점에서 빌딩의 구조나 환기 방식 등도 미생물 다양성을 높일 수 있는 방향으로 최대한 고려하여 설계하고 설치, 운영하는 것이 바람직하다.

2.5 공기 중 입자로서 미생물

토양이나 수계에 존재하는 미생물들과 달리 공기 중에 부유하는 미생물은 발생 전 어디선가 바람에 의해 공기 중으로 부유하고 기류를 타고 이동하면서 확산된다. 이때 미생물은 물질적인 측면에서 유기물과 물로 구성된 생명체이므로, 고체이면서 액체 성격의 콜로이드성 부유입자로도 해석될 수 있다. 특히 미생물은 미생물 자체로서 뿐만 아니라 수분이나 먼지와 결합하여 공기 중에 부유하는 입자상 물질의 특성을 나타낸다. 그리하여 생물학적 입자로서 공기를 타고 떠다니면서 확산된다.

공기 중에 부유하여 확산하는 미생물은 생물학적 활성이 있는 생체와 죽어서 생물학적 활성이 없는 사체로 동시에 존재한다. 미생물 생체 또한 떠다니면서 건조되거나 물체에 부딪치거나 자외선 등에 노출되면 생물학적 활성을 잃게 되면서 사체(dead cell)가 된다. 미생물 사체가 부서지면 세포벽 물질, 세포내용물질 등이 나오게 된다. 그리하여 미생물 자체(생체 및 사체) 또는 미생물 유래 대사물질, 세포내용물질, 세포벽 물질 등이 공기 중에 부유하게 된다. 미생물은 살아 있을 때 대사물질로서 단백질, 효소, 당류, 유기산, 휘발성유기화합물, 독소 등을 생산하여 세포 밖으로 내보내기도 한다. 이처럼 미생물 또는 미생물 유래 부유물질이 공기 중에 부유하여 퍼지게 될 때 바이오에어로졸(bioaerosol)이 되기도 한다.

공기 중에 부유한 미생물은 기류를 타고 이동하다가 일정시간이 지나면 중력에 의해 낙하하여 침강한다. 그러나 크기가 1 μm 이하인 미생물과 미생물 유래 부유물질은 매우 작아 침강속도가 매우 느리며 조그마한 기류에도 가라앉지 않고 계속해서 떠다닐 수도 있다.

환기 시 미생물을 실외로 배출하기도 하지만 실외에서 유입되는 신선한 공기 중에도 미생물이 존재한다. 따라서 실외의 대기 중 미생물의 농도가 높으면 실내로 유입되는 미생물이 많기 때문에 실내공기 중 미생물 오염의 주된 원인이 된다. 그러나 실외보다 실내공기 중 미생물의 농도가 높으면 실내환경에 미생물의 농도가 높아지는 원인이 존재한다는 의미이다. 즉, 실내 어딘가에 미생물이 많이 정착하여 증식하고 있다는 것을 나타내는 것이다. 따라서 실내 오염원의 파악을 위해서 실외미생물 농도(O) / 실내미생물 농도(I) 비를 조사하게 되는데, 그 비가 1보다 높으면 실내에 미생물의 발생원이 존재한다는 것을 의미한다.

2.6 미생물의 유해 요소 및 인체 노출 시 나타날 수 있는 증상

미생물이 인체에 감염하여 영향을 미치는 정도에 따라 미생물의 위해 수준을 정하였는데 이를 생물안전등급(Bio-Safety Level, 줄여서 BSL 또는 BL이라 칭함)이라 한다. 1983년 세계보건기구가 실험실 내에서 미생물의 감염으로부터 실험자를 보호하기 위해 제정한 것인데, 현재 각 나라마다 자국의 국민에 대한 감염가능성을 고려하여 미생물에 의한 위험성이 있는 곳을 대상으로 활용하고 있다. 이는 감염 경로, 치료 가능성, 병원성 정도 등에 따라 미생물을 4가지 위험그룹으로 나눈 것이다. 또한 이런 등급 기준에 따라 해당 미생물을 다룰 경우 필요한 실험실 안전조건을 달리 설정하였다. 실내공기질 측면에서 보면 실내공기 중에 존재하는 미생물이 생물안전등급 중 어느 등급에 해당하는지 파악하는 것도 미생물 관리에 도움이 되는 것은 자명하다. 이 경우에도 당연히 종 분석이 요구된다. 각 위험그룹에 속해 있는 미생물이 우리나라의 경우 국립보건원 질병관리본부에서 발행하는 "실험실생물안전지침"에 수록되어 있다. 미생물 취급자는 이러한 지침에 따라 요구되는 시설을 갖추고 미생물을 다루어야 하며 전문적인 훈련을 받아야 한다.

미생물은 감염을 일으켜서 인체에 영향을 줄 뿐만 아니라 분비하는 독소(toxins), 지질다당체(lipopolysaccharides), 다당체(lipopolysaccharides), 알러젠(allergen), 베타글루칸(β-glucan), mVOC (micro Volatile Organic Compounds) 등으로 인체에 자극을 주면서 영향을 끼친다. 사람마다 반응하는 정도가 다른데, 각 개인의 연령, 건강상태에 따른 면역력과 관련이 있다.

〈표 2.3〉 미생물 생물안전등급

등급	대상 미생물	정 의
BSL 1	위험그룹 1	감염위험이 아주 낮음.
BSL 2	위험그룹 2	감염위험이 낮으며 감염되어도 치료가 용이함.
BSL 3	위험그룹 3	심각한 감염을 일으키나 치료는 가능함.
BSL 4	위험그룹 4	심각한 감염을 일으키고 치료도 불가능함.

유해 미생물이나 미생물 유래 자극물질(irritant)에 노출될 경우 천식, 알레르기, 열, 기침, 구토, 코나 목의 부종, 비염, 부비동염, 중이염, 아토피 등이 일반적으로 알려져 있는 반응증상이다. 감염성이 강한 미생물의 경우 폐렴, 수막염, 피부염, 안염, 뇌염 등 조직을 파고드는 중증으로까지 이어질 수 있다. 사람마다 면역력이 다르므로 인체의 반응에는 개인적인 차이가 크다. 어린이, 노약자, 수술 환자, 면역이 약한 사람 등에게 특히 위험성이 크다. 시골 지역의 어린이들이 도시의 어린이들보다 알레르기나 아토피에 대한 민감도가 더 낮은 것으로 알려져 있다.

2.7 실내공기에서 미생물의 오염 측정

눈에 보이지 않는 미생물의 오염을 측정하는 방법은 쉬운 일이 아니다. 공기 중 부유한 미생물 중에는 살아 있는 미생물과 죽은 미생물이 공존한다. 인체의 감염을 우려한다면 살아 있는 미생물에 주안점을 두어야 하나 알레르기 등 자극물질을 우려한다면 살아 있는 미생물과 죽은 미생물 모두 정량할 수 있는 방법이 필요하다. 국내외적으로 실내공기 중 미생물 오염 측정은 아직까지는 살아 있는 미생물의 수를 측정하는 것을 기본으로 하고 있다. 이는 미생물 감염의 확산 가능성을 추정하는 데 살아 있는 미생물수가 중요하기 때문이다.

공기 중 미생물 오염을 정량적으로 측정할 것이냐 정성적으로 측정할 것인가에 따라 측정방법이 다르다. 이는 측정 목적에 따라 방법의 선택을 달리 해야 하기 때문에 여러 가지 측정법의 장단점과 적용 원리를 잘 알아둘 필요가 있다. 여기에서는 국내외적으로 규정을 적용하는데 많이 사용되고 있는 공기 중의 미생물 중 세균과 진균에 대한 정량 측정방법에 대해 간단히 알아보기로 한다.

실내공기 중 미생물 오염도는 공기 1 m^3 당 총부유미생물수를 측정하여 양적으로 오염도를 판단한다. 우리나라의 경우 다중이용시설 중 민감군 시설인 병원, 어린이 보육시설, 산후조리원, 노인요양시설 등에 대해 1 m^3 당 총부유세균수를 800 CFU 이하로 유지시킬 것을 "실내공기질관리법"에 규정하고 있다. 이러한 규정된 부유세균수를 측정하기 위해서는 공기포집기를 이용하여 일정시간 동안 일정량의 공기를 측정하고자 하는 미생물 배지 위에 관성충돌하도록 노출시키는 충돌법(impaction method)을 이용한다. CFU는 Colony Forming Unit의 약자로 집락형성단위인데, 포집 공기가 충돌된 미생물 배양 배지 위에 자라난 미생물의 집락을 세어서 측정한 것이다. 평가 방법은 [부유세균수(CFU/m^3) = 배지 당 측정된 집락수 / 포집 공기 유량(m^3)]이다. 이 방법은 환경부의 "실내공기질공정시험기준" 안에 "공기 중의 총부유세균 측정 방법–충돌법"으로 마련되어 있다. 최근 국제표준화기구(ISO, International Organization for Standardization)도 공기 중 진균 측정법의 하나로 ISO 16000-19인 충돌법을 제정하였다. 그 밖에 측정방법으로는 여과법(filtration method), 임핀저법(impinger method) 등이 있다.

2.8 미생물의 오염 관리

실내공기 측정을 통해 미생물 오염도가 높으면 이를 바탕으로 관리를 위한 노력을 기울여야 한다. 우선 실내공기 오염물질이 어디서 유래하는지 그 출처(source)의 파악이 필요하다. 이를 위해서 오염된 미생물이 미치는 건강영향, 빌딩영향, 산업영향을 고려하여 미생물 생장과 관계된 환경 요소 및 영양 기질에 대한 관계를 이해하여야 한다. 그림 2.1을 보면 삼각형의 각 꼭짓점 요소의 특성에 따라 삼각형 면적이 늘어나거나 줄어들게 된다. 이를 통해 실내공간에 존재하는 사람이나 건물, 산업생산물에 미치는 영향이 커지는 지 작아지는 지 볼 수 있다. 건물의 실내에서 미생물이 대량으로 서식하기 쉬운 곳이나 물건이 무엇인지 꼼꼼히 살펴야 한다. 그리고 기류에 의해 대량으로 부유할 수 있는 곳이 어디인지 우선 파악하여야 할 것이다(예, 가습기).

다음 단계는 제거단계이다. 대량으로 증식된 미생물을 제거할 때는 조심해야 한다. 종에 따라 감염 가능성이 크거나 알레르기 반응이 심하게 일어날 수 있기 때문이다. 또한 제거에 사용되는 수단도 잘 고려해야 한다. 오염된 공기로부터 미생물을 제거하는 방법으로 공기청정기와 환기, 그리고 에어필터를 사용하게 된다. 이때 환기장치, 환기구, 공기청정기 필터, 에어필터에 포집된 미생물의 농도는 매우 높다. 더불어 대량 증식 가능성도 존재하는바 적절한

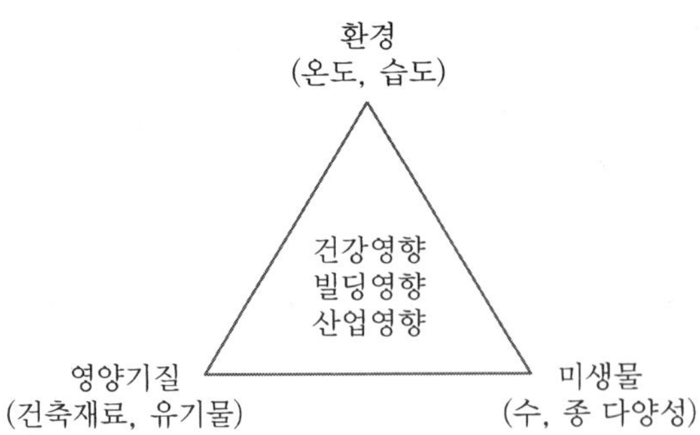

그림 2.1 실내환경에서 실내공기 중 미생물이 미치는 영향에 관여하는 주요 요소간의 상호작용을 나타내는 삼각형 모식도

필터 관리, 환기장치, 환기구 관리가 필요하다. 공기오염을 유발시키는 곳의 미생물을 제거하기 위해서 건조, 청소 제거, 소독제 사용, 항균제 사용, 자외선 살균, 진공청소기, 환기 등이 보통 많이 사용된다. 최근 잘못된 사용과 오용으로 오히려 항균제나 소독제 등에 의해 건강을 해치는 사례가 발생하고 있기 때문에 주의가 필요하다. 국내에서 가습기 청소제를 살균제로 오인하여 물에 섞어 사용하여 사망 사례가 발생한 것은 미생물 관리를 적절히 잘 하는 것이 매우 중요하다는 교훈을 주고 있다. 제거 단계에는 많은 요령과 노하우도 존재한다. 제거가 끝나면 재 발생을 억제하기 위해서 필요한 수단을 강구해야 한다. 미생물 제거나 재 발생 억제를 위해 여러 가지 화학약재 및 기구가 쓰이고 있는데, 항균 관련 용어가 혼동되어 사용되고 있는데, 약재의 오용을 방지하기 위해서 유사 용어에 대한 개념을 잘 이해하는 것이 요구된다. 표 2.4는 항균 관련 유사 용어에 대한 설명이다. 이러한 용어에 대한 명확한 이해와 더불어 적절한 미생물 제거 및 예방 가이드라인 등의 마련을 통해 안전하고 올바른 제거 작업이 이루어지도록 하여야 한다.

〈표 2.4〉 항균 관련 유사 용어 개념

용어	개 념
항균	정균과 살균의 혼합 개념으로 미생물에 저항하는 개념의 통칭. 따라서 정균 개념이나 살균(멸균) 개념 중 하나를 만족해도 항균 개념임.
제균	미생물을 특정 부위나 장소에서 없애는 것으로 물리적으로 이동시키는 개념임. 살균의 개념과 구분됨. 표면의 미생물을 청소로 닦아내거나 공기를 몰아 공기 중 미생물을 다른 곳으로 배출하는 것 등
소독	주로 병원성 미생물에 대하여 쓰는 용어로서 미생물의 농도 수준을 병을 일으키지 못하는 수준으로 낮추는 것. 살균의 필요성은 없음.
정균	미생물이 증식하지 못하도록 하는 것. 살아 있어도 무방하나 증식하여 문제를 일으키지 않도록 억제하는 것임.
살균	미생물의 생물학적 활성을 없애는 것. 다시 살아나지 못함.
멸균	미생물을 살균하는 개념과 동일한 개념임. 이전에 내생포자를 형성하는 균을 죽이는 방법을 강조하면서 식품, 의료 분야에서 활용하여 써오고 있음.

2.9 실내공기 중 미생물 오염과 관련된 향후 전망

인체와 빌딩, 그리고 산업생산물에 영향을 주는 오염물질로서 실내공기 중 미생물은 일반 가정집을 비롯해서 다중이용시설, 직장의 사무실, 산업체의 생산 시설, 교통수단에서도 매우 중요한 관리 대상이다. 미생물은 인체의 모든 부위에 존재하고 실내공기 중에는 어디에서나 존재하기 때문에 인간의 활동이 이루어지는 곳은 미생물로부터 자유로울 수 없다. 미국 항공우주국(NASA)은 우주선과 로봇 제작에 미생물 제어 기술이 들어가도록 오래전부터 노력을 기울여 왔다. 식품산업과 관련하여 안전 생산을 위해 마련된 위해요소 중점관리기준(HACCP, Hazard Analysis Critical Control Point)이 미생물 관리의 중요한 제도로 정착되어 가고 있는 것처럼 인공지능이나 로봇회로 제작에 미생물 오염이 없도록 공기질을 관리하는 기술이 향후 이들 산업 분야에서 기대된다.

유전자분석 방법의 진화와 더불어 유전체(genome) 정보가 늘어나면서 자료가 축적되어 이를 활용한 생물정보학적 분석 기술이 발달하고 있다. 더불어 이를 바탕으로 짧은 시간 동안 대량의 미생물을 분석할 수 있는 분자생물학적 기술들이 등장하고 있다. 이러한 수단들에 힘입어 발견된 사실은 실내공기 중에는 살아 있는 미생물 종 이외에 아직 세상에 알려지지 않은 새로운 종들이 많이 존재하고 있다는 사실이다. 새로운 종들은 아직 배양이 불가하여 그 정체가 알려져 있지 않아 향후 실내공기질에 어떠한 영향을 미칠지에 대한 조사 연구가 필요하다.

2.10 심화 학습

① 실내공기질과 관련하여 생물학적 오염물질의 관리 차원에서 미생물 농도에 미치는 환경 요소로는 어떠한 것이 있는지 정리해 보고 어떻게 해야 농도를 줄일 수 있을지 알아봅시다.

② 실내에 미생물 다양성이 높아지기 위해서는 어떻게 실내공기질 관리가 이루어져야 할지 논의해 봅시다.

③ 아열대 기후로 기후변화가 진행되면서 미생물 바이오에어로졸의 발생 요건이 될 수 있는 모든 상황을 추측해 보고 실내공기질에 어떻게 영향을 미칠지 생각해 봅시다.

④ 웰빙 사회의 수요에 따라 증가하는 목재 펜션 주택의 건축과 더불어 파생되는 미생물 문제로는 어떠한 것이 있을지 탐구해 봅시다.

⑤ 미생물과 다른 실내공기 오염물질은 실내에서 공기질의 악화에 어떠한 상승 작용을 가져올 수 있는지 탐구해 봅시다.

⑥ 사회적으로 점차 늘어나는 애완동물을 키우는 정서는 실내공기 중 미생물 오염과 어떠한 연계성을 가질지 논의해 봅시다.

⑦ 실내공기 중 미생물 관리를 위해서 요구되는 미래의 기술개발은 무엇이 있을지 찾아봅시다.

제 3 절
라돈

3.1 라돈의 이해

3.1.1 자연방사선(Natural Radiation)

우리 인간은 태초부터 방사선과 함께 살아왔다. 20세기에 들어서면서 그 존재를 알게 되었고, 암 치료나 질병의 진단 등과 같이 매우 유용하게 활용되고 있는 분야가 있는가 하면, 핵무기 등과 같은 공포의 대상이 되기도 하는 동전의 양면과 같은 속성을 가지고 있다. 과거 핵무기가 인류에게 미친 피해와 공포감이 워낙 컸기 때문에, 우리는 방사선의 이로운 면 보다는 어두운 면을 늘 생각하고 막연한 두려움을 갖는 것은 당연할는지 모르겠다. 우리가 생활하고 있는 공간에는 여러 종류의 방사선이 있지만, 기원에 따라 크게 자연방사선(natural radiation)과 인공방사선(artificial radiation)으로 구분할 수 있다. 전자는 말 그대로 우주가 생성된 태고부터 존재하거나 우주선과 반응을 통해 우리 주변에 존재하는 것이고, 후자는 우리 인간에 의해서 만들어진 것을 말한다.

반감기가 아주 긴 ^{235}U (7.1억년), ^{238}U (45억년), ^{232}Th (139억년), ^{40}K (12.7억년), 이들의 붕괴 생성물인 ^{226}Ra, ^{222}Rn, ^{218}Po 등과 우주방사선과 반응을 통해 생성된 것들(^{3}H, ^{7}Be, ^{14}C, ^{24}Na 등)은 천연방사성핵종으로 분류되고 이로부터의 방사선을 천연방사선이라 한다. 이들은 토양, 식품, 공기 중에 존재하여 섭취와 호흡 과정을 통해 체내에 유입되며 감마선에 의한 외부 피폭을 통해 우리 인체에 영향을 미친다.

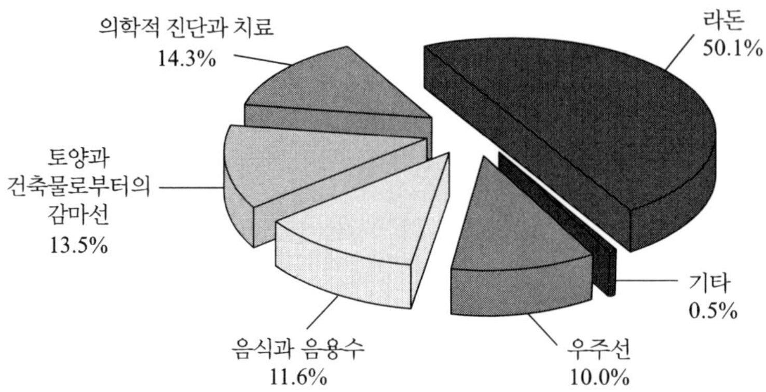

그림 2.2 생활 방사선의 종류와 양

그림 2.2에서 보는 바와 같이 우리 생활환경에 있는 모든 방사선의 종류와 그들의 양을 백분비로 나타내면 천연방사선이 85% 정도를 차지한다. 그 중에서도 라돈이 전체의 절반을 차지하고 있다.

3.2 라돈의 성질과 방출원

3.2.1 라돈의 성질

국내는 물론 전 세계적으로 실내의 자연 방사성 라돈 기체(^{222}Rn)에 대한 관심이 증가하고 있다. 라돈은 어디서 생겨났으며, 왜 우리 주변에 항상 존재하여 건강을 위협하고 있는 것일까?

우리가 살고 있는 지구상에는 태초부터 자연방사성 물질이 존재하고 있다. 그 중 하나가 라돈이며, 라돈은 토양이나 암반 내에 천연적으로 존재하는 반감기가 45억년이나 되는 우라늄으로부터 자연적으로 주로 발생되고, 수명(반감기 : 3.8일)을 다하여 소멸하는 과정을 반복하고 있다. 다시 말해 라돈은 지각의 암석이나 토양 중에 자연적으로 존재하는 우라늄(U)과 토륨(Th)이 그림 2.3과 같이 여러 단계의 방사성 붕괴를 거쳐 생성되는 비활성 기체이다. 우라늄(^{238}U)에서 라듐(^{226}Ra)까지 붕괴되는 동안 모든 핵종은 고체로 땅속에서 진행되지만 라돈(^{222}Rn)은 기체 상태로 공기 중으로 방출된다. 우라늄에서 라돈에 이르기까지 붕괴과정 및 각 원소들의 반감기를 그림 2.3에 나타내었다.

라돈가스인 ^{222}Rn은 3.825일의 반감기로 붕괴하여 ^{218}Po에서 안정된 보통의 납 상태인 ^{206}Pb에 이르기까지 연속해서 붕괴한다.

라돈으로부터 방사성 붕괴과정을 거쳐 안정한 납이 되기까지 방사성 붕괴과정 및 반감기는 그림 2.4와 같다.

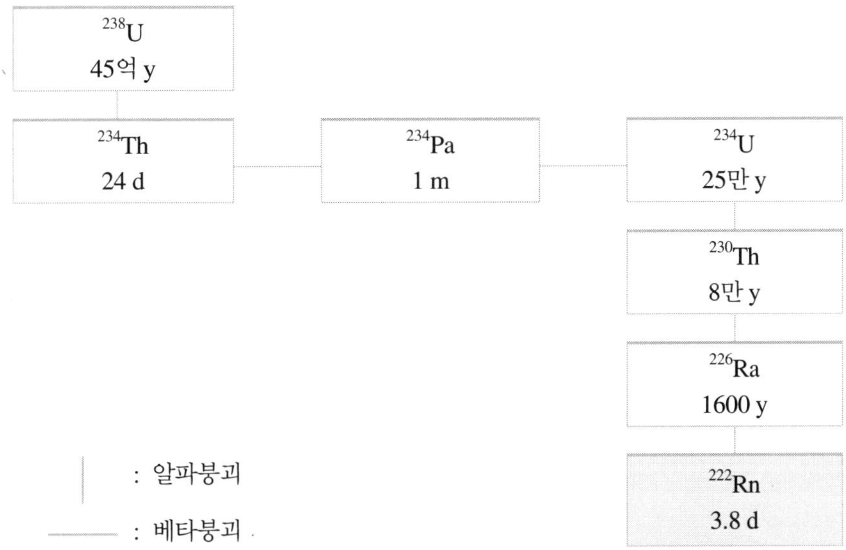

그림 2.3 라돈의 생성과정

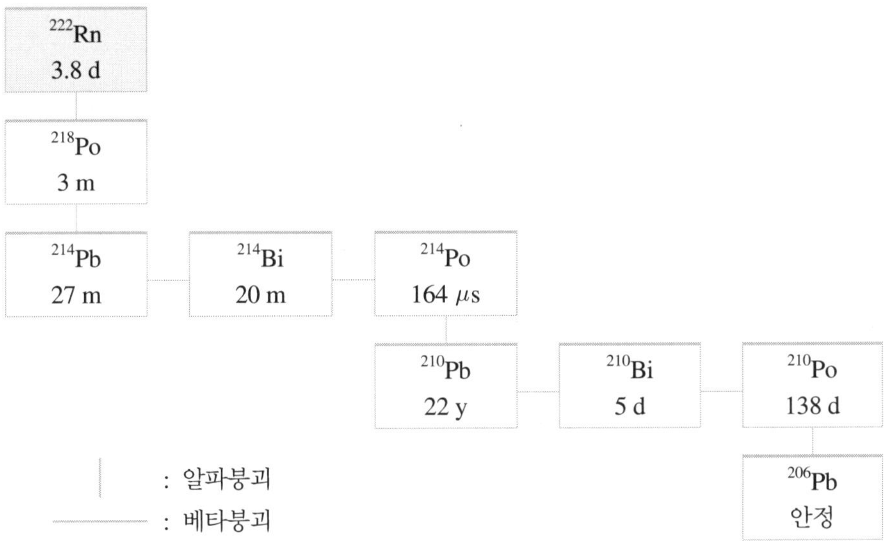

그림 2.4 라돈의 붕괴과정

〈표 2.5〉 라돈의 물리화학적 특성

성 질	값
1기압, 0℃에서 밀도	9.73 g/L
끓는점(1기압)	−62℃
끓는 점에서 액상의 밀도	4.4 g/cm^3
공기 중 확산계수	0.1 cm^2/s
1기압, 20℃에서 점성도	229.0 micropoise
임계온도	105℃
임계압력	62 atm
1기압, 20℃에서 물에 대한 용해도	230 cm^3/kg
1기압, 18℃에서 여러 액체에 대한 용해도(cm^3/kg liquid)	
- 글리세린(glycerine)	0.21
- 에틸알코올(ethyl alcohol)	7.4
- 석유(액상 파라핀)	9.2
- 톨루엔(toluene)	13.2
- 이황화탄소(CS_2)	23.1
- 올리브유(olive oil)	29

[출처 : 방사선방호측정심의위원회(NCRP, National Council on Radiation Protection and Measurements) 보고서 97호(1988)]

주변 토양이나 지하수 및 건축자재를 통해 실내에 유입된 라돈 기체와 그 붕괴 생성물인 짧은 반감기의 자손핵종들은 장기간 누적하여 호흡에 노출될 경우, 초과 폐암의 위험이 있다는 사실이 과학적으로 밝혀졌다. 우라늄의 방사성 붕괴 때문에 많은 방사성동위원소가 존재하며 이들은 모두 우라늄의 자손인 것이며, 이에 라돈이 붕괴하여 생겨나는 입자상의 폴로늄(^{218}Po), 납(^{214}Pb), 비스무스(^{214}Bi) 등 여러 핵종(방사성동위원소, 동위원소, 원소라고 해도 됨)들을 라돈 자손(radon progeny) 핵종이라 부르는데, 과거에는 딸 핵종이라 불렀다.

자연방사선은 인공적으로 만들어지거나 원자력발전소 등의 사고 또는 원자폭탄 폭발 등을 통해 인공적으로 우리 주변에 퍼진 것이 아니지만, 인공방사선에서 방출되는 것과 똑같은 알파입자, 베타입자, 감마선 등을 내놓아 우리 몸 바깥에 존재할 때는 주로 감마선에 의한 피해를, 인체 내로 들어오게 되면 주로 알파입자에 의해 더 큰 피해를 끼칠 수 있다. 즉, 라돈은 우리 주변에서 자연적으로 방출되는 방사선으로서 국제연합 방사선영향평가 과학위원회(UNSCEAR, United Nations Scientific Committee on the Effects of Atomic Radiation)에

〈표 2.6〉 공기 및 라돈의 물리적 성질

유체	밀도 (kg/m^3)	점도 (kg/m · s)	분자량 (g/mol)	공기 중 라돈 확산계수(m^2/s)
Air	1.22	1.78×10^{-5}	28.96	1.1×10^{-5}
Radon	9.73	1.8×10^{-5}	222	

따르면, 지구상의 평균 자연방사선 노출선량은 2.40 mSv/년으로 이 중 46%가 지각 중에 존재하는 ^{238}U 붕괴계열 중에 존재하면서 유일한 기체인 천연방사성 라돈과 그 자손 핵종의 호흡 노출에 의한 것이며, 원자력발전 등 원자력산업활동에서 방출되는 인공방사선원에 의한 평균 노출선량보다 10~100여 배 높은 것으로 알려져 있다.

라돈은 천연적으로 존재하고 있는, 색깔이나 맛이 없고 냄새가 나지 않는 불활성 방사성 기체로서 다른 물질과 화학적으로는 반응하지 않으나, 방사선을 내는 성질을 가지고 있으므로 물리적으로는 매우 불안정하다. 또한 라돈 자손 핵종들은 먼지 등의 작은 입자에 잘 달라붙어 떠돌아다니며, 호흡을 통하여 폐 등에 계속 침착되거나 체내로 유입되어 지속적으로 방사선을 방출하게 된다. 라돈에 대한 자세한 물리화학적 성질과 공기와 물성을 비교하여 표 2.6에 나타냈다.

3.2.2 라돈의 위해성

세계보건기구(WHO)는 라돈을 가장 중요한 환경 방사선원이자 흡연 다음으로 심각한 폐암 원인이라고 밝혔다. 모든 폐암환자 가운데 약 3~14%가 라돈 때문인 것으로 보고 있다. 미국 환경보호청(EPA)이 국민을 대상으로 라돈 문제를 홍보하기 위해 발간한 자료인 "라돈에 대한 시민안내서(A Citizen's Guide to Radon)"에 따르면 라돈 농도가 148 Bq/m^3(=4 pCi/L)로 일정하게 유지되는 실내공간에서 평생 동안 생활하는 경우, 흡연자는 1,000명 중 약 62명(6.2%)이 폐암 위험이 있다고 보고하고 있으며(비흡연자는 이의 1/10), 미국인의 연간 폐암 사망자 가운데 10%가 넘는 2만 명 정도가 라돈 자손핵종의 누적 피폭 때문인 것으로 발표했다. 즉, 미국 보건당국은 라돈이 미국에서 폐암을 유발하는 제2의 원인 제공자임을 경고하고 있다. 이에 미국에서는 지금까지 약 3,000만 가구에서 라돈을 측정하였고, 200만 가구 정도에 라돈 저감 시설을 설치하였으며, 부동산 거래 시에도 실내 라돈 농도를 참고하는 경우가 일상적일 정도로 라돈 관리가 생활화 되어 있다. 우리나라도 한국환경정책 · 평가

연구원의 2014년 보고서에 의하면 2010년 기준, 우리나라 전체 폐암사망(15,625명/년) 가운데 실내 라돈으로 인한 초과폐암사망은 총 1,968명, 전체 폐암사망 가운데 12.6%로 추정된다. 이는 음주운전 사망자보다 훨씬 높은 숫자이다.

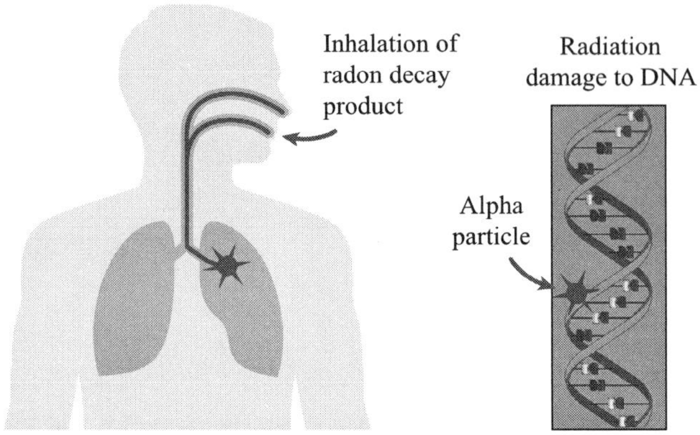

[출처 : https://ce4nurses.org/wp-content/uploads/2014/07/Diagram-4.png]

그림 2.5 라돈에 의한 폐암 유발 기전

3.2.3 라돈의 발생원

실내에서 라돈의 가장 근본적인 발생원은 암석이나 토양, 수질 내에 자연적으로 존재하는 우라늄으로 암석의 종류에 따라 우라늄의 함량이 다르다. 따라서 암석의 지질학적 분포에 따라 형성된 지질대를 살펴보면 자연적으로 존재하는 우라늄의 함량이 많은 지역을 알 수 있고, 그 지역에 지어진 건물들은 대체적으로 실내 라돈 농도가 높다고 볼 수 있다.

또한 라돈은 물질의 압력이나 온도차에 의한 확산 및 대류과정에 의해 실내로 유입되는데, 유입된 라돈이 붕괴하여 생성된 라돈자손들은 주변의 에어로졸에 흡착하거나 구조물의 표면이나 벽체에 침적된다. 또한 지하수 등에 녹아있던 라돈이 유입되는 경우는 비율상으로 낮으나, 우라늄이 많이 포함되어 있는 지질대의 지하수의 경우 수중 라돈의 농도는 2,000 pCi/L 이상으로 매우 높은 경우도 있다.

라돈 가스가 실내로 유입되는 경로를 살펴보면, 표 2.7에서 볼 수 있듯이, 실내 라돈의 대부분은 토양에 존재하는 우라늄에 의해 생성되어 확산이나 압력차로 인해 건물 바닥이나 벽의 기공이나 갈라진 틈을 통해 들어온다. 두 번째 실내 유입 원인은 건축자재이며, 지하수에 녹아있던 라돈이 실내로 유입되기도 한다. 이후 라돈은 밀폐된 공간에 고농도로 축적되어 문제를 일으키게 된다.

〈표 2.7〉 실내로 유입되는 라돈의 발생원

발생원		라돈 침투율(Bq/m³ · h)	
		산술평균	범위
지반토양	확산에 의한 유입	1.7	0.1~200
	압력차에 의한 유입	40	
건축자재		6.4	1~20
대기 중 유입		5	1~10
지하수		0.1	0.001~100
천연가스		0.3	0~1
Total (rounded)		50	2~200

실내 라돈의 침투율의 범위가 넓은 이유는 실내공간의 형태와 구조 및 생활 양식이 다양하기 때문이다. 즉, 바닥재의 형태, 구조 및 틈새나 갈라짐의 정도에 따라 실내로 라돈이 유입되는 정도가 다를 것이며, 건축자재의 조밀도와 기공의 크기와 밀도에 따라서도 실내 유입률이 다르다. 또한 지하수를 실내에서 사용하는 방법과 정도에 따라서도 지하수 중 라돈이 실내공기 중 라돈 농도에 영향을 끼치는 정도가 다르다. 가장 크게 영향을 미치는 것은 지하수를 직접 실내로 유입시켜 물을 끓이거나 샤워, 세탁 등을 할 때이다.

표 2.8에는 2002년에 다양한 건축자재의 라돈 위험지수를 평가한 자료를 보여주고 있으며, 국내에서는 2014년 실내에서 사용되는 인산염 석고보드의 높은 라돈 방출이 문제가 되어 라돈 방출량이 적은 탈황 석고보드가 주로 사용되고 있어, 최근 사용되고 있는 석고보드의 라돈 위험지수는 훨씬 낮을 것이다. 그러나 그 동안 사용된 많은 양의 석고보드를 포함하여 아직도 라돈 방출량과는 상관없이 사용되는 다양한 건축자재에 의한 실내 라돈의 위험성이 상존하고 있다.

그림 2.6은 라돈의 다양한 실내유입 경로를 보여주고 있다.

〈표 2.8〉 라돈 발생원에 따른 방출률

시료명	^{226}Ra 방사능농도 (Bq/kg)	위험지수 (Hazard Index)	시료명	^{226}Ra 방사능농도 (Bq/kg)	위험지수 (Hazard Index)
일반벽돌	30.0 ± 12	0.57	목재	6.47 ± 1.8	0.06
적벽돌	36.4 ± 8.3	0.61	화강석	53.1 ± 32	0.97
타일	58.1 ± 17	0.68	모래	28.9 ± 1.5	0.71
석고보드	271 ± 60	0.91	속빈블록	14.7 ± 1.0	0.41
콘크리트	26.4 ± 0.9	0.48	황토흙	39.7 ± 2.1	0.83
시멘트	34.5 ± 1.7	0.29	황토흙 벽돌	33.3 ±1.1	0.74

[출처 : '국민 방사선위해도 평가 및 전국 실내 라돈방사능 조사', 2002, 한국원자력안전기술원]

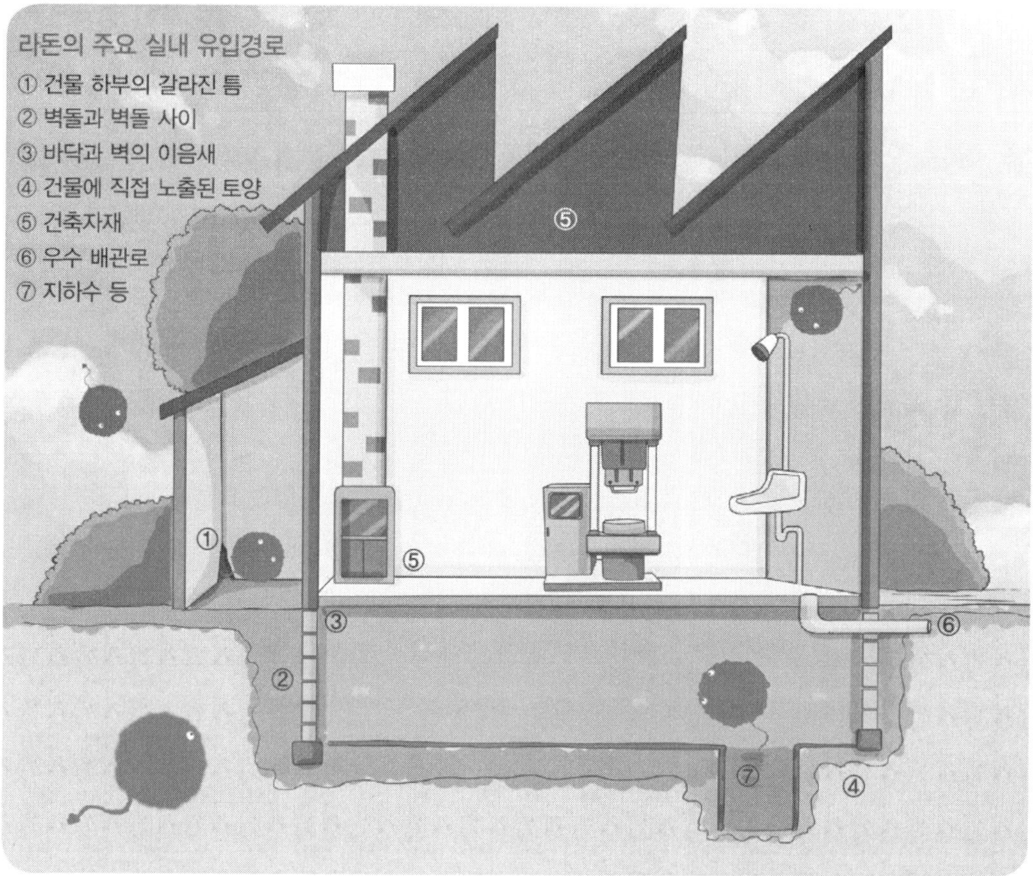

그림 2.6 라돈의 유입경로 [출처 : 안전보건공단, 2015]

3.2.4 국내 지역별 라돈

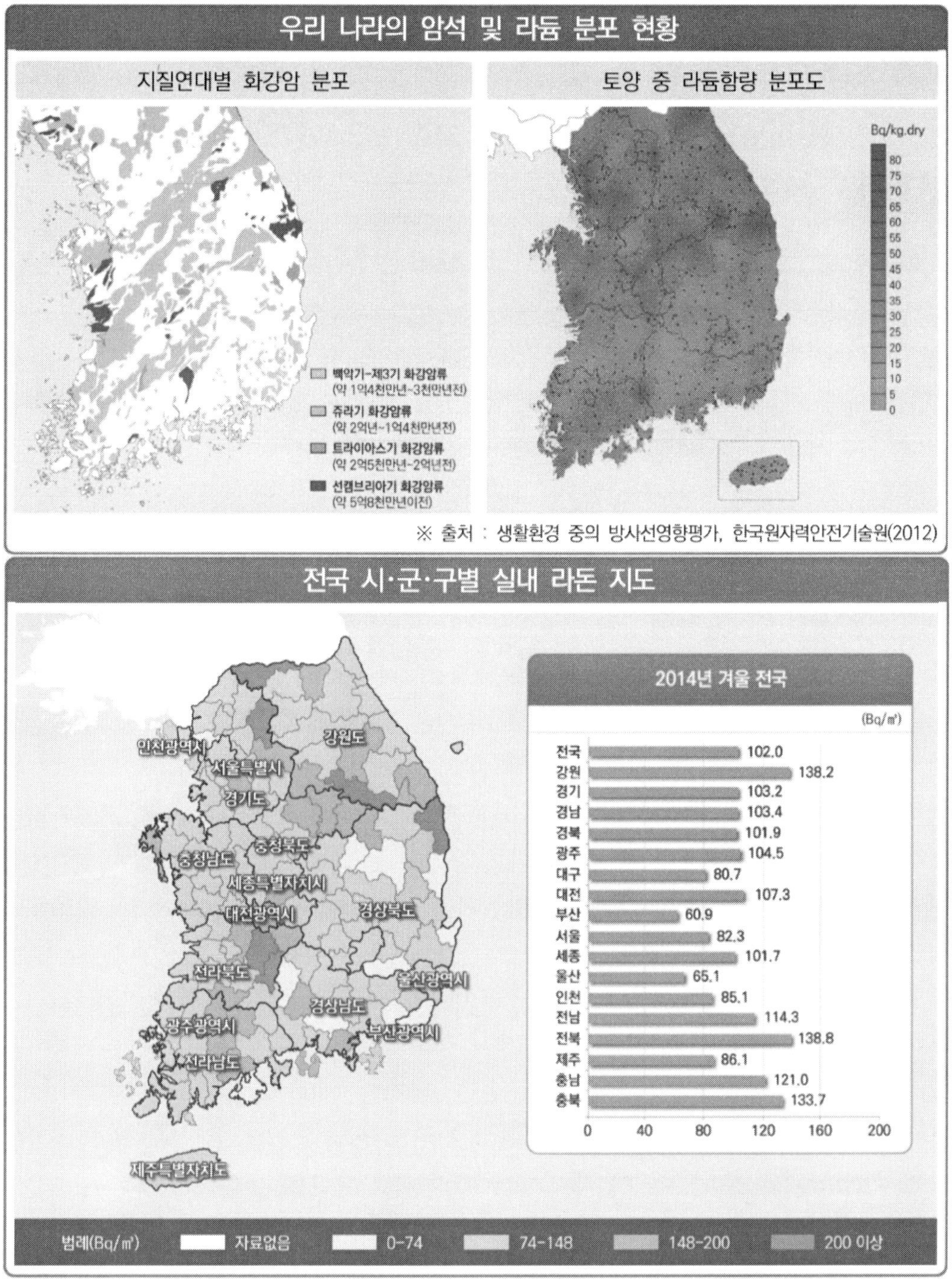

그림 2.7 생활 속 자연 방사성 물질, 라돈의 이해(환경부, 2016)

라돈 농도는 지역에 따라 다르게 나타나는데, 대체로 표층 토양에 라듐이 많이 포함된 지역과 화강암 분포지역에서 높게 나타난다. 우리나라에서도 화강암·편마암 지질대나 옥천단층 지대에 있는 지역에서 라돈 농도가 높게 나타나는 것으로 조사되고 있다.

3.3 라돈의 관리

실내에 들어온 라돈을 줄이는 방법은 건물 신축 시에 라돈 방출량이 적은 건축자재를 선택하고, 건물 밑의 토양에서 방출되는 라돈 가스가 실내로 유입되지 않도록 건물 기초 하부를 감압하는 전문적인 방법도 있으나, 기존 시설의 라돈 관리의 대표적인 방법은 환기이다. 환기는 실내 라돈 농도를 줄이는 효과적이고 쉬운 방법이다. 실제로도 사람들이 활동하면서 자연적으로 환기가 자주 되는 낮 시간에 라돈 농도가 낮게 나타났으며, 이와 반대로 취침 시간대인 밤중에는 안팎을 오가는 횟수가 줄어들면서 자연적으로 환기 횟수도 줄어 라돈 농도가 높아지는 경향이 있다. 그러므로 아침에 일어나면 모든 창문을 동시에 열어 실내·외 공기가 충분히 순환되도록 해야 한다. 라돈을 효과적으로 줄이기 위해서는 하루에 3번 이상, 최소 30분 이상 환기를 해야 한다. 그리고 실내의 먼지 농도를 낮추어 라돈자손들이 가급적 달라붙지 않도록 한다. 라돈은 거주공간 자체에서 지속적으로 발생하는 실내공기오염물질이다. 즉, 공간의 라돈 농도가 높으면 그 공간이 아픈 것이다. 우리는 주기적으로 건강 진단을 받으며, 몸이 아프면 병원에 가서 잘 진단을 받고 치료한다. 이와 똑같이 주택의 라돈을 정기적으로 진단하고, 그 결과에 따라 전문적으로 치료하는 것이 중요하다. 최근 다양한 형태의 실시간 라돈검출기가 상용화되어, 실내 라돈 농도가 높으면 스스로 회피할 수 있으며, 실내 라돈을 실시간으로 감시하며 작동하는 환기 시설 등의 개발이 촉진되고 있어 스마트홈 IoT 기술에 적용되고 있다.

현재 국내에서도 라돈 관리의 필요성이 높아짐에 따라, 환경부는 「실내공기질 관리법」에 따라 실내 라돈 농도를 어린이집, 지하철역사 등 여러 사람들이 이용하는 시설(다중이용시설)에서는 148 Bq/m^3 이하로, 연립주택 등 공동주택에서는 200 Bq/m^3 이하로 관리하도록 권고하고 있다. 또한, 다중이용시설 소유자는 2년에 한 번씩 실내의 라돈 농도를 측정하여야 한다. 「학교보건법」에서는 유치원과 초·중·고등학교 교실을 다중이용시설의 권고기준과 동일한 수준인 148 Bq/m^3 이하로 관리하도록 하고 있다. 고용노동부 또한 지하 작업환경의 라돈 관리를 의무화 하고 있다.

이제는 우리도 주변 라돈 발생 문제를 부동산 가격 하락을 우려하여 무조건 덮어두거나 하는 우를 범하지 말고, 충분히 관리가 가능함을 인식하고 자신과 가족의 건강을 위해 거주 공간과 생활환경에 존재하는 방사성 물질의 수준을 스스로 파악하려는 노력을 기울이고, 정부나 전문기관에서 제시한 관리지침을 통해 생활주변 방사선 관리에 앞장서 나가야 한다.

참고

방사성 물질 내 불안정한 원소의 원자핵이 스스로 붕괴하면서 내부로부터 방사선을 방출하는데 이 방사선의 세기를 방사능(radioactivity)이라 하며, 라돈은 방사성 물질로 방사선을 배출하기 때문에 농도 단위는 방사선 양의 국제단위(Le Systeme Internationale d'Unites, SI)로 채택된 베크렐(Bq/m^3)을 주로 사용하고 있다. 1 Bq은 1초에 원자 1개가 방사성 붕괴할 때 나오는 방사선 양을 나타낸다. 베크렐(Bq/m^3) 단위 이외에 피코큐리(pCi/L), 워킹레벨(Working Level, WL)이 사용되고 있으며, 1큐리(Ci)는 1 g의 라듐(226 Ra)이 1초 동안 붕괴할 때 방출되는 방사선 양으로 초당 3.7×10^{10}개의 원자가 붕괴할 때 방출되는 방사선의 양과 동일하다. 워킹레벨은 공기 1 L당 잠재적인 α에너지 1.3×10^5 MeV(mega electron volts)를 방출하는 반감기가 짧은 라돈 자손(radon progeny)과 라돈에 의한 노출 정도를 측정하는 단위이며, 원래 라돈에 노출되는 광산에서 일하는 광부들의 작업장 누적 노출량을 측정하기 위해서 개발되었으며, 오늘날에도 라돈과 라돈 자손들의 인체 노출량 측정에 여전히 이용되고 있다.

$$37\ Bq/m^3 = 1\ pCi/L = 0.0050\ WL$$

제 4 절
비전리방사선

4.1 개요

4.1.1 비전리방사선 주파수 대역별 구성

비전리방사선(non-ionizing radiation)은 전자파 스펙트럼의 상단에 위치한 전리방사선(감마선, 우주선, X선 등)의 하단에 위치하며, 비전리방사선의 가장 높은 주파수 대역에는 자외선(ultraviolet radiation)의 일부대역과 가시광선(visible light), 적외선(infrared radiation) 등이 있다. 주파수 대역에 따라 초음파(ultrasonic wave), 휴대전화와 같은 통신용으로 사용되는 라디오파(RF, Radio Frequency)는 물론 우리가 사용하는 전기 자원을 포함하는 극저주파(ELF, Extremely Low Frequency) 대역, 그리고 직류(DC, direct current)로 분류한다.

4.1.2 발생 특성

비전리방사선도 일종의 전자파이므로 주파수 특성을 가지며 전리방사선과는 달리 에너지가 약해서 이온화를 유도하지 못해 세포 내의 분자결합 등을 파괴할 수 없는 대신 여러 가지 다른 특성을 나타내기도 한다.

비전리방사선은 자연적으로 발생되며 인류와 함께 있어 왔다. 그러나 현대사회에 접어들면서 비약적으로 증가한 통신 및 전기 설비의 등장으로 인위적인 비전리방사선의 환경노출이 증대되고 있다. 따라서 현대인은 다양한 생활환경에서 복합된 주파수 대역의 비전리방사선에 노출되고 있다.

이러한 전자파는 전기장(electric field)과 자기장(magnetic field)으로 따로 존재할 수 있다. 전자파란 전기장과 자기장의 합성으로 전기를 사용하는 모든 장비, 장치 및 장소에서 발생되는 물리적인 현상으로 우리 일상 생활환경에서 쉽게 접할 수 있으며 3차원 공간에 존재하는 장(field)의 개념을 가지고 있어 전자기장(electromagnetic field)이라고 칭한다.

전기장은 전압(voltage)에 의해 발생되며 전압의 증가와 더불어 세기가 강해진다. 단위는 V/m (volt/meter)를 사용한다. 자기장은 도선을 통해 흐르는 전류(current)에 의해 발생되며, 전류의 증가와 더불어 자기장의 크기도 커진다. 단위는 가우스(G) 혹은 테슬라(T)를 사용한다.

전기장과 자기장 모두 발생원으로부터의 거리 증가에 따라 급격히 감소하는 특성이 있다.

4.1.3 환경보건학적 영향

인류의 역사와 함께 한 가시광선이나 적외선과 같은 경우, 직업적 노출 외에 자연적인 노출 수준에서 보건학적 영향에 대해서는 크게 문제가 되지 않았으나 현대사회에 접어들면서 인공조명에 의한 빛공해 등과 같이 새로운 생활환경 문제로 대두되고 있다.

이에 반해 인위적으로 발생되는 전자기장의 환경보건학적 영향은 1960년대 소련에서 변전소 직원의 직업적 노출과 건강영향에 대한 최초 보고가 있은 후, 일반인의 건강영향에 대한 우려까지 많은 주목을 받고 있다. 1979년 미국역학회지에 실린 Wertheimer와 Leeper의 송전선 주변 거주 어린이의 암(백혈병) 발생 가능성에 대한 연구결과는 이후 극저주파(ELF)의 전자기장은 물론 무선주파수(RF) 전자파의 인체영향까지 많은 관심을 갖게 되는 계기가 되었다.

2001년 국제암연구소(IARC, International Agency of Research on Cancer)는 어린이 백혈병 역학 연구의 결과를 바탕으로 수 mG 수준의 극저주파(ELF) 자기장을 “Group 2B: 암을 유발할 수 있는(possibly carcinogenic to human)” 인자로 분류한 바 있으며 송전선 주변의 일반 거주지 환경에서 자기장 노출이 특정 질병(어린이 백혈병, 뇌암 등)의 발생과 같은 건강 결과를 낳을 개연성을 경고하고 있다(IARC, 1997).

이후 2011년에는 무선주파수(RF)를 사용하는 휴대전화의 장기 사용이 청신경초종(acoustic neuroma)의 발생과 관련이 있다는 결과를 바탕으로 극저주파 자기장과 같은 ‘Group 2B’로 지정하였다.

4.2 비전리방사선의 영향

4.2.1 극저주파(ELF) 전자장의 노출과 건강

전자기장 노출이 인체 및 인체 세포에 미치는 영향은 주로 전자기장의 주파수(frequency)와 강도(strength)에 의존한다. 저주파수 전자기장은 인체를 통과하지만 무선주파수는 부분적으로 인체에 흡수되고 조직을 얕게 관통하기도 한다.

전자기장의 인체와 상호작용은 인체에 흡수된 전자기장 에너지에 의한 열작용, 미약한 전자장의 누적효과에 의한 비열작용, 그리고 전자기장에 의해 대전된 물체와 접촉이나 스파크

방전 등 간접작용에 의한 충격 및 화상으로 대별할 수 있다. 이와 같은 영향은 일반적으로 사용되는 특정 주파수에 따라 구분되어 큰 차이를 나타내는데, 300 mHz 이상의 고주파는 체내 심부에서 발열작용을 일으켜 백내장, 생식유전의 이상, 내분비계, 신경계에 대한 영향과 같은 급성피해를 나타내며, 3~3,000 Hz의 극저주파 전자기장은 급성적인 영향보다는 백혈병, 뇌종양, 유방암, 전립선암, 임파선 암과 같은 만성적인 영향을 나타낼 수 있다고 알려져 있다.

일반적으로 직류(DC)전류에 노출되면 사람에게 유도전류(induced current)가 발생하지 않지만, 교류(AC) 전자기장에 노출되면 미약한 유도전류가 발생된다. 따라서 그간의 많은 전자기장 노출과 인체영향에 관한 연구는 교류 전자기장이 발생시키는 유도전류가 어떤 형태로 건강상의 악영향을 유발하는지에 대하여 주로 진행되어 왔다.

전자기장이 인체에 미치는 영향은 크게 인체 주변에 생성된 자기장에 의해 인체 내부에 유도전류가 발생되어 인체영향을 유발한다는 이론이다. 또한 과도전류(transients)에 의한 현상으로 유도전류 수준은 생체 내의 일상적인 생체 전류 값 보다 훨씬 커서 세포나 조직 등이 반응할 가능성이 크다는 가설이 있다. 일부 학자들은 공진(resonance)현상에 대한 이론으로 전자기장이 세포 표면에 공진상태를 유발할 수 있고, 이것이 생체에 영향을 줄 수 있다는 이론이다. 마지막으로 자기장에 의한 직접적인 효과(direct effects)를 의심하는 이론인데, 이는 뇌조직(brain tissue) 속에 자철광(magnetite)이 있어 이것이 외부의 인위적 자기장의 영향을 받아 생체변화가 일어날 가능성이 있다고 주장한다.

4.2.2 라디오파(RF) 전자기장의 노출과 건강

최근 IT 기술의 발달에 동반하는 휴대전화, TRS, WiFi 등과 같이 극저주파(ELF)보다 높은 대역(MHz~GHz)의 무선주파수를 이용하는 통신기기의 사용은 정보통신 분야의 획기적인 발전과 더불어 전자기장의 지속적인 노출을 증대시키는 문제를 수반하고 있으며, 이에 의한 건강 악영향은 물론, 타 기기의 동작에 영향을 주는 등의 역기능도 무시할 수 없게 되었다.

무선주파수 발생원에 의해 생성된 전자기장은 인체와 커플링(coupling)을 형성하여 인체 조직 내에 전류를 유도하는 것으로 알려져 있다. 통신기기의 주파수 특성은 극저주파(ELF) 대역의 전자기장과는 달리 전자파흡수율(SAR, Specific Absorption Rate)로 평가한다.

2011년 5월에 그간의 역학 연구의 결과를 바탕으로 국제암연구소(IARC)에서는 무선주파수 전자기장을 'Group 2B'로 지정하였다.

4.3 각국의 규제 동향

전자기장의 인체 위해성 여부와 관련하여 국제암연구소(IARC)에서 'Group 2B'로 지정하였으나 여전히 실제 존재하는 위험성에 대하여 논쟁이 계속되고 있다. 그러나 최근 선진국의 환경보건정책의 근간이 되고 있는 '사전주의 원칙(precautionary principle)'에 입각하여 전자기장 노출에 따른 위험의 개연성을 미연에 방지하고자 하는 움직임이 있다. 또한 전자기장의 노출 형태가 점차 개인의 의지와 상관없이 비자발적으로 이루어진다는 사실은 환경보건학적 관점에서 필요 없는 노출을 줄이고 노출량을 최소화하는 노력이 필요함을 시사한다. 이에 WHO에서는 각국의 추가적인 경제적 부담이 없는 상태 혹은 저비용으로 노출량을 줄이기 위해 노력할 것을 권고하고 있다. 미국의 경우 '현명한 회피(prudential avoidance)'를 정책 기조로 삼고 있다.

비전리방사선의 각종 규제기준을 총괄하는 국제비전리방사선보호위원회(ICNIRP)는 2012년에 극저주파 전자기장 인체보호권고기준의 개정을 통하여 주파수대역과 관계없이 2,000 mG로 완화한 바 있다. 이러한 완화 배경에는 그간의 과학기술 발달로 독성 평가기술이 발전했고 다수의 실험자료가 축적되어 안전계수(safety margin)를 줄일 수 있었다고 밝히고 있다. 하지만 우리나라는 2017년 현재 ICNIRP의 예전 기준인 833 mG를 기준으로 제시하고 있다.

김호현 교수

3

실내공기와 건강영향

제1절
실내공기로 인한 건강보호 정책 개요

정부에서는 관계부처합동(교육과학기술부, 지식경제부, 보건복지가족부, 환경부, 노동부, 국토해양부)으로 실내공기질 관리 기본계획(2009～2013년, 5개년)을 세웠고, 실내공기질 관리가 중요해짐에 따라 '실내공기질 관리 기본계획(5년)' 수립이 법정화(2014년 3월, 실내공기질관리법 개정) 됨에 따라 관계부처합동(환경부, 교육부, 국방부, 산업통상자원부, 보건복지부, 고용노동부, 국토교통부, 원자력안전위원회)으로 실내공기질 관리 기본계획(2015～2019년, 5개년)에서 실내공기질 관리정책의 비전 및 목표를 제시한 중·장기 계획과 더불어, 실내공기질 관리여건 및 현황, 정책의 기본방향, 부문별 세부대책 등 실내공기질 관련 정책을 포괄하는 종합계획에 국민건강을 보호하기 위한 구체적 실천계획을 마련하고 있다. 여기에서는 「환경보건종합계획」과 연계하여 실내공기질 관리 정책방향 및 세부 추진계획 등을 소개하였다. 실내공기로 인한 건강보호를 위해 국민이 실생활에서 체감할 수 있는 구체적인 세부 실행방안을 제시하는 실천계획에 대한 정부 정책에 대해 기술하였다.

1.1 관계부처합동 실내공기질 관리 기본계획(2015～2019)의 주요 성과

'제3차 실내공기질 관리 기본계획'(2015～2019) 및 '제3차 지하역사 공기질 개선대책'(2018～2022) 수립·추진 등 다중이용시설과 대중교통차량의 실내공기질 개선을 위한 정책적 노력이 강화되었다.

또한, 실내·외 미세먼지에 대한 국민 관심과 우려 증대에 따라 「실내공기질 관리법」 포함 미세먼지 관련 법률의 대대적 정비로 제도적 기반을 공고화하였다.

이에 따라 제3차 계획 수립 당시 설정한 구체적 목표는 2018년 기준 조기 달성된 것으로 평가되고 있다.

안심하고 머무를 수 있는 실내환경 조성의 비전을 가진 2024년도 실내공기질 관리정책의 목표는 2024년 실내공기질 관리기준 준수율 100% 달성하는 것으로 다음과 같은 세부적인 추진전략을 세우고 있다[관계부처합동 실내공기질관리 기본계획(2020～2024)].

〈표 3.1〉

구분	당초 목표(~2019년)		추진성과 * (2018년)
실내공기질 [미세먼지 (PM_{10})]	전체 다중이용시설 ▪ 평균 46.4 $\mu g/m^3$ ▪ 지하역사 64.5 $\mu g/m^3$ ▪ 어린이집 49.5 $\mu g/m^3$		전체 다중이용시설 ▪ 평균 42.6 $\mu g/m^3$ (△8.2%) ▪ 지하역사 49.5 $\mu g/m^3$ (△23.3%) ▪ 어린이집 42.6 $\mu g/m^3$ (△14.0%)
관리대상 확대	▪ 영·유아 및 학생 등이 이용하는 실내공간을 법 적용 대상에 추가하여 공기질 개선 유도 및 민감계층 건강보호		▪ 어린이 놀이시설, 가정·협동어린이집은 「실내공기질 관리법」 적용, 유치원
공기질 개선 지원	▪ 중점 관리 필요시설 대상 공기질 개선수단 지원	➡	▪ 민감계층 건강보호를 위해 어린이집, 유치원·학교, 노인요양시설에 공기정화설비 설치 확대 ▪ 지하·철도역사 등 미세먼지 오염도가 높고 이용객이 많은 시설국비 지원을 통한 공기질 개선사업 추진
위해물질 관리	▪ 다중이용시설, 신축공동주택의 신규 위해물질 관리를 위한 유지·권고기준 신설		▪ 다중이용시설 - 초미세먼지($PM_{2.5}$ 35~50 $\mu g/m^3$) - 곰팡이(500 CFU/m^3) 기준 설정 ▪ 신축공동주택 라돈 권고기준 설정(당초 200 → 148 Bq/m^3로 강화)
오염원 관리	▪ 건축자재 사전시험제도 도입 및 사후관리 규정 보완으로 건축자재 사용 이전 단계부터 오염물질 관리체계 구축		▪ (사전 시험) 페인트, 벽지 등 실내용 건축자재는 폼알데하이드 등 오염물질 방출량이 기준치 이내라는 '적합 확인' 시험 후 유통 ▪ (사후관리) '적합 확인' 건축자재에 대한 점검 결과 방출량 기준 초과 시, 적합 확인을 취소하고 제품 회수 및 해당 조치 공표 가능

[출처 : 관계부처합동 실내공기질관리기본계획(2020~2024)]

① 공간별 맞춤형 실내공기질 관리

(ㄱ) 현행 실내공기질 관리는 개별 공간 특성에 대한 고려 없이 일률적으로 일정 기준을 설정하고 이에 대한 이행을 강제

(ㄴ) 앞으로는 시설별 이용패턴, 오염원 종류 및 노출특성 등을 꼼꼼히 파악하여 각 공간의 특성을 반영한 실내공기질 관리체계로 전환

② 건강민감계층과 함께 사회적·경제적 취약계층을 함께 보호

(ㄱ) 실내공간 중 특히 가정에서의 체류시간이 가장 많으나, 주거환경 개선에는 상당한 비용과 노력이 필요하여 취약계층의 적극 대응이 어려운 경우가 대부분

(ㄴ) 어린이, 학생, 어르신 등 건강민감계층과 함께 사회적·경제적 취약계층의 환경권 보장을 위한 중앙·지방정부의 책무 이행

③ 국민생활 밀착형 정책 발굴·시행

(ㄱ) 중앙-지방 및 민-관 간 소통을 토대로 현장에 대한 이해도가 높은 지자체 역할을 보다 강화하고, 실효성 있는 실내공기질 관리 시행계획* 수립·이행 지원

* (실내공기질 관리법 제4조의4) 시·도지사는 관계부처 합동 기본계획 및 중앙행정기관별 시행계획에 따라 각 지역의 시행계획을 수립·이행하여야 함

(ㄴ) 대국민 정보공개 활성화, 생활 주변에서 체감 가능한 정책 발굴·추진으로 국민 만족도 제고

〈표 3.2〉

구 분	2018년도*		2024년도
[다중이용시설]			
▪ PM_{10} 평균농도	▪ 42.6μg/m^3		▪ 35.0μg/m^3
▪ 미세먼지 유지기준 준수율	▪ 99.7% (PM_{10})		▪ 100% ($PM_{2.5}$ · PM_{10})
▪ 지자체 지도·점검율	▪ 4.9%		▪ 15%
[대중교통차량]			
▪ $PM_{2.5}$ 평균농도	▪ -		▪ 35.0μg/m^3
▪ 대중교통차량 측정망 설치율	▪ -	➡	▪ 10%
[공동주택]			
▪ 폼알데하이드 평균농도	▪ 34.8μg/m^3		▪ 30.0μg/m^3
▪ 라돈 평균농도	▪ -		▪ 100 Bq/m^3
[관리기반 강화]			
▪ 실내공기 안심시설 인증	▪ 22개소		▪ 200개소
▪ 실내환경관리센터 운영	▪ -		▪ 10개소
▪ 공기질 진단·개선 컨설팅 대상시설	▪ 100개소		▪ 300개소

[출처 : 관계부처합동 실내공기질관리기본계획(2020~2024)]

〈표 3.3〉 제3차 계획(2015~2019) 대비 추진성과

구 분	당초 목표(~2019년)	추진성과(2018년)
[다중이용시설] ▪ PM_{10} 평균농도 ▪ 실내공기질 기준초과율	▪ 43.0μg/m³ ▪ 6.2%	▪ 42.6μg/m³ ▪ 3.8%
[신축공동주택] ▪ 폼알데하이드 평균농도 ▪ 실내공기질 기준초과율	▪ 55.0μg/m³ ▪ 12.0%	▪ 34.8μg/m³ ▪ 11.8%
[실내오염원 관리] ▪ 건축자재 관리	▪ 사전시험제도 도입(자재 제조·유통 시 오염물질 방출량 확인시험 의무화)	▪ 사전시험제도 시행 및 사후관리 관련 제도 보완

[출처 : 관계부처합동 실내공기질관리기본계획(2020~2024)]

제 2 절
실내공기 오염물질로 인한 건강영향

실내환경오염으로 인한 건강 장애 증상은 명확히 정의된 질병들보다 불특정한 증상이 더 많다. 주로 실내환경오염에 따른 증상은 두통, 피로, 가쁜 호흡, 정맥 출혈, 감기, 재채기, 눈·코·목 자극, 피부 가려움증 및 자극, 현기증, 구토 등과 같은 것들이다. 그러나 이러한 증상은 다른 요인에 의해서 발생될 수 있고, 반드시 오염된 실내공기 때문으로만 일어날 수 있는 것은 아니다. 따라서 실내환경오염과 관련된 많은 건강 문제가 비특이적이고, 독성물질과 오염원의 다양성으로 인해 인과관계를 밝히는데 어려움이 많다.

여기에서는 실제 "새집증후군"으로 인한 첫 배상 결정 사례를 살펴보고, 실내환경에서 흔히 경험하는 빌딩 관련 질환, 실내공기 오염물질과 관련하여 알레르기(과민) 반응, 암 및 유전자 독성, 호흡기계 영향, 자극 및 신경독성 등에 대한 인체 영향을 살펴보고자 한다.

2.1 실내공기 오염물질로 인한 "새집증후군" 피해 첫 배상 결정 사례

환경부 중앙환경분쟁조정위원회(위원장 : 김영화)는 경기도 용인시에 거주하는 박○○ 등 일가족 3명이 새 아파트로 입주(2004년 1월 10일) 후 아파트 실내공간에서 발생하는 오염물질로 인해 당시 7개월된 딸(장○○)이 심한 피부염 등으로 피해를 보고 있다며 1,000만원의 피해배상을 요구한 환경분쟁조정신청사건에 대해 아파트 시공사(○○건설주식회사)의 책임을 인정하여 이들 일가족 3인에게 총 303만여 원을 배상하도록 결정하였다(중앙환경분쟁조정위원회 보도자료, 2006.06).

① 동 위원회에서는 피해여부를 입증하기 위하여 WHO, 일본, 우리나라 등에서 인정하고 있는 인체유해성 물질인 폼알데하이드와 총휘발성유기화합물(TVOC)을 국립환경연구원에 측정의뢰한 결과, 폼알데하이드가 아파트 거실과 방에서 151 $\mu g/m^3$, 147 $\mu g/m^3$이 각각 검출되어 WHO 및 일본의 권고기준(100 $\mu g/m^3$)과 우리나라 다중이용시설 유지기준(120 $\mu g/m^3$)을 초과하였으며, 총휘발성유기화합물도 각각 4,290 $\mu g/m^3$, 5,435 $\mu g/m^3$이 검출되어 일본 권고기준(400 $\mu g/m^3$)과 우리나라 다중이용시설 권고기준(400 $\mu g/m^3$: 학원 등, 500 $\mu g/m^3$: 지하도상가 등)을 크게 초과하는 것으로 나타났다.

② 위원회는 이와 같이 폼알데하이드와 총휘발성유기화합물의 농도가 WHO와 일본의 권고기준을 크게 초과하고 있는 점, 새 아파트에 입주 후 피부병이 발생된 점(국민건강보험공단 병력 및 병원진료 기록 확인), 그 이후 1개월 정도 친척집에 거주하는 동안 많이 호전된 사실이 있었던 점(붙임사진 참조)과 이들 두 오염물질에 대한 유해성 관련 자료를 참고하여 종합적으로 검토한 결과 생후 7개월 된 피해자가 새 아파트에서 발생하는 폼알데하이드 등 오염물질에 노출됨으로써 피해를 입었을 개연성을 인정하고, 그 동안의 치료비와 실내공기질 개선에 소요되는 비용 및 정신적 피해를 배상토록 결정하였으며, 이번 결정은 새 아파트에서 발생하는 오염물질로 인해 생긴 "새집증후군" 피해에 대한 첫 배상결정사례로서 이와 유사한 환경분쟁조정신청이 잇따를 것으로 예상되고, 또한 이들 물질에 상대적으로 취약한 유아, 어린이, 노약자들의 건강보호에도 크게 기여할 것으로 기대된다.

③ 재정 신청인은 새 아파트에 입주하기 2주전부터 난방을 최고로 올리고 환기시키기를 반복하는 등 입주 전 신청인이 할 수 있는 조치를 최대한 하였음에도 불구하고 입주 후 4～5일이 지나면서부터 아기의 등에 두드러기가 발생하기 시작하였다. 이를 치료하기 위해 신청인은 실내에 숯을 비치하고 공기청정기를 설치하는 등 대책을 강구하였으나 오히려 피부병이 악화되어 거주하는 곳을 바꾸면 달라질지 모른다는 생각에 2004년 4월 남양주의 외가로 약 1개월간 옮겨가 있어 보니 아기의 상태가 많이 호전되었다. 이러한 몇 가지 사실로 볼 때 아기의 증상이 새 아파트의 실내 오염물질로 인한 피해라고 생각하면서, 아파트 시공자는 친환경자재를 사용하여 자신과 같은 피해를 받지 않도록 하여야 한다고 주장하며, 그동안의 물적, 정신적 피해와 향후 피해에 대해 적절한 배상을 요구한 바 있다.

제 3 절
건물 관련 질환

3.1 SBS (Sick Building Syndrome)

명확한 원인이 없으며, 의학적인 검진을 통해서 특별히 나타나지 않는 급성적 불만 호소를 총칭하며, 노출집단에서 최소한 20%의 사람들이 눈, 코 등의 염증, 두통, 피로, 무기력 등의 지속적인 증상을 경험했고, 특정 원인은 확실히 알려진 바 없으며, 특정 실내환경을 떠나 노출이 중단되는 경우 증상이 호전된다. 이러한 증상의 호소는 특정한 장소에 국한되거나 건물 전체에 넓게 퍼져있을 수도 있다. 빌딩증후군은 다음과 같은 원인이 관련된다.

① 낮은 농도에서 다수 오염물질의 복합적인 영향
② 다른 환경적인 스트레스 요인들(과난방, 낮은 조명, 소음 등)
③ 인간공학적 자극(컴퓨터 작업시 적당한 의자의 높이)
④ 일과 관계된 신체적 스트레스 요인(번잡함, 실험실 관리상 문제)
⑤ 알 수 없는 요인들

실내공기질 문제의 급속한 출현과 이와 관련한 거주자의 불만의 호소는 질병을 설명하거나 빌딩과 연관된 특정 질환으로 나타난다. 이러한 것들은 sick building syndrome과 질병과 관련된 빌딩, 그리고 multiple chemical sensitivity를 포함한다.

3.2 BRI (Building Related Illness)

빌딩 내 공기를 통하여 알려진 원인물질의 노출에 의한 질환이라고 정의한다. 원인물질로는 폼알데하이드와 같은 화학물질이 있으며, 생물학적인 원인으로 나타날 수 있다. 생물학적 오염물질의 일반적인 발생원은 가습장치, 냉각탑, 송풍기 또는 필터, 그 외 축축한 표면, 건축자재에 오염된 물 등이 있다. 증상은 발열, 오한, 기침을 수반하는 인플루엔자와 관련된 일반적인 특정 질환 및 유사 질환이 있으며, 폐와 호흡기계에 심각한 문제가 발생할 수 있다. 레지오넬라병, 과민성 폐렴 그리고 발열 등이 BRI의 일반적인 질환이다.

3.3 MCS (Multiple Chemical Sensitivity)

어떤 사람이 특정 물질의 일정 농도에서 민감한 반응을 보이는 것으로 일반 인구집단에서는 가시적인 영향이 나타나지 않는다. 그리고 특정 화학물질이 고농도로 노출될 때 나타나는 민감성이 저농도에 노출될 때 나타나는 것이다. 여러 가지 증거로 볼 때, 인구집단의 어느 정도는 오늘날 가정과 작업장 환경에서 화학물질의 넓은 저농도 범위에서 민감한 것으로 나타나고 있다. 건물 관리자는 거주자를 대상으로 MCS에 대한 진단을 실시해야 하며, 이러한 문제를 가진 개인의 문제를 해결하기 위한 책임은 상호 협력에 달려있으며, 가정이나 다른 장소에서 작업 상 문제를 보완하는 것을 포함해야 한다.

종종 이 증상은 새 건물 또는 환기가 불량한 건물에서 발생한다. 의심되는 원인물질로는 연소 생성물, 가정용 화학제품, 생물학적인 요소, 그리고 가구에서 방출되는 증기나 배출물 등이다. 반복 노출로 인한 주된 증상은 눈, 코, 인후의 자극이다.

제 4 절
실내 주요 노출 물질별 건강영향

4.1 미세먼지(PM_{10})

4.1.1 일반적인 건강영향

부유입자의 건강 영향에 대한 현재 관심은 대부분 매우 낮은 노출 수준에서 사망률 등에 대한 영향을 제안한 주요 역학 연구의 결과에 기초를 두었다. PM_{10}, $PM_{2.5}$와 황산염과 산 에어로졸 단편에 관한 측정 자료를 가진 연구와 혼합물에서 다른 오염물질의 영향으로부터 일부 입자의 영향의 분리를 가능케 한 연구를 중점적으로 보았다. 놀랄 일은 아니나 건강에 대한 입자의 영향은 최근 몇 년간 되풀이하여 재조사되었다(Dockery & Pope, 1994; Pope et al., 1995; Schwartz, 1994; Brunekreef et al., 1995; EPA/600/P-95/001cF, 1996). 여기 주어진 정보는 고유 논문의 평가뿐만 아니라 최근 자료도 기초를 두었다.

〈표 3.4〉 일일 PM_{10} 변동에 따른 일일 총사망률 변동과 관련된 연구의 개요 (10 $\mu g/m^3$당 상대위험도 평가)

지역	상대적 위험도	95% 신뢰도	참고문헌
Utah Valley	1.015	1.009～1.021	Pope et al., 1992
St. Louis	1.015	0.999～1.029	Dockery et al., 1992
Kingston/Harriman	1.016	0.987～1.046	Dockery et al., 1992
Birmingham	1.010	1.002～1.018	Schwartz, 1993
Los Angeles	1.005	1.000～1.010	Kinney et al., 1995
Chicago	1.006	1.001～1.010	Ito et al., 1995
Amsterdam	1.006	0.999～1.014	Verhoeff et al., 1996
Boston	1.012	1.007～1.017	Schwartz et al., 1996
Knoxville	1.009	1.001～1.018	Schwartz et al., 1996
St. Louis	1.006	1.001～1.010	Schwartz et al., 1996
Steubenville	1.009	1.001～1.016	Schwartz et al., 1996
Madison	1.007	0.996～1.107	Schwartz et al., 1996
Topeka	0.995	0.980～1.009	Schwartz et al., 1996
Santiago	1.008	1.006～1.010	Ostro et al., 1996
Lyon	1.002	0.994～1.010	Zmirou et al., 1996
Cologne	1.003	1.000～1.006	Spix & Wichmann, 1996
Sao Paolo	1.012	1.007～1.017	Saldiva et al., 1995
Joint estimate	1.0074	1.0062～1.0086	
Test of heterogeneity (Q)	29.04		
P value of Q	$0.01 < P < 0.025$		

〈표 3.5〉 일일 $PM_{2.5}$ 변동에 따른 일일 총사망률 변동과 관련성 요약 [10 $\mu g/m^3$당 상대위험도 평가, Harvard Six Cities study (1996)]

지역	상대적 위험도	95% 신뢰도
Boston	1.022	1.015～1.029
Knoxville	1.014	1.002～1.026
St. Louis	1.011	1.004～1.017
Steubenville	1.010	0.999～1.021
Portage	1.012	0.997～1.028
Topeka	1.008	0.980～1.036

〈표 3.6〉 PM_{10}으로 인해 건강 영향을 경험한 대상자 수
(1백만 명의 인구집단, 평균 50, 100$\mu g/m^3$의 PM_{10} 농도에서)

건강 영향 표지자	PM_{10}으로 인해 3일간 영향을 받은 대상자 수	
	50$\mu g/m^3$	100$\mu g/m^3$
사망률	4	8
호흡 관련 병원 입원	3	6
기관지 확장제 사용의 인년(person-days)	4863	10514
증상 악화의 인년(person-days)	5185	11267

표 3.6은 인구 백만 명에 대한 일일 PM_{10} 농도가 평균 50과 100$\mu g/m^3$이고, 100명의 3일 평균 사망률을 가지며, 75명의 3일 평균 호흡 관련 병원 입원수, 그리고 기관지 확장제를 사용하거나 천식 증상을 경험한 10,000명의 천식환자를 가진 3일 에피소드의 영향 평가를 포함하고 있다. 표 3.6은 인구집단에서 미립자 물질의 노출 결과로 죽어가거나 병원 진단을 받은 대상자의 수가 미립자 물질 노출로 인한 약물 사용 증가와 호흡기 증상의 증가와 함께 부가적인 “인년(person-days)”의 수에 적게 비례함을 명백하게 한다.

이러한 계산은 관심 있는 인구집단의 크기, 사망률과 이환율 경험에 따라 변경해야 함에 반하여, 가능한 영향 평가의 이종에 기여하는 요인의 경우, 어떤 미립자 물질 노출의 공중보건 영향의 중요성에 얼마간의 통찰력을 제공한다.

사망률에 근거한 미세먼지 노출의 장기 영향에 대한 대부분의 설득력 있는 정보는 과거 2가지 코호트 연구에 의해 제공되었다(Dockery et al., 1993; Pope et al., 1995). Dockery와 동료들의 총 사망률(10$\mu g/m^3$당)에 대한 상대위험평가는 (PM_{15}나 PM_{10}으로 측정한) 흡입할 수 있는 미세먼지의 경우 1.10, 초미세먼지($PM_{2.5}$)의 경우 1.14 그리고 황산염의 경우 1.33이였다. Pope와 동료들의 총 사망률(10$\mu g/m^3$당)에 대한 상대위험평가는 초미세먼지($PM_{2.5}$)의 경우 1.07, 황산염의 경우 1.08이었다. Pope의 연구에서 사용된 황산염 수준(2.6～23.6$\mu g/m^3$ 범위)은 이전 연구에서 사용된 여과재의 황산염 형성으로 인해 부풀려졌을 수도 있다. Dockery 연구는 귀중한 황산염 지역사회 중 하나(Steubenville)를 포함하고 있으나, 이 연구의 황산염 수준의 범위는 너무 낮은데(4.8～12.8$\mu g/m^3$), 아마도 더 나은 황산염 측정법을 이 연구에서 사용했기 때문인 것 같다.

4.2 폼알데하이드(Formaldehyde)

4.2.1 일반적인 영향

인간에게 폼알데하이드 단기 노출의 유력한 증상은 코와 목의 자극으로, 불쾌감, 재채기, 기침, 메스꺼움, 호흡곤란 그리고 사망까지 동반된다.

일련의 폐기능 연구는 폼알데하이드 증기에 노출된 건강한 비흡연자와 천식환자를 대상으로 수행되었다. 급성노출이 천식 증상을 야기하는지 알아보기 위해 각각 15명의 건강한 비흡연자와 천식환자를 2.4 mg/m^3 폼알데하이드에 40분 동안 노출시켰다. 기도폐쇄는 없었고, 폐기능이나 기관지 항진반응의 변화가 주목할 만하였다(Schachter et al., 1986; Witek et al., 1987).

건강한 비흡연자와 천식환자는 3.7 mg/m^3 폼알데하이드에 1시간 또는 3시간 동안 노출되었는데, 휴식 중이거나 간헐적인 격한 운동을 행했을 때였다. 천식환자들 사이에 폐기능과 비특이적 기도반응에서 의미 있는 변화는 관찰되지 않았다. 격한 운동 중 폼알데하이드에 노출된 건강한 비흡연자들에게 폐기능에서 5% 이하의 작은 감소가 관찰되었다. 2명의 정상인과 2명의 천식환자가 10% 이상 감소하였다(Sauder et al., 1986, 1987; Green et al., 1987).

0.007～2.0 mg/m^3 농도에 노출된 이동식이나 전통적인 집 그리고 이동식 사무실 거주자들의 폐기능을 평가하였다. 폐기능이나 기도저항에 변화가 보이지 않았다(Broder et al., 1988; Main & Hogan, 1983).

기존의 일부 연구에서 폼알데하이드 단독으로 또는 다른 유해인자와 동시에 노출 시 폐기능의 일시적인, 가역적인 감소의 원인이 되었으나, 폼알데하이드가 폐기능의 만성적인 감소를 유도한다는 결과는 도출되지 않았다(Holstrom & Wilhelmsson, 1988; Horvath et al., 1988; Imbus & Tochilin, 1988; Malaka & Kodama, 1990; Alexandersson & Hedenstierna, 1988).

폼알데하이드에 의한 유사천식 증상에 대한 선행 사례보고가 있으나, 그 중 어느 것도 민감화 영향을 증명하지는 못했고, 증상은 자극 탓으로 간주되어진다. 70～140 μg/m^3 폼알데하이드 수준의 집에서 사는 아이들에게서 그 이하로 노출된 아이들보다 더 많은 천식과 만성 기관지염이 발견되었다(Krzyzanowaki et al., 1990).

폼알데하이드는 피부에 자극적이고 알레르기성 접촉피부염을 일으킬 수 있다. 이들 두가지 영향을 구별하는 것은 어렵다(Malbach, 1983).

폼알데하이드가 면역계에 유독하다고 보여주는 결정적인 자료는 없다. 장기 폼알데하이드 노출 시 측정된 6가지 면역매개변수에 영향을 주지 않았으나, 단기 급성 노출은 약간의 면역 변화를 가져왔다(Pross et al., 1987).

〈표 3.7〉 폼알데하이드의 단기 노출로 인한 인체 유해 영향

노출농도범위 또는 평균 (mg/m^3)	노출시간범위 또는 평균	일반 인구집단에서 건강 영향
0.03	반복노출	냄새검출역치(10%)
0.18	반복노출	냄새검출역치(50%)
0.6	반복노출	냄새검출한계(90%)
0.1～3.1	1회 & 반복노출	목과 코 자극역치
0.6～1.2	1회 & 반복노출	눈 자극역치
0.5～2	3～5시간	감소된 코점액 유량
2.4	이틀 동안 40분간 잇따른 노출 (둘째 날 10분의 적당한 운동)	노출 후 (24시간까지) 두통
2.5～3.7		눈과 코에 씹히는(biting) 감각
3.7	1회 & 반복노출	심한 운동시 감소된 폐기능
5～6.2	30분	눈물이 나나 30분 동안 참을 수는 있음
12～25		눈물이 심하게 나며 1시간 동안 지속
37～60		폐부종, 폐렴, 심할 시에는 사망

[출처 : WHO Regional Office for Europe (2002)]

4.2.2 발암과 유전독성학적 영향

결론은 인체 폼알데하이드의 유전 영향에 관해 이용할 수 있는 적절한 자료가 없다는 것이다(Norppa et al., 1993; Connor et al., 1985).

비록 코호트 연구가 적은 수에 기초를 두고 있을지라도 폼알데하이드를 이용하는 방부처리자, 해부학자, 다른 전문직의 코호트 연구는 림프계 또는 조혈약 암에 대해 낮거나 위험도가 없는, 그리고 뇌종양에 대한 초과 위험도를 보이는 경향을 나타내었다. 이러한 내용은 직업적 코호트 연구에서 뇌암에 대한 초과 위험도의 일관성 결여에 의해 반대 결과가 나타나고 방부처리자와 해부학자의 코호트 연구를 포함하는 것보다 폼알데하이드에 대한 노출의 더 많은 직접적이고 양적 측정을 포함한다.

IARC는 인체에서 폼알데하이드 발암성에 대한 제한된 증거로서 위의 자료를 해석했고 폼알데하이드를 "유력한 인체발암물질(probably carcinogenic to humans, Group 2A)로 분류했다.

최근 발행된 코호트 연구에서(Hansen & Olsen, 1995), 부비강－코 암에 대해 유의하게 증가한 비교위험도 3.0 (95% CI, 1.4～5.7)이 폼알데하이드에 잠재적으로 노출된 육체노동자에서 발견되었지만 주요 혼란요인인 나무먼지에 대한 어떠한 예상 노출과 관련이 없다.

4.3 벤젠(Benzene)

4.3.1 일반적인 건강 영향

여러 임상과 역학 연구에서 벤젠의 장기 노출이 백혈병을 일으킬 수 있음을 보여주었으나, IARC에 의해 인체 발암물질(Group 1)로 분류하진 않았다.

초기 역학 연구 중 하나는 이스탄불의 구두공들에게서 백혈병, 주로 급성 골수성 백혈병 발병률의 증가를 증명하였다(Aksoy, 1974). 또한 이탈리아, 플로렌스의 구두공들은 1963년 백혈병 위험의 증가를 보여주었다(Paci et al., 1989).

가장 철저히 잘 조사된 연구이면서 또한 정량적 위험 평가에 이용하는 주요 연구로는 소위 Pliofilm 코호트라 불리는 고무필름 제조업에 고용된 노동자들에 관한 연구이다. 최초 보고서는 1977년에 나왔고(Infante et al., 1977), 코호트는 1940~1965년 동안 최소 1일이라도 고용된 노동자들을 포함하였고, 1981년까지 1,165명 가운데 백혈병 9사례와 다발성 골수종 4사례가 나타났다. 미국의 배경발생수와 비교하여 통계학적으로 의미 있는 증가이다.

〈표 3.8〉 Pliofilm 코호트의 백혈병 위험 평가

1000명의 노동자당 백혈병 환자 수		노출 기반	참고문헌
3.2 mg/m^3 (1 ppm)	0.32 mg/m^3 (0.1 ppm)		
5.3	–	Rinsky et al. (1987)	Brett et al. (1989)
0.5~1.6	–	Rinsky et al. (1987) Crump & Allen (1984)	Brett et al. (1989)
1.3	0.12	Rinsky et al. (1987)	Paxton et al. (1994)
0.26	0.026	Crump & Allen (1984)	Paxton et al. (1994)
0.49	0.048	Paustenbach et al. (1992)	Paxton et al. (1994)

4.3.2 유전학적 영향

벤젠 노출 근로자의 염색체 영향에 대한 논문은 상당히 많다(Benzene, IARC, 1982). 염색체 구조와 수의 이상은 선행 연구 모두에서 관찰되었다. 대부분의 경우 벤젠 노출은 혈액학적 영향을 일으키는 것으로도 조사되었다. 이들 연구에서 염색체 영향은 약 320 mg/m^3 (100 ppm) 이상의 농도에서 분명히 나타났고, 일부 연구에서는 그 영향이 32 mg/m^3 (10 ppm) 수

준에서 만성적으로 노출된 작업자들에게서 보고되었다(Major et al., 1994; Karacic et al., 1995). Tompa 등(1994)의 연구에서는 노출 수준이 3~69 mg/m^{3}에서 1~18 mg/m^{3}까지 감소했을 때 염색체 이상의 빈도가 감소했음을 보고하였다.

4.4 톨루엔(Toluene)

4.4.1 일반적인 건강 영향

톨루엔의 인체 노출에 대한 광대한 자료는 CNS의 기능장애가 주요 관심사임을 보여준다. CNS 손상의 초기 지표로 생각되는 비정상적인 뇌간청각유발전위의 증거 또한 만성 톨루엔 남용에서 발견되었다(Rosenberg et al., 1988). 뇌파검사에서 느린파 이상이 일부 사례 보고서에서 증명되었다. 장기간 고농도의 톨루엔에 노출된 노동자들에게서 가벼운 만성 독성 뇌장애의 증후가 나타남이 보고되었다(Larsen & Leira, 1988).

만성적으로 단지 톨루엔에 노출된 비흡연과 비음주 여성 노동자 연구는 CNS 기능의 신경행동학적인 면에서 용량-반응 관련의 증거를 제공한다. 노출 기간은 중요한 인자가 아니다. Foo 등(1990, 1993)은 정신운동기능의 6/8 검사에서 신경행동학적 검사 점수는 13 ppm (49 mg/m^3)에 노출된 동일한 시설의 대조군과 비교하여 88 ppm (332 mg/m^3) 톨루엔의 TWA에 노출된 군에서 의미심장하게 더 낮음을 발견하였다. 대조군은 나이, 성별과 인종을 맞추었다. 무독성량(NOAEL)은 확인되지 않았다. 기간-반응 관계의 결여는 약 88 ppm 수준에서 개인의 통제된 급성 노출이 Foo 등에 의해 주목된 장기 영향과 관련이 있을 수 있음을 제안한다. Echeverria 등(1989)은 75 ppm (283 mg/m^3)의 톨루엔 수준에 노출된 개인에서 농도에 의존한 졸음과 두통의 빈도 증가가 관찰되었고, 7시간 동안 150 ppm (566 mg/m^3)에서도 마찬가지로 몇몇 수행 기능의 감소가 관찰되었다. 이 연구에서 개인들은 그들 자신이 대조군이 되었다.

2000 mg/m^{3}이나 530 ppm의 평균 톨루엔 농도(10년 이상 측정)에 노출된 인쇄공의 시각유발전위의 이상은 준임상적인 CNS 기능장애의 증거로 제안되었다(Urban & Lukas, 1990). 비록 노출-반응 관계가 증명되지 않았더라도, 작업자의 톨루엔 노출 또한 변경된 시각유발전위의 원인으로 제안되었다(Vrca et al., 1995).

4.5 자일렌(Xylene)

4.5.1 일반적인 건강영향

감각운동과 중추신경계의 전달과정기능에 대한 영향이 조사되었다. 보통 *m*-자일렌이 사용되었는데, *p*-자일렌과 혼합 자일렌 또한 연구조사하였다(Savolainen & Linnavuo, 1979; Savolainen, 1980; Seppäläinen et al., 1981; Savolainen & Riihimäki, 1981; Savolainen et al., 1980, 1981, 1982a, 1982b, 1984, 1985a, 1985b). 이들 연구에서 전정이나 시각기능, 반응시간, 근육운동의 협조나 말초감각에 관한 의미심장한 영향이 160 ppm의 일정한 농도에 4시간 노출되는 동안 관찰되지 않았다. 전정과 시각기능의 경미한 장애와 반응시간이 200~300 ppm의 노출 수준에서 나타났다. 5일에 걸친 연속적인 노출이 장애에 적합한 수준이었다. Anshelm Olson 등(1985)은 지원자 16명을 *p*-자일렌만으로 4시간 동안 300 mg/m^3 (70 ppm) 또는 톨루엔과 배합(100 mg/m^3 *p*-자일렌에 200 mg/m^3 톨루엔 첨가)하여 노출시켰다. 심박수, 자각증상, 단순반응시간, 선택반응시간과 단기기억력은 노출에 의한 영향을 받지 않았다.

또 다른 연구에서 9명의 남성 지원자들을 200 ppm (시간가중) *m*-자일렌에 4시간 동안 노출시켰다. 단기 최대 노출은 400 ppm이었다. 뇌파도의 자일렌 영향은 경미하였고 유독한 영향은 보이지 않았다(Seppäläinen et al., 1991).

건강한 남성 대상자들을 100와트의 작업부하가 있거나 없는 상태에서 40% 에틸벤젠을 포함한 공업용 자일렌에 2시간 동안 노출시켰다. 대기 농도는 435 mg/m^{3}이나 1300 mg/m^{3}이었다. 더 높은 노출 수준에서 일하는 동안 수행 감소의 증거가 5가지의 수행검사 중 3가지에서 관찰되었다: 반응시간 부가시험($p < 0.05$), 단기기억력($p < 0.05$) 그리고 선택반응시간($p < 0.10$) (Gamberale et al., 1978).

690 ppm *p*-자일렌에 15분 동안 노출된 6명의 지원자 중 4명에게 현기증이 나타났다(Carpenter et al., 1975).

9명의 지원자들을 일정하게 또는 변동 있는 형태로 두 경우 다 200 ppm의 시간가중 평균 노출농도의 *m*-자일렌에 약 4시간 동안 노출시켰다(Laine et al., 1993). 단순 시청각 선택반응시간의 연장이 400 ppm *m*-자일렌 최고점의 노출 후 관찰되었다. 일정한 수준의 200 ppm *m*-자일렌의 노출은 그 뒤 밤 동안 "활동적" : "안정적" 수면 비에 영향을 주지 않았으나, 잠자리에서 움직임이 약간 감소하였다.

p-자일렌과 톨루엔(Anshelm-Olson et al., 1985)의 공동노출에 관한 연구가 수행되었다. 145~150 ppm 자일렌과 0.8 g 에탄올/kg (체중)의 노출은 전정 기능에 대한 부가적인 교란 영향이

있었다. 더 높은 자일렌 농도(275～290 ppm)에서 기능 내성의 증거가 있었고, 자일렌은 전정 기능에 대한 에탄올의 영향을 중화하는 것으로 보였다. 지원자들에게 200 ppm *m*-자일렌에 노출시킨 연구에서 전정과 시각기능과 반응시간에 대한 경미한 영향이 보고되었다. 400 ppm TCE의 동시 노출에서는 더한 영향은 없었다. 60 ppm *p*-자일렌과 30 ppm 톨루엔의 조합된 노출도 반응시간, 단기기억력 또는 심박수에 대한 영향이 없었다.

10명의 남성 지원자들을 100 ppm 자일렌이나 100 ppm 톨루엔 또는 각각 50 ppm씩 섞은 혼합물에 노출시켰다. 노출시간은 4시간이며 각자 4개의 노출시간에 참여하였다. 중추신경계 기능의 변화를 9개의 심리검사로 평가하였다. 자일렌이 단순반응시간과 선택반응시간에서 가장 부작용이 심한 반면, 조합된 노출이 자일렌 단독노출보다 더 약한 영향을 보여주었으나 톨루엔 단독노출보다는 강하였다(Dudek et al., 1990).

호흡 노출의 급성영향에 관한 요약을 표 3.9에 나타내었다.

〈표 3.9〉 자일렌의 호흡노출로 인한 급성영향

노출 농도 (mg/m^3)	시간	영향	참고문헌
3000	1시간	현기증, 자극	Klaucke et al. (1982)
3000	15분	현기증	Carpenter et al. (1975)
1300[a]	2시간	수행 감소	Gamberale et al. (1978)
900[b]	4시간	반응시간 연장	Laine et al. (1993)
900	4시간	전정과 시각기능 장애와 반응시간 연장	Savolainen et al. (1979, 1981, 1982, 1985)
900	4시간	뇌파도의 작은 영향	Seppäläinen et al. (1991)
600	4시간	반응시간에 영향 없음	Savolainen et al. (1980, 1981)
450	4시간	반응시간 연장	Dudek et al. (1990)
300	4시간	정신 생리학 시험시 영향 없음	Anshelm - Olson et al. (1985)

a 운동 중
b 1800 mg/m^3의 최대값

4.6 파라디클로로벤젠(1,4-Dichlorobenzene)

4.6.1 일반적인 건강영향

흡입을 통한 파라디클로로벤젠의 급성 노출의 결과 눈, 피부와 목에 자극을 준다(U.S. Department of Health and Human Services, HSDB, 1993). 동물 연구는 파라디클로로벤젠의 경구 노출로 인한 혈액, 간과 신장에 대한 영향을 보고하였다(ATSDR, 1998). 쥐와 생쥐의 급성 노출을 포함한 실험에서 파라디클로로벤젠이 경구 노출 시 중간 정도의 독성을 가짐을 보여주었다(U.S. Department of Health and Human Services, RTECS, 1993).

흡입에 의한 파라디클로로벤젠의 만성 노출 결과 간, 피부와 중추신경계(예를 들어 소뇌조화운동불능, 말더듬증, 수족 무력증과 반사저하)에 영향을 주었다(ATSDR, 1998). 파라디클로로벤젠의 흡입노출로 인한 동물 연구는 호흡계, 간과 신장에 영향을 보고한 반면, 경구 연구는 혈액, 간과 신장에 영향을 보고하였다(ATSDR, 1998; U.S. EPA, IRIS, 1999). 쥐의 간 무게 증가를 기초로 한 파라디클로로벤젠의 RfC는 0.8 mg/m^{3}이다. RfC는 인구집단(민감한 아집단을 포함)을 대상으로 한 꾸준한 흡입 노출의 평가로 평생 동안 감지할 수 있을 정도의 유독한 비발암 영향의 위험이 없을 것이다. RfC는 직접적인 위험의 추정량이라기보다는 잠재적 영향을 평가할 기준점이다. 노출이 점점 더 RfC보다 커질 때, 유해한 건강 영향의 가능성은 증가한다. RfC 이상의 평생 노출이 유해한 건강 영향이 반드시 일어날 거라는 것을 의미하지는 않는다(U.S. EPA, IRIS, 1999). EPA은 임계연구를 성인과 자손의 조직병리학적 조사를 포함한 광범위한 생식 프로토콜로 수행하였기 때문에 RfC를 기본으로 한 연구에서 중간 정도의 신뢰를 가진다. 그 결과 RfC은 중급 신뢰도를 가진다(U.S. EPA, IRIS, 1999). EPA은 파라디클로로벤젠의 기준량(RfD)을 확립하지 않았다. ATSDR은 쥐의 간 영향을 기초로 한 0.4 mg/kg(체중)/일의 중간 경구 최소위험수준(MRL)을 인정하지 않았다. MRL은 특정 노출기간 이상에서 감지할 수 있을 정도의 유해한 비발암 건강영향의 위험이 없을 것 같은 위험물질의 일일 인간 노출의 평가이다(ATSDR, 1998).

4.6.2 발암 영향

인간의 파라디클로로벤젠의 발암 영향에 대해 이용할 수 있는 정보는 없다(ATSDR, 1998). 흡입을 통해 파라디클로로벤젠에 노출된 이용할 수 있는 적당한 동물 암 연구는 없다. NTP 연구에서 위관영양법을 통한 파라디클로로벤젠 투여로 수컷 쥐의 신장 종양과 생쥐의 간 종

양의 원인이 됨을 발견하였다(U.S. DHHS, RTECS, 1993).

4.7 스티렌(Styrene)

4.7.1 일반적인 건강영향

약 10~100 ppm (43~426 mg/m^3)이나 그 이상의 스티렌 농도에서는 눈, 목과 호흡기관의 자극에 대한 자각 증상의 원인이 된다(Lorimer et al., 1978). 주관적인 호소 증상은 24 ppm (102 mg/m^3) 이하의 농도를 가진 유리-강화 플라스틱 공장에서는 일반적으로 보이지 않는다(Geuskens et al., 1992).

100 ppm (426 mg/m^3) 이상의 노출은 눈과 상부 호흡기관이 심한 점막 자극의 원인이 된다. 강화 플라스틱 작업자들 사이의 스티렌 수준은 만성 기관지염과 폐색성 폐변화와 관련이 있다. 스티렌 유도 천식과 접촉성 피부염의 사례 또한 보고되었다(Some industrial chemicals, 1994).

강화 플라스틱 작업자들은 말초혈액림프구 부분집합의 변경된 분포를 보여준다. 10~50 ppm (43~213 mg/m^3)에 노출된 작업자들은 T 보조유도 림프구의 수가 줄어드는 반면, 자연살세포는 증가한다(Bergamschi et al., 1995).

4.7.2 감각 영향

스티렌 냄새 역치는 0.016 ppm (70 μg/m^3)이다. 특징적인 자극적인 냄새는 역치값보다 3~4배 높은 농도에서 인식된다. 일부는 70 μg/m^{3}보다 더 낮은 수준에서도 냄새를 감지할 수 있으나, 보통 최고 대기 농도가 역치값 이하를 유지한다면 악취 문제는 일어날 것 같지 않다. 스티렌이 대기 중에 방출될 때 반감기는 2시간으로 예측된다. 대기에서 스티렌은 화학적으로 benzaldehyde와 폼알데하이드로 변형되며, 둘 다 악취성 대기오염물질이다.

4.7.3 신경독성 영향

노출 수준에서 여러 인구집단에서 보여주었다(Fallas et al., 1992; Gobba & Cavalleri, 1993; Chia et al., 1994; Eguchi et al., 1995). 일부 연구는 50~100 ppm (213~426 mg/m^3)의 스티렌 노출 수준에서 특히, 감각 신경의 말초신경전도속도 감소를 암시하였다(Cherry & Gautrin, 1990; Murata et al., 1991).

폴리에스테르수지 강화유리섬유 제조에 고용된 작업자들을 대상으로 한 여러 연구는 스티렌이 CNS 기능저하의 원인이 될 수 있음을 나타냈다. 허약, 두통, 피로, 권태, 긴장, 오심과 현기증 같은 pre-마취성 증상이 대기 스티렌 농도가 50 ppm (213 mg/m^3)을 초과하는 곳에서 보고되었다. 노출이 200 ppm (852 mg/m^3) 이상 증가될 때, 안정상태에서 기면상태, 오심과 장애가 뚜렷하다.

시계 정확도와 정신운동성 이행의 약간의 장애가 50 ppm을 초과한 스티렌 수준에서 주목되었다(Harkonen, 1978; Lindstrom et al., 1992). (25 ppm, 107 mg/m^{3}의 대기 스티렌 수준과 비교하기 위해 상술한) 150 mmol/mol 이상의 크레아티닌의 뇨 스티렌 대사물질의 합(mandelic acid와 phenyl glyoxylic acid)과 일치되어 강화 플라스틱 노동자들의 언어학습기술을 손상시킨 반면, 논리적 기억력과 시각구성능력은 300 mmol/mol 크레아티닌의 뇨 대사산물 합과 일치되어 노동자들에게 영향을 준다고 보고하였다(Mutti et al., 1984). 단순 반응 시간이 늦어지는 것이 50~100 ppm (213~426 mg/m^3) 범위의 평균 농도에 노출된 스티렌 노출 작업자들에게서 발견되었다(Cherry et al., 1981; Jegaden et al., 1993).

4.8 라돈(Radon)

4.8.1 일반적인 건강 영향

주거공간에서 라돈 노출과 관련된 폐암 위험을 서로 다른 역학 설계와 더불어 조사하였다(Indoor air quality, WHO, 1996). 주거 라돈 농도와 폐암 비율에 관한 자료를 모아 비교하는 생태연구는 위험평가에 적합하지 않는데, 그 이유는 주로 부정확한 노출평가와 혼란인자의 불충분한 제어 때문이다. 대부분 관련된 증거는 노출에 관한 개인적 자료와 건강 영향을 이용한 역학조사에서 오는데, 주로 환자-대조군 연구이다. 초기 환자-대조군 연구는 주거특성과 지질 정보에 의한 노출평가에 기초를 두었고, 때때로 라돈 측정을 추가하였다. 이들 연구는 주로 미숙한 노출자료와 제한된 규모 때문에 정량적 위험평가의 경우 유용하지 않다.

몇몇 환자-대조군 연구는 약 10~30년의 거주기간을 가진 연구대상자 집에서 라돈 측정에 의한 노출평가를 실시하였다. 4건의 연구가 스칸디나비아에서 행해졌고, 북아메리카에서 3건, 중국에서 1건의 연구가 이루어졌다. Axelson와 동료들(1988)은 남부 스웨덴의 우라늄이 풍부한 명반 혈암질 퇴적물이 있는 지역에서 30년 이상 살고 있는 142명의 폐암환자와 264명 대조군의 라돈 종족 측정을 수행하였다. 전원 지역에서 폐암의 상대위험도(RR)는 150

Bq/m^3 이상과 50 Bq/m^3 이하의 라돈 종족 수준과 비교하여 1.4 (95% CI, 0.6～3.2)였다.

Pershagen 등(1992)은 210명의 여성 폐암환자와 400명의 대조군에 대해 스톡홀름에서 연구를 수행하였다. 1.7 (95% CI, 1.0～2.9)의 상대위험도는 75 Bq/m^{3}까지의 노출과 비교하여 150 Bq/m^{3}을 초과한 시간가중평균 라돈 노출과 관련이 있다. 양의 경향이 평가된 축적 라돈 노출과 더불어 폐암의 상대위험도와 관련되어 관찰되었다. 집에서 보낸 실제 시간의 비율에 대한 조정으로 용량-반응 관련성의 증거가 감소하였다. 연구의 규모 또한 너무 작아 라돈 노출과 흡연간 상호작용의 의미심장한 분석을 할 수 없었다.

핀란드의 전원지역 남자를 대상으로 한 연구로 238명의 폐암환자와 434명의 대조군을 포함하고 있고, 실내 라돈 노출과 폐암 위험 사이에 통계적으로 의미심장한 관련성은 발견하지 못했다(Ruosteenoja, 1991). 초기 노출-반응 곡선은 증가하였으나 이때 더 높은 노출 수준에서는 아래쪽으로 벗어났다. 라돈 노출의 가장 높은 5분위수(=265 Bq/m^3)에서 상대위험도는 가장 낮은 5분위수(＜10^9 Bq/m^3)와 비교하여 1.23 (95% CI, 0.71～2.13)이었다. 더 강한 라돈의 영향이 골초들에게 나타났다. 결과가 광부 연구를 기초한 위험 평가와 대립되지 않음을 주목하였다.

뉴저지에 사는 여성을 대상으로 한 연구는 433명의 폐암 환자와 402명의 대조군을 포함하였다(Schoenberg et al., 1990). 상대위험도는 최저 4 pCi/L (148 Bq/m^3)와 1 pCi/L (37 Bq/m^3) 이하의 실내 라돈 농도와 비교하여 4.2 (90% CI, 0.99～7.5)였다. 라돈의 가장 강한 관련성이 하루 15개피 이하로 담배를 피우는 사람들 사이에서 나타났으나, 자료의 해석은 적은 대상자로 인해 특히, 가장 높은 노출 범주에서 어려웠다.

Alavanja와 동료들(1994)은 미주리 지역의 비흡연 여성을 대상으로 연구를 수행하였는데, 538명의 폐암환자와 1183명의 대조군을 포함하고, 30%의 환자와 17%의 대조군은 이전에 흡연자였다. 1.20 (95% CI, 0.9～1.7)의 폐암 상대위험도가 가장 낮은 5분위수(0.79 pCi/L or 29 Bq/m^{3}까지의 라돈 수준)와 비교하여 라돈 노출의 가장 높은 5분위수(2.46 pCi/L or 91 Bq/m^{3}을 초과한 시간가중평균 라돈 수준)에서 관찰되었다. 양성의 노출-응답 경향이 선암종 세포형태에서 암시되었는데, 가장 높은 노출 범주에서 1.66의 상대위험도(95% CI, 1.0～2.6)를 가졌다.

캐나다 위니펙에서 연구는 738명의 폐암환자와 738명의 대조군을 포함하였다(Letourneau et al., 1994). 이 연구에서 노출평가가 등록 이전 5～30년을 포함할 때, 축적된 라돈 노출 단위당 0.97 (95% CI, 0.81～1.15)과 0.93 (95% CI, 0.71～1.11)의 상대위험도가 침실(3750 Bq/m^{3}년)과 지하실(5000 Bq/m^{3}년) 측정에서 각각 관찰되었다. 라돈 측정과 더불어 최소 75% 적용범위에 포함된 대상자로 분석을 제한하여 상응하는 상대위험도는 각각 1.18 (0.95～1.46)과

1.12 (0.90~1.41)이다. 놓친 라돈 값에 대한 전가는 위험평가의 downward bias로 이입될 수 있으므로 주의하여야 한다.

Blot 등(1990)은 중국 심양에 사는 여성을 대상으로 환자대조군 연구를 수행하였는데, 특히 여성이 높은 폐암률을 가진 지역이다. 이 연구는 308명의 폐암 환자와 356명의 대조군을 포함한다. 라돈과 폐암의 관련성은 찾지 못했다. 1.9 pCi/L (70 Bq/m^3) 정도의 라돈 수준을 가진 집에서 사는 대상자와 비교해서 8 pCi/L (296 Bq/m^3)나 그 이상인 대상자의 상대위험도는 0.7 (주어진 신뢰구간은 없다)이었다. 이 연구집단은 매우 높은 실내 입자에 노출되었고, 위에서 묘사된 다른 연구집단의 사람들과는 완전히 다르며, 기관지의 라돈 양이 감소할 수도 있음을 주목해야 한다.

〈표 3.10〉 실내 라돈 농도에 따른 장기 주거 라돈 노출과 관련된 폐암의 기여도[a]

	노출 범주		
	고	중	저
라돈 농도			
산출평균(Bq/m^3)	100	50	25
> 200 Bq/m^3 > 400 Bq/m^3	15% 5%	1.5% 0.5%	0.75% 0.25%
노출에 기인한 모든 폐암 비율			
총	9~17%[b]	5~9%	2~5%
> 200 Bq/m^3 > 400 Bq/m^3	4~6% 2~3%	0.4~0.6% 0.2~0.3%	0.2~0.3% 0.1~0.15%
초과된 폐암 사망자(백만명당)[c]			
총	2700~5100	1500~2700	600~1500
> 200 Bq/m^3 > 400 Bq/m^3	1200~1800 600~900	120~180 60~90	60~90 30~45

a 선형 상대위험모형을 가정하였고 라돈과 흡연을 포함한 폐암의 다른 위험 요인 사이의 배수적 관련성
b 평가된 기여도의 범위는 관찰된 노출-반응 관계의 노출평가의 부정확 때문에 불확실성 평가를 기초로 함.
c 폐암 사망이 총 사망의 3%를 차지한다고 가정함.

[출처 : Pershagen et al. (51)]

4.9 일산화탄소(Carbon monoxide, CO)

4.9.1 일반적인 건강 영향

심혈관(cardiovascular) 영향, 신경행동적(neurobehavioural) 영향, 섬유소 용해(fibrinalysis) 영향과 주산기(perinatal) 영향의 4가지 형태들이 일산화탄소 노출과 관련된다.

저산소증(hypoxia)은 일산화탄소에 민감한 기관들, 즉 두뇌, 심장, 혈관내벽과 같은 조직에 산소공급의 부족을 초래한다. 이 경우 호기 능력의 감소 없이 3.3~4.3%까지 카르복시헤모글로빈(COHb) 수준이 증가한다. 이러한 카르복시헤모글로빈 증가의 영향은 일산화탄소 노출에서 생리적 변화에 의한 활동력의 저하를 가져오고 더 나아가 건강 영향으로 나타난다. 그러나 전형적인 일산화탄소 노출 수준에서 가장 큰 건강 영향으로 나타날 수 있는 것은 심혈관계의 영향이다. 만성협심증(angina) 환자집단은 일산화탄소 노출에 가장 민감한 위해성 반응 집단으로 간주된다. 통계적으로 밤샘작업 시 측정한 혈액 중 카르복시헤모글로빈의 수준은 5% 정도로 나타났다. 그러나 다른 연구에서도 5% COHb에서는 건강에 별 영향이 없다고 하였다. 카르복시헤모글로빈 농도가 높으면 2차적인 영향을 야기할 수 있다. 예를 들면, 혈액의 pH 저하와 섬유소에서 변화가 2차적 영향에 속한다. 이러한 기능저하는 COHb 10~15% 수준일 때 주로 발생하는 것으로 알려져 있다. 또한 두통 같은 증상을 동반하기도 한다. 표 3.11은 비교적 낮은 농도로 노출되는 일산화탄소가 인체에 미치는 영향을 요약한 것이다. 협심증(angina pectoris)에 걸린 환자 또는 관상동맥증 혈전(coronary arteries)에 걸린 환자들은 일산화탄소에 민감한 집단으로 여겨진다. 그 밖의 민감한 집단은 임신부, 어르신, 만성 호

〈표 3.11〉 저농도의 일산화탄소에 노출되었을 시 관련된 인체 영향

카르복시 헤모글로빈 농도(%)	영 향
2.3~4.3	건강한 청년과 작업시간의 관계에서 통계적으로 유의하게 감소(3~7%)
2.9~4.5	협심증을 가진 환자가 운동을 하면서 감소
5.0~5.5	건강한 청년이 격한 운동을 하면서 최고 산소 소비수준에서 감소
< 5.0	이산화탄소에 노출된 후 통계적으로 큰 변화가 없음
5.0~7.6	건강한 연구대상자 중 업무 중 큰 손상
5.0~17	시각적 손상, 학습능력, 복잡한 일의 직무 중 감소
7.0~20	건강한 청년이 격한 운동을 할 때 산소 소비에서 감소

흡기 질환이 있는 사람, 심장질환 또는 호흡기 질환을 가진 사람, 산소 운반 능력을 감소시키는 헤모글로빈의 유전적인 결함을 가진 사람, 고지대에서 생활하는 사람 등이 있다. 일산화탄소 독성의 영향에서 유전적 차이는 다양한 실험동물 종에서 평가되었다(WHO, 1979).

4.10 이산화질소(Nitrogen dioxide, NO_2)

4.10.1 일반적인 건강 영향

인체의 폐기능과 기관지염 및 천식에 대한 이산화질소의 영향에 관계된 자료는 비교적 많은 편이다. 1.6～5 ppm(3000～9400 $\mu g/m^3$)의 이산화질소에 짧은 시간(10～15분) 동안의 노출로 인해 일반 폐기능과 기관지염의 변화가 명백히 나타났다. 10분 동안 0.7 ppm(1300 $\mu g/m^3$)에 노출되면 신체 기능에 영향을 주고, 0.1 ppm(190 $\mu g/m^3$)에 한 시간 노출될 때는 천식환자의 기관지에 약물적 민감도가 증가한다는 보고가 있다. 최근 조정된 인체노출연구는 0.1～4.0 ppm(190～7520 $\mu g/m^3$) 범위의 이산화질소 농도에서 천식과 개인건강에 관여하는 호흡기 영향에 대한 복합적이고 다양한 결과를 보여주었다. 이산화질소 0.1 ppm(190 $\mu g/m^3$)의 농도에 노출되었을 때 기도에 영향을 주거나 폐기능에 영향을 주는 것을 보고했다. 기관지에 영향을 주지 않으면서도 폐기능에만 영향을 주는 가장 낮은 수준은 0.1～0.15 ppm(190～280 $\mu g/m^3$)의 이산화질소 농도(약간의 운동을 하는 전제로)에서 30분간의 노출이었다. 2 ppm(3760 $\mu g/m^3$)을 넘는 이산화질소 수준에서 상당한 폐기능 영향이 발생했다. 이 수준 이하에서 기관지염 환자들에게는 민감하지 않은 반면, 천식환자들은 민감한 반응을 보였다. 0.48 ppm(900 $\mu g/m^3$)에 노출된 천식환자들은 불쾌감을 표현하는 반면에, 일반인들은 1 ppm(1880 $\mu g/m^3$)에서도 약간의 불만을 표시한다. 이산화질소의 낮은 노출수준(940 $\mu g/m^3$, 0.5 ppm)에서는 천식환자의 폐기능 변화가 적으나(Wagner, 1985), 중증의 천식환자에 대한 영향은 잘 알려져 있지 않다. 이산화질소가 약물에 의한 천식을 증가시킨다는 것은 명백하다. 전형적으로 이산화질소에 노출된 천식환자는 이러한 작인(영향을 인식하지 못한 상태로 지속되는 원인의 낮은 수준)에 더 크게 반응한다. 그러한 연구들은 기관지 압박의 기전에 이산화질소의 영향을 평가하기 위해 수행된다. 왜냐하면, 이러한 작인들은 자연적으로 공기경로의 모수를 규정하는 내용을 포함하기 때문이다. Bauer 등은 천식환자에 증가된 공기경로 압박은 0.3 ppm(560 $\mu g/m^3$)의 질소산화물 농도에 의해 더 크게 나타난 것을 발견했다. 자연 알러지 유발물질이 천식환자들에게 사용되었을 때 더 이상의 악화가 없다는 것이 발견되었다. 그러나 이것은 사용된 질소산화물(190 μg/m^3, 0.1 ppm)의 낮은 수준에 기인할 수 있다. 최근 연구에서 약간의 운동 시 약 1200 μg/m^{3}의 이산화질소 농도에 2시간 노출된 건강한 사람들에게 공기경로 저항증의 증가가 나타났으며, 이 농도는 도시에서 흔히 나타나는 농도이다. 0.1～0.5 ppm(190～940 μg/m^3)의 범위에서 이산화질소 농도에 1～6개월 동안 노출된 동물들은 폐 구조와 폐 대사, 미생물 감염에 대한 면역 기능의 변화를 보였다. 더 많이 노출된 동물들은 병리적 변화를 보인다. 0.3 ppm(560 μg/m^3)에 노출되는 동안 천식환자의 반복된 연구는 폐기능에서 10% 정도 변하는 것을 알 수 있다. 비록 통계적으로 이 변화는 생리적 변화의 범위에서 변하지만, 반드시 역변화하지 않는다. 더 넓은 범위에서 보면, 0.26 ppm (500 μg/m^3)보다 더 높은 이산화질소 농도에 1시간 정도의 노출 수준에서 인구가 밀집된 실내에서 시행한 수많은 역학적 연구들은 유해영향들의 증거를 제시하지 못했다.

4.11 오존(Ozone, O_3)

4.11.1 일반적인 건강 영향

오존은 강산화제이다. 폐기능의 주요 손상에 대하여 인체에 대한 연구가 많이 보고되었다. 일반적으로 호흡기 자극과 그 밖의 다른 증상을 수반한다. 보통 오존의 노출은 1～3시간 정도 지속된다. 선행연구를 통해 보고된 증상들은 기침, 목 건조, 권태 등이 있다. 오존에 노출되어 폐기능이 일시적으로 손상되면 노출 후 1～3시간 이내에 손상된 기능의 50%가 회복되며, 24～48시간 이내에 거의 완전히 회복된다(Holtzman et al., 1979). 만성 폐질환 환자와 천식환자에 대한 많은 연구는 이러한 사람들의 오존 반응은 정상인들과 유사하다는 것을 보여주었다. 흡연자 또한 더 크게 반응하지 않았다. 비록 이러한 모집단들이 정상인들과 비교해서 더 높게 또는 낮게 반응하지만, 그들은 이미 위험해진 폐에서 똑같이 감소하기 때문에 훨씬 더 증가된 위해성을 나타낸다는 것을 고려해야 한다. 남자 또는 여자 중 어느 쪽이 더 민감한 지에 대한 자료는 불충분하다. 역학연구들은 오존과 다른 광화학물질의 많은 영향들을 규명했다.

성장기에 있는 어린이, 청소년 등에서 폐기능 감소는 160～340 μg/m^{3}의 범위에서 나타난다. 그러한 징후는 240～740 μg/m^{3}의 범위에서 신체행위의 손상이 있을 수 있다(Wayne et al., 1967). 광화학반응에 의한 오존 노출은 눈 자극의 원인이 되며, 오존 농도가 약 200 μg/m^{3}일 때 주로 발생한다.

〈표 3.12〉 임상실험에 의한 오존 노출과 인체 유해 영향

인체 영향 결과	인체 영향을 기대한 오존 농도($\mu g/m^3$)	
	평균 노출 시간 1시간	평균 노출 시간 8시간
FEV1 변화(활동적이고, 건강한, 실외 활동하는, 가장 민감한 청년과 아이들의 10%)		
5%	250	120
10%	350	160
20%	500	240
염증 변화의 증가(중성구 유입)		
2배	400	180
4배	600	250
8배	800	320

대기 오존 수준의 단기적인 증가는 건강한 사람이나 천식환자 모두에게 호흡기 진단과 호흡기 증상 악화로 인한 병원 입원률의 증가와 관련이 있다. 이러한 관찰은 대기 오존 농도가 낮아짐에 따라 관련 인체 유해 영향의 기대되는 개선을 정량하는데 이용할 수도 있다.

Air quality guidelines for Europe의 초판(1987)은 150∼200$\mu g/m^3$의 1시간 지침값을 권장하였다. 비록 최근 조사에서 지침이 반드시 잘못됐다고 지적하지는 않지만, 8시간 지침은 이 범위에서 심각한 1시간 노출에 대비하여 보호될 것이다.

참고문헌

관계부처합동 실내공기질 관리 기본계획(2009∼2013).
관계부처합동 실내공기질 관리 기본계획(2015∼2019).

권순박 박사

4

대기환경

제 1 절
대기의 특성

1.1 대기와 도시대기

1.1.1 대기(Atmosphere)

대기(atmosphere)는 지구를 둘러싸고 있는 얇은 가스층으로 질소(78%), 산소(21%), 아르곤(argon; 0.9%), 이산화탄소(0.03%) 등으로 구성되어 있다. 이밖에 메탄(methan), 오존, 일산화탄소, 황화합물, 질소산화물, 탄화수소 등 다양한 가스상 물질과 입자들이 미량으로 포함되어 있다. 또한, 수증기(water vapor)의 경우 지표에서 수 킬로미터 이내의 대기층에 존재하며 전체 부피의 약 1~4%에 해당한다. 대기 중 공기의 이동과 압력, 습도 및 입자상 물질의 성분 변화는 주로 태양광에 의하여 영향을 받고, 산업과 농업활동 및 살아있는 생물체 등에 의해서도 영향을 받으며, 이는 날씨(weather)와 기후(climate)를 변화시키게 된다. 대기의 특성을 나타내는 가장 주요한 변수는 압력과 온도라 할 수 있다. 압력은 단위면적당 작용하는 힘으로 정의되는데, 대기의 압력(이하 대기압)은 단위면적당 쌓여 있는 공기의 총 하중(weight)으로 표현할 수 있으며, 고도가 높아지면 압력은 낮아진다. 온도는 공기, 물, 토양과 같은 물질의 상대적인 뜨거움 또는 차가움을 나타내는 값으로 물리적으로는 대상물질의 열에너지(thermal energy)의 정도를 나타낸다. 대기의 온도가 중요한 변수로 작용하는 것은 온도에 따라 공기의 포화수증기압(saturation vapor pressure)이 결정되기 때문이다. 이는 특정 온도에서 일정 부피의 공기가 취할 수 있는 최대 수증기량이 온도에 따라 정해진다는 것이며, 상대습도(relative humidity)는 공기가 취한 수증기량이 얼마나 포화상태에 가까운지를 나타내는 지표로 사용된다. 통상 상대습도가 높은 지역에 사는 사람은 상대습도가 낮은 지역(사막 등)에 사는 경우에 비하여 같은 온도에서도 더욱 불쾌감(끈적이며 후덥지근한 상태)을 느낀다. 대기는 구름의 이동, 폭풍우의 변화 등으로 알 수 있듯이 항상 변하고 있다. 국부적으로 살펴보면 낮은 대기층은 태양광에 의하여 가열되고 있으며, 육지와 바다의 물은 증발(evaporation)되고 있다. 가열된 공기가 상승하면 팽창(expansion)에 의하여 냉각되고 상승에 의해 빈 공간은 차가운 공기로 채워지며 이 과정에서 바람이 불게 된다. 이러한 끊임없는 공기의 순환은 주로 4 km 이하의 낮은 대기층에서 이루어진다. 고도에 따라 대기의 온도가 낮아지는 지상 약 10~12 km 구간을 대기권(troposphere)이라고 하며, 대기권의 최상층에서 대부분의 수증기를 응축(condensation)시키는 콜드트랩(cold trap)을 대류권계면(tropopause)이라고 부른다. 따라서 이보다 높은 성층권(stratosphere)에는 수증기가 거의 존재하지 않으며 대기권 이하에서 응축된 수증기는 구름으로 형성된다. 또한 이 높이를 기준으로 그 이상의 높이에 오존층이 존재하며 고도 20~25 km에서 최대 200 ppb의 농도를 나타내며, 이러한 성층권 오존은 자외선(ultraviolet)을 흡수하여 대기권 이하의 생명체를 보호하고 있다.

1.1.2 도시 미기후(Urban Microclimate)

날씨가 하루나 주중의 대기상태 변화를 말한다면, 기후는 장기적 관점에서 대기상태의 특성을 말한다. 특정 지역의 기후는 주로 지구의 위도(latittue)에 따라 열대기후, 아열대기후, 온대기후, 냉대기후, 한대기후 등으로 구분된다. 보다 좁은 관점에서 기후를 살펴보면 실제 인간이 주로 생활하는 낮은 대기층(지표와 가까운)의 기후상태를 미기후(microclimate) 혹은 접지기후라고 하며, 동물과 식물의 생식에 큰 영향을 미치게 된다. 특히 인구가 밀집되어 있는 도시의 경우 화석연료의 연소에 의한 열발생이 많고, 도시 공기 중 먼지(dust)가 지표에서 복사되어 방출되는 장파장(long wave)의 적외선(infrared)을 다시 반사시켜 되돌림으로써 주변에 비하여 온도가 높은 기후 특성이 나타나게 된다.

1.2 기후변화와 지구온난화

1.2.1 기후변화(Climate Change)

기후의 또 다른 특징은 기후변화라 할 수 있다. 지구의 평균기온은 약 1750년을 기준으로 분명한 증가 추세를 나타내고 있으며, 1940년대 다소의 냉각기를 가지지만 1960년대 후반부터 다시 꾸준한 증가 추세를 보이고 있다(Marsh and Dozier, 1981).

1.2.2 지구온난화(Global Warming)

지구온난화는 자연 혹은 인간에 의하여 지표 부근 대기의 평균온도가 상승하는 것을 의미한다. 지표 부근 대기온도는 크게 태양광 흡수량과 반사량, 열에너지의 정체(보유정도), 수증기의 증발 또는 응축에 의하여 결정된다. 태양광은 대기와 지표를 동시에 가열하는데, 가열된 대기와 지표는 파장이 긴 적외선 복사를 통해 공급받은 에너지를 재배출하게 된다. 수증기 및 대기 중에 포함되어 있는 이산화탄소, 메탄, CFCs 등은 재배출되는 적외선을 흡수하여 자체로 온도를 증가시키거나 다시 재복사하여 주변 공기의 온도를 상승시키며, 이러한 과정은 온실(greenhouse)에서 발생되는 온도 상승과 유사한 현상으로 통상 온실효과(greenhouse effect)라고 불린다. 그러나 이러한 온난화효과는 수백만 년간 지속된 자연현상이며 주로 수증기가 이러한 역할의 중심에 있다. 다만, 우리는 인류의 활동으로 발생되어 최근 농도가 증가되고 있는 이산화탄소, 메탄, CFCs, 질소산화물, 오존 등이 지구온난화를 가속화시키는 것을 우려하는 것이다.

제 2 절 대기 오염물질

2.1 대기오염 영향

대기오염은 우리 환경의 다양한 요소에 영향을 미치는데, 심미적 시각 환경(visibility, 가시도), 식물의 생육, 동물 생태계, 토양, 수질, 자연 혹은 인공 구조물 등에 다양한 영향을 끼친다. 특히 도시에서는 오염된 대기 상태에 의해 가시도가 짧아지고 색상대비(color contrast)가 약화된다. 대기오염은 식물의 잎 세포와 과실 등에 영향을 주며, 생장률을 저하시킬 수 있으며 다양한 병충해에 대한 저항력을 감소시키는 것으로 조사되고 있다. 특히 세계보건기구(WHO)는 대기오염을 건강에 악영향을 미치는 대표적 환경위험요소로 분류하고 있으며, 대기오염을 저감시킬 경우 국가적으로 발작(stroke), 심장병, 폐암, 천식을 포함하는 호흡기 질환을 저감시킬 수 있다고 보고하고 있다. 전 세계 도시지역과 교외지역 모두에서 대기오염에 의한 조기사망자는 2012년 한 해에만 370만 명으로 추정되고 있다. 또한 실내공간에서 요리와 난방에 사용되는 나무, 볏짚 등 바이오매스(biomass) 연료와 석탄 연소 발생 오염물질로 약 30억 명이 심각한 건강위험 상태에 놓여 있다(WHO).

2013년 오염된 물에 의한 전 세계 사망자 수는 약 124만 명이었지만, 오염된 공기에 의한 사망자는 552만 명으로 물오염보다 5배나 많은 사망자가 대기오염에 의해 발생하였다. 전 세계 인구 중 절반이 넘는 35억 명이 안전하지 못한 공기질(unsafe air quality) 속에 살고 있으며, 이 중 13억 명은 동아시아와 태평양 연안에 살고 있다고 보고하였다.

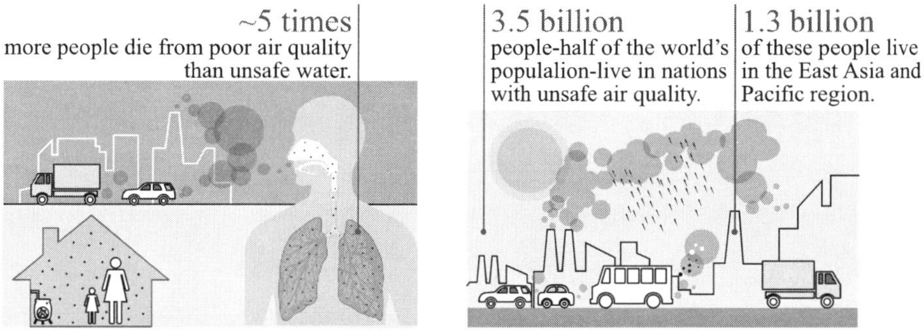

그림 4.1 전세계 대기오염 사망자와 오염공기 노출 인구수(Hsu et al., 2016)

2.2 대기 오염물질

대기 오염물질은 크게 자연발생원과 인공발생원으로 구분될 수 있다. 자연발생원은 화산 폭발 등을 통해 배출되는 비산먼지와 이산화황(SO_2)을 꼽을 수 있으며, 간헐천(geyser) 및 온천(hot-spring)과 습지 등에서 배출되는 황화수소(H_2S), 불안정한 대기상태에서 비롯되는 번개에 의한 오존발생, 산불 및 강한 바람에 의한 먼지발생 등이 있다. 인공발생원은 주로 화석연료의 연소(combustion)와 오염물질 배출 산업공정에 기인한다. 특히 이산화질소의 경우 자연발생원은 거의 없는 반면 대부분이 인공발생하게 되는데, 주로 이동오염원인 자동차 배출과 천연가스나 석탄을 사용하는 공장과 발전소 배출이 주원인이 된다.

대기 오염물질의 종류는 1차 오염물질(primary pollutants)과 2차 오염물질(secondary pollutants)로 구분될 수 있다. 1차 오염물질이 직접 대기 중으로 발생되는 것에 비하여, 2차 오염물질은 대기 중에서 1차 오염물질과 대기구성물질간 반응(reaction)에 의하여 생성되는 것이다. 일례로, 오존은 1차 오염물질이 태양광에 의하여 광화학반응(photochemical reaction)을 통해 생성되는 2차 오염물질이다. 1차 오염물질은 일산화탄소, 입자상 물질, 탄화수소(hydrocarbons), 질소산화물과 황산화물이 대표적이다.

2.2.1 일산화탄소(carbon monoxide, CO)

일산화탄소는 무색, 무취한 가스상 물질로 고농도에서 혈액의 헤모글로빈(hemoglobin)과

강하게 결합하여 사람과 동물에게 치명적인 위해를 가하게 된다. 일산화탄소는 주로 연료의 불완전연소에 의하여 발생하지만, 대기 중 90%의 일산화탄소는 자연발생원에 기인한다.

2.2.2 이산화황(sulfur dioxide, SO_2)

이산화황은 무색, 무취한 가스상 물질로 낮은 농도로 대기 중에 존재한다. 주요한 특징으로 이산화항은 일단 대기 중으로 배출되면 여러 가지 화학반응을 통해 주로 입자상 물질인 황산염입자(particulate sulfate, SO_4)로 전환된다는 것이다. 이산화황의 주요 배출원은 석탄을 주로 사용하는 발전소의 연소과정과 종이, 시멘트, 알루미늄 등의 생산을 위한 석유정제(petroleum refining) 과정이다. 이산화황의 독성은 노출정도와 농도수준에 따라 차이가 있지만 황산염입자 형태로 폐에 치명적인 영향을 미치게 되며, 금속 등의 부식을 일으키게 된다. 또한, 질소산화물과 함께 산성비의 원인이 되는 것으로 알려져 있다.

2.2.3 질소산화물(nitrogen oxides, NO_x)

질소산화물은 산화수에 따라 일산화질소(NO), 이산화질소(NO_2), 질산염(NO_3)을 포함하는 오염물질로, 이 가운데 이산화질소가 가장 대표적인 오염물질이다. 이산화질소는 황갈색을 띄고 있으며 대기 중에서 여러 가지 화학반응을 통해 질산염으로 전환된다. 특히, 이산화질소는 스모그(smog)를 발생시키는 원인으로 알려져 있으며, 대부분이 이동오염원인 자동차와 화석연료를 사용하는 플랜트에서 발생한다. 질소산화물은 사람의 눈, 코, 호흡기에 자극을 주며, 감염에 대한 저항력을 감소시키고 식물의 성장을 저해한다. 질소산화물이 대기 중에서 질산염으로 전환된 경우 가시도(visibility)를 감소시킨다.

2.2.4 탄화수소(hydrocarbons, C_xH_y)

탄화수소는 탄소와 수소만으로 이루어진 유기화합물을 통칭하는 물질로 천연가스나 메탄(CH_4), 부탄(C_4H_{10}), 프로판(C_3H_8) 등이 대표적이다. 탄화수소의 유해성은 사람과 동물에게 다양하게 보고되고 있으며, 특히 태양광과 반응하여 광화학 스모그를 유발하기 쉬운 물질이다. 대기 중 탄화수소의 80% 이상은 자연발생원에 기인하며, 인공발생원은 주로 자동차 관련으로 자동차와 주유소 등에서 주입과정의 누유에 의한 기화 등도 주요한 인공발생원이다.

2.2.5 황화수소(hydrogen sulfide, H_2S)

황화수소는 독성이 매우 강한 부식성 가스로 특유의 썩은 달걀냄새로 잘 알려져 있다. 황화수소는 주로 자연발생원인 습지 및 늪 등에서 발생하고 있으며, 석유정제와 금속용접 과정에서도 인공적으로 발생하고 있다. 황화수소는 식물의 기능 저하 및 사람과 동물에 치명적인 위해성이 있다.

2.2.6 플루오르화수소(hydrogen fluoride, HF)

플루오르화수소는 알루미늄 생산공정, 석탄화력발전소 및 석탄가스화(coal gasification) 공정 등에서 주로 발생한다. 1 ppb 수준의 낮은 농도에서도 식물과 동물에 치명적 위해성이 있다.

2.2.7 입자상 물질(particulate matter, PM)

입자상 물질은 대기 중 부유하는 작은 액체 또는 고체상 물질을 말하며 다양한 방법으로 발생된다. 자연발생 측면에서 보면 화산폭발과 사막화 과정에서 발생하고, 인공적으로는 거의 모든 산업공정에서 발생한다. 눈으로 볼 수 있는 연기(smoke), 검댕(soot), 먼지(dust)를 포함하여 눈에 보이지 않는 다양한 입자상 물질이 존재한다. 섬유상 형태의 공기 중 부유하는 석면(asbestos)과 다양한 성분의 중금속 입자들도 입자상 물질에 포함된다. 입자상 물질의 크기는 수 nm에서 수백 μm로 광범위한 분포를 가지고 있으나, 인체 유해성 측면에서 2.5 μm 이하의 미세먼지(fine particulate matters, $PM_{2.5}$)가 주요한 오염물질로 알려져 있다. 미세먼지의 가장 주요한 구성성분은 2차 오염물질인 황산염과 질산염이다. 호흡기로 유입된 입자상 물질은 사람에게 호흡기 질환 및 암 등을 유발하는 것으로 알려져 있다.

2.3 도시 대기오염

도시지역의 대기오염 문제는 밀집된 인구와 단위면적당 높은 발생오염물질량, 빌딩 등 구조물로 인한 낮은 평균 풍속으로 인해 그 위험성이 높으며, 기온 역전층(inversion layer)이 형성될 경우 대기오염이 지속될 수 있다. 기온 역전층은 찬공기 상부에 더운 공기가 존재하는 경우로 대기가 안정화되어 오염을 악화시키게 된다. 스모그는 연기(smoke)와 안개(fog)의 합성어로 대표적인 도시 대기오염 사례로 LA 스모그와 런던 스모그가 꼽히고 있다. LA 스모그는 갈색 공기가 특징인 광화학 스모그(산화형, photochemical smog)이며, 런던 스모그는 회색 공기가 특징인 화학반응형 스모그(환원형, sulfurous smog)로 구분된다. 광화학 스모그가 발생하는 원인은 자동차 사용과 직접적으로 영향이 있어 교통량이 증가하는 오전 시간 일산화질소(NO), 이산화질소(NO_2)와 탄화수소(HC)의 농도가 증가하고, 동시에 이산화질소는 태양광에 의하여 일산화질소와 산소원자(O)로 분해되어 활성화된 산소원자가 산소분자(O_2)와 결합하여 오존(O_3)을 발생시키고 일산화질소는 다시 산화되어 이산화질소로 변환되어 이산화질소 농도가 증가된다. 이러한 연속적인 반응을 통해 생성된 이산화질소가 질산염으로 전환되어 스모그를 발생시키게 된다. 화학반응형 스모그의 경우 주로 석탄 또는 석유의 대형 연소플랜트에서 발생하는 황산화물과 입자상 물질의 결합으로 기온 역전층 현상과 주로 함께 발생한다.

또 다른 도시 대기오염으로는 산성비(acid rain)를 꼽을 수 있다. 산성비는 주로 이산화황과 질소산화물의 배출이 많은 곳에서 비, 눈, 안개 등의 물성분과 산성을 가지는 입자상 물질의 결합(침적, deposition)으로 발생한다. 일반적인 빗물이 pH 5.6의 약한 산성이기 때문에 이보다 낮은 pH값을 나타내는 경우를 산성비라고 한다. 산성비는 생태계 전체에 영향을 주며 특히 강이나 호수 등의 생물에게 위협이 될 수 있다. 또한, 건축물 등의 부식과 문화재 훼손의 원인이 된다.

제 3 절
대기 오염물질의 실내 영향

3.1 대기와 실내공기의 교환

3.1.1 개요

대형건물, 병원, 아파트, 단독주택 등 건축물은 구조적으로 외부와 격리되어 있지만, 공조시스템(heating, ventilating, and air-conditioning system, HVAC system), 창문, 출입문, 구조적 틈 등을 통해 공기가 이동하면서 실내공기질이 대기의 영향을 받고 있다. 대기와 실내공기가 교환되는 현상을 환기(ventilation)라고 부르며, 그림 4.2에 나타낸 바와 같이 환기는 크게 기계환기(mechanical ventilation)와 자연환기(natural ventilation)로 구분할 수 있으며, 기계환기는 기류의 흐름을 형성할 수 있는 송풍기(팬) 등의 기계설비를 활용하여 급기 및 배기를 실시하는 것으로, 송풍기를 급기계 및 배기계 어느 쪽에 적용하는지에 따라 세부적으로 구분된다. 자연환기는 건축물의 개구부를 통해 환기가 이루어지는 것으로 공기의 온도차(공기의 밀도차에 의한 부력) 또는 자연풍(바람 등)에 의한 압력변화에 의하여 환기가 이루어지는 것을 말한다. 건축물의 구조적 틈에 의해 대기가 실내로 침투하는 것을 침기(infiltration)라 하고, 거꾸로 실내공기가 외부로 빠져나가는 것을 누기(exfiltration)라 한다.

그림 4.3에 예시한 바와 같이 보통 대형건물의 공조시스템은 일정량의 공기를 외부에서 도입하여 실내로부터 재순환되는 공기와 혼합시켜 실내공간으로 공급하는데, 이때 공기 중

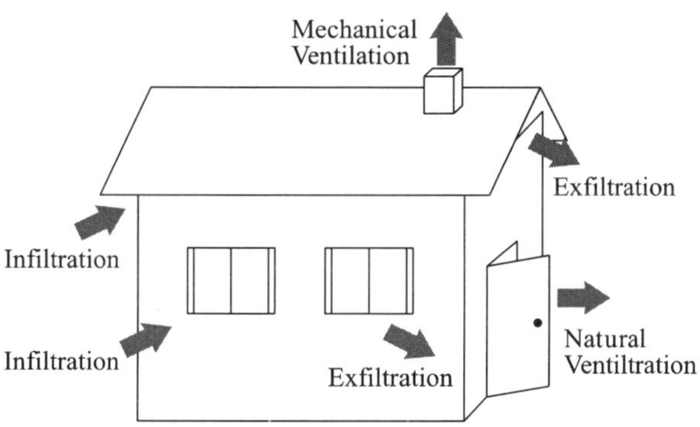

그림 4.2 대기와 실내공기간 환기

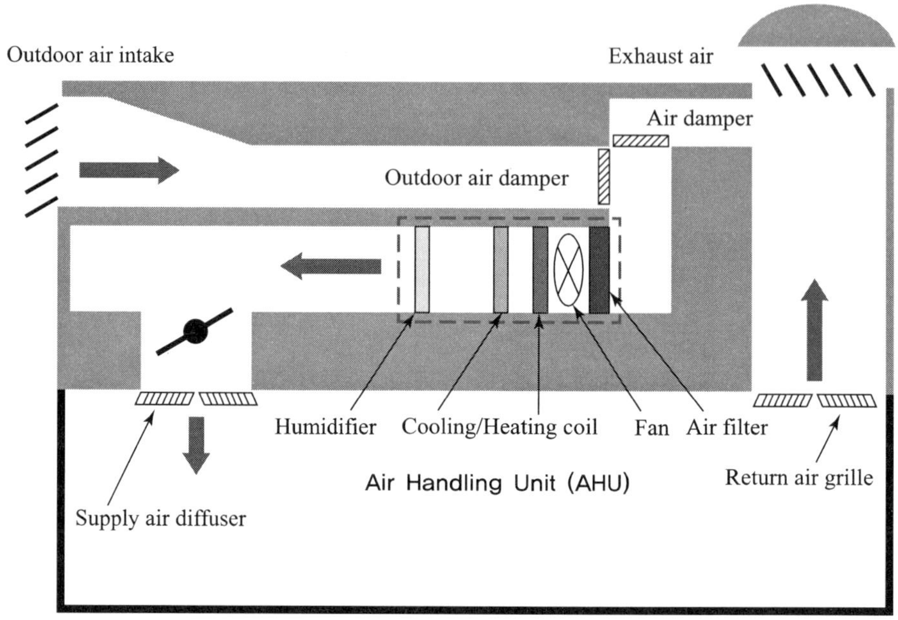

그림 4.3 대형건물 공조시스템의 구조

미세먼지를 제거하기 위하여 중성능(medium efficiency) 에어필터(air filter)를 통과시킨다. 그러나 아파트와 같은 주거건물에는 공조시스템이 없어 주로 자연환기에 의존하고 있다. 최근 건축된 아파트의 경우 환기설비의 설치가 의무화되어 외부공기를 실내로 도입하여 환기시키고 있지만, 에어필터가 설치되어 있지 않거나 먼지 포집 성능이 낮아 외부공기가 심하게 오염되어 있는 경우 외기를 도입하면 오히려 실내공기질을 악화시킬 우려가 있다. 지하건축물의 경우 지하역사의 예를 들면, 그림 4.4와 같이 대합실과 승강장 공기를 개별 공조설비가 담당하여 운영되고 있다. 대합실의 경우 천정 상부에서 급기와 배기가 동시에 이루어지고 있으며, 배기된 공기의 일부는 다시 재순환(return)되어 실내로 공급되고 있다. 이러한 실내공기의 재순환은 특히 여름철 냉방에너지 절감에 효율적이지만, 공조설비 내 미세먼지 등 오염물질을 저감할 수 있는 에어필터 운영이 필수적이다. 승강장과 달리 대합실의 경우, 급기된 공기가 재순환되지 않고 모두 배기되는 방식으로 운영되고 있으며, 이는 지하철 터널에서 발생하는 오염물질(미세먼지 등)이 재순환되지 않도록 하기 위해서이다. 하지만 최근 승강장에 설치되고 있는 승강장안전문(PSD, Platform Screen Door)에 의하여 터널공기가 차단되는 효과가 생기면서 승강장에도 원활한 배기가 요구되고 있다. 또한, 지하역사의 경우 외기가 자연환기 방식으로 실내에 영향을 주는데, 자연환기의 대표적 경로는 역사 출입구이다. 그림

4.5에 나타난 바와 같이 다양한 형태의 지하역사 출입구 덮개(canopy, 이하 캐노피)가 적용되고 있는데, 덮개가 없는 형태의 완전 개방형 출입구와 상부를 가리는 덮개만 있는 반 지붕형 캐노피, 출입면을 제외하고 옆면과 뒷면 및 덮개가 설치되어 있는 밀폐형 캐노피 구조로 분류될 수 있다. 이렇게 다양한 캐노피 구조에 따라 지하역사와 외기간 자연환기량 및 환기 특성이 달라지며, 특히 도로오염이 심한 지역에서 자동차 배출 오염물질의 지하공간 유입 정도와 지하에서 발생되는 오염물질의 외부 배기 정도 등이 모두 영향을 받는다. 일반 건축물 및 지하역사 등에 도입되는 외기는 그림 4.6과 같이 다양한 형태의 급기구(외기도입부)를 통해 이루어지는데, 급기구의 위치, 높이, 형상 등에 따라 실내공간에 공급되는 공기질에 영향을 미칠 수 있다.

그림 4.4 지하역사 공조시스템의 구조

그림 4.5 다양한 형태의 지하역사 출입구 캐노피

그림 4.6 다양한 형태의 급기구 형상

3.1.2 실내환기 효과

실내환기는 외기에 비하여 실내공기 중 오염물질 농도가 증가하여 재실자에게 유해한 상태에 있을 때 또는 외기의 온도와 습도에 비하여 실내 온도 및 습도가 크게 달라 외기를 도입하는 것이 재실자에게 더욱 쾌적한 상태를 제공할 수 있을 때, 외부의 공기를 도입(급기)하고 실내공기를 배출(배기)하는 것이다. 이때 단순히 외부 공기를 도입하는 것이 아니라 외부 공기의 청정도, 온도, 습도를 조절하여 실내에 공급하는 경우에는 이를 단순히 환기라고 하는 것이 아니라 공기조화(air handling)라고 한다.

환기의 가장 중요한 두 가지 효과는 첫째, 신선한 공기의 공급을 통한 실내공기질 유지와 둘째, 공기 교체로 인한 열과 습기의 이동 및 이를 통한 실내공간의 냉각 및 제습이다. 전자의 경우는 공기질 측면의 환기효과로 세부적으로는 방출원으로부터 방출을 촉진하고 오염물질의 재흡착을 방지함과 동시에 실내 오염물질 농도를 저감하는 것이라고 할 수 있다. 후자의 경우는 열적 측면의 환기효과로 쾌적냉방(comfort cooling) 등의 효과가 있다. 이때 외부공기의 도입으로 열이나 습기의 손실 및 획득 시 에너지 절약 측면을 고려하여야 한다. 다만, 외부공기가 오염되어 있을 경우, 환기에 의한 효과보다는 실내 공기오염으로 인한 피해가 클 수 있기 때문에 외기 상태에 따라 적절하게 환기를 수행해야 한다.

3.1.3 대기와 실내공기의 상관성

산업화로 다양한 오염물질들이 발전소 및 산업시설에서 배출되면서 생활환경을 위협하는 대기오염 문제를 발생시키게 되었다. 이에 따라 대기오염 발생시설에 대한 배출가스 규제가 시행되고 있으며, 지속적으로 강화되고 있는 추세이다. 또한, 자동차가 보편화되면서 배기가스에 포함된 질소산화물과 휘발성유기화합물이 광화학 스모그 현상을 일으켜 시정을 악화시키고, 대기 중 오존 농도를 증가시키는 대기오염 문제가 발생되어 자동차 배기가스도 규제 대상이 되었다. 최근 세계보건기구(WHO)는 경유 자동차에서 배출되는 나노미터 크기의 디젤입자를 발암물질로 규정하였고, 새로 시판되는 경유 자동차에 대하여 배출되는 나노미터 크기의 입자상 물질에 대한 개수농도 규제를 신설하였다.

한편, 인류가 문명화되면서 추위, 더위, 비, 눈 등 열악한 기후환경을 극복하기 위하여 야외 생활에서 점차 외부와 차단되어 있는 건축물에서 생활하는 시간이 증가하게 되었다. 미국 환경보호청(EPA)에서는 환경오염의 노출을 평가하기 위하여 1992~1994년 동안 미국 전역에 걸쳐 9,386명을 대상으로 인간의 활동패턴을 조사하여 발표하였는데(Klepeis et al., 2001), 사람들은 실내에서 86.9%의 시간을 보내고 이 중 68.7%의 시간을 주거공간에서 생활하고 있는 것으로 조사되었다. 국내에서도 양원호 등(2009)이 국립환경과학원의 지원을 받아 통계청의 2004년 생활시간조사 자료를 분석하여 주중에는 실내공간에서 87.56%를 보내고 이 중 주거공간에서 59.27%를 생활하며, 주말에는 실내공간에서 87.45%를 지내고 이 중 주거공간에서 67.20%를 생활하는 것으로 보고하였다. 이처럼 현대인들이 실내에서 87% 이상의 시간을 보내고 있으므로, 호흡을 통해 인체로 유입되는 오염물질의 실내 농도가 실제로 인체의 건강에 중요하게 영향을 미치게 된다. 즉, 황사, 디젤입자와 같은 대기 중 오염물질도 실내로 유입되어야 비로소 실내에서 생활하는 사람의 건강에 영향을 미치게 된다.

따라서 대기오염이 인체의 건강에 미치는 영향을 파악하기 위해서는 대기가 건축물을 통과하면서 실내공기질(indoor air quality)에 영향을 미치는 과정을 이해할 필요가 있다. 또한, 오염물질별 실내외 농도비(I/O ratio, indoor to outdoor concentration ratio)를 통해 대기의 실내공기질 영향을 정량적으로 파악할 수도 있다.

공기오염물질은 보통 미세먼지, 석면과 같은 입자상 물질, 이산화질소, 휘발성유기화합물과 같은 기체상 물질, 세균, 곰팡이, 바이러스와 같은 생물학적 물질로 구분할 수 있다. 기체상 물질과 달리 입자상 물질은 형상이 있어 크기에 따라 실내에서 복잡한 거동을 일으켜 정밀한 해석이 필요하다. 건축물의 실외(outdoor)와 실내(indoor) 공기 중 입자의 상관성을 나타내는 정량적인 지표로 실내외 농도비(I/O ratio), 침기계수(infiltration factor) 및 침투계수(penetration factor)가 사용되고 있다. 실내외 농도비는 가장 쉽게 이해할 수 있고 널리 사용되는 지표이다. 침기계수는 대기 입자가 실내로 침투하여 부유 상태로 남아있는 분율을 나타낸 것으로 침투계수, 입자침착률, 실내입자발생율의 함수로 표현된다. 미국과 유럽에서 조사한 미세먼지(PM_{10})와 초미세먼지($PM_{2.5}$)의 침기계수는 각각 0.17~0.52, 0.3~0.82로 넓게 분포하는데, 대체로 $PM_{2.5}$의 침기계수가 PM_{10}보다 크다는 것을 알 수 있으며, 침투계수는 건물 틈을 통한 침기 시 입자의 분율을 의미하며 입자의 크기에 따라 달라지는 것으로 조사되었다(Chen and Zhao, 2011).

3.1.4 오염물질의 실내외 농도비

대기가 실내공기에 미치는 영향을 파악하거나 실내공간에 존재하는 오염물질의 주된 배출원이 실내 또는 실외인지를 판단하는데, 실내외 농도비(I/O ratio) 지표가 널리 사용되고 있다. 실내외 농도비에 영향을 주는 인자는 건물특성, 재실자 수, 실내활동, 기후조건 등이 있으며, 실내활동으로는 조리, 청소, 자연환기(창문개폐 등) 등으로 세분화 될 수 있다.

3.2 외기와 실내공기의 오염사례

3.2.1 도로변 주택의 실내 공기오염

대도시는 자동차가 많아 도로가 발달되어 있고, 현대인들은 교통이 편리한 곳을 선호하여 도로에 인접한 곳에 주택이 밀집되어 있다. 이로 인해 불가피하게 도로를 달리는 자동차에서 배기되는 오염물질이 주위로 이동하면서 주택 실내로 유입되어 실내공기질을 악화시킬 수 있다. 그림 4.7은 배귀남 등(2007)이 2005년 3월 서울시 연세대 정문 앞 도로변에서 측정한 초미세입자 개수농도의 일변화를 1시간 평균으로 나타낸 것으로 자동차 통행량이 증가하는 출근시간대(06~09시) 미세먼지 개수농도(number concentration)도 함께 증가하는 것을 알 수 있다. 또한, 저녁 퇴근시간대(18~21시)에도 통행량 증가에 의해 농도가 다시 증가하는 것을 볼 수 있다. 김종범 등(2014)은 2014년 1월 고층 아파트의 거실과 발코니에서 48시간 동안 실내외 공기질을 연속적으로 측정하여 그림 4.8과 같이 도로에서 발생된 질소산화물(NO_x)이 실내에 유입되어 실내 질소산화물 농도가 도로의 농도 변화와 거의 유사한 경향을 나타내는 것으로 조사되었다.

3.2.2 지상과 지하역사의 실내 공기오염

대표적 대중교통수단인 철도와 지하철에서 지상과 지하역사의 실내공기질과 대기질을 비교하였다. 대기질 공공데이터 정보를 제공하는 환경관리공단 Air Korea 사이트에서 확보할 수 있는 대상역사 인근 측정지점의 시간평균 미세먼지(PM_{10}), 이산화질소(NO_2), 오존(O_3) 농

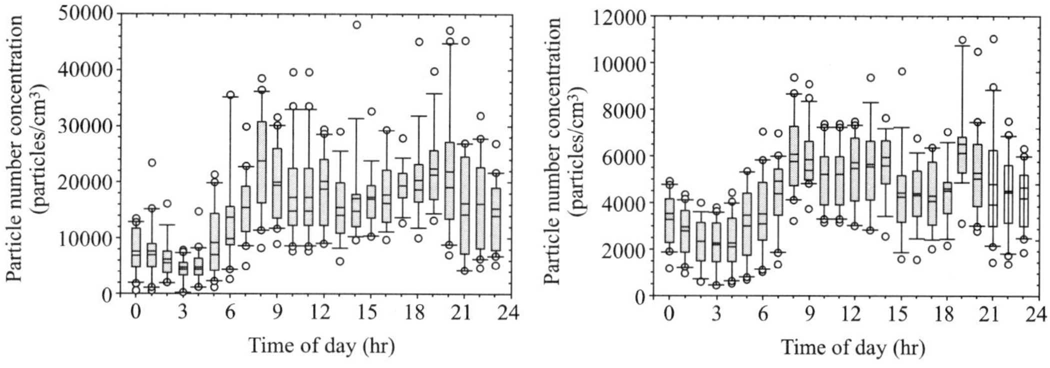

(a) 20~100 nm (b) 100~600 nm

그림 4.7 서울시 연세대 정문 앞 도로변에서 초미세입자 개수농도의 일변화(배귀남 등, 2007)

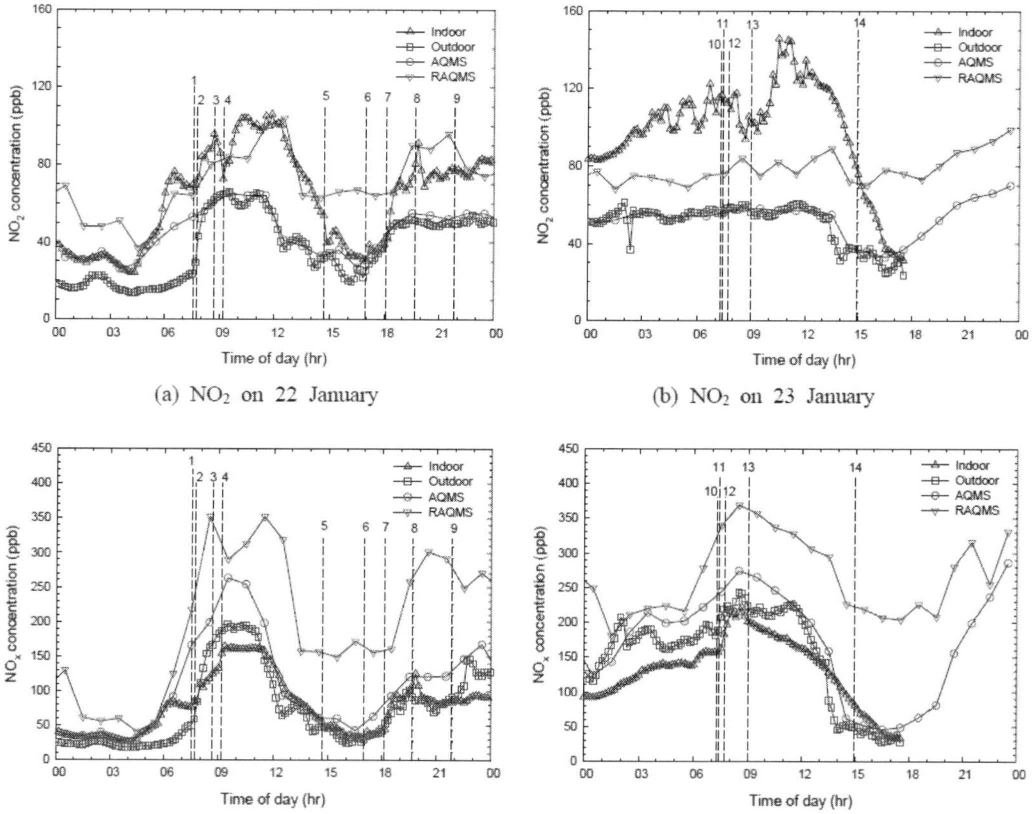

(a) NO_2 on 22 January (b) NO_2 on 23 January

(c) NO_x on 22 January (d) NO_x on 23 January

그림 4.8 서울시 고층 아파트 실내외 및 인접 국가 대기오염측정소에서 측정한 NO_2 및 NO_x 농도의 일변화 비교(Indoor : 실내 거실, Outdoor : 발코니, AQMS : 도시대기 측정소, RAQMS : 도로변 대기측정소; 김종범 등, 2014)

도와 동일시간대 이루어진 실내공기질 측정결과를 함께 비교하였다. I/O ratio는 외기의 실내공기질 영향 정도를 판단하는 기준으로 사용되며, 1에 가까울수록 외기와 유사한 경향을 나타내며, 1보다 클 경우 실내에 오염원이 있는 것으로, 0에 가까울수록 외기에 의한 영향이 거의 없는 것으로 판단할 수 있다.

3.2.3 미세먼지

그림 4.9는 지상역사(O1～O3)와 지하역사(U1～U5)에서 측정된 미세먼지 농도를 외기 미세먼지 농도와 비교하여 I/O ratio로 제시한 것이다. 3개 지상역사와 5개 지하역사에 대한 평균 I/O ratio를 살펴보면 지상역사에서 지하보다 높은 값을 가지는 것을 알 수 있다. 개별 지상역사 대합실(concourse)에서 미세먼지 농도는 외기 미세먼지 농도 기준으로 최소 1.7배에서 최고 3.1배까지 차이가 났으며, 승강장(platform)은 최소 1.5배에서 최고 4.2배 차이가 났다. 지하역사의 대합실은 외기 미세먼지 농도 기준으로 대합실은 최소 1.1배에서 최고 2배, 승강장은 최소 1.7배에서 최고 2.6배의 차이가 났다. 이와 같은 미세먼지의 I/O ratio는 지상역사와 지하역사 모두 실내에 미세먼지 오염원이 존재하는 것을 의미한다(남궁형규 등, 2016). 통상 철도(지하철) 차량의 운행 과정에서 차륜과 레일의 마찰, 브레이크 마찰, 집전선 마찰 등 다양한 마찰로 인한 마모현상이 발생하고, 이러한 과정에서 미세먼지 등과 같은 오염물질이 발생하는 것으로 알려져 있다(Namgung et al., 2016).

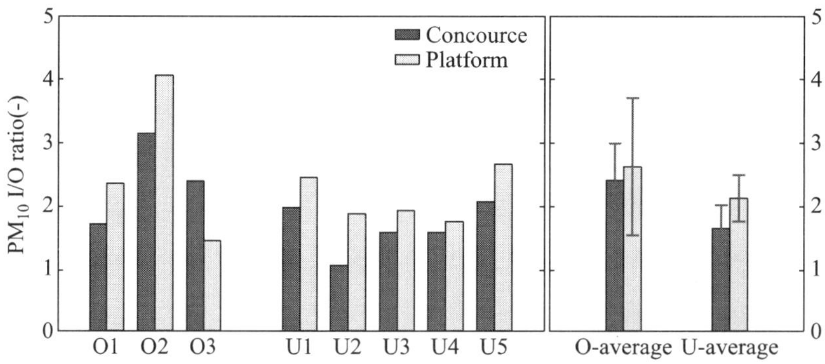

그림 4.9 Indoor/Outdoor ratio of PM_{10} concentration (I/O ratio)

그림 4.10은 서울시 6개 주요 환승지하역사에서 외기, 대합실, 승강장의 미세먼지 농도수준을 보여주고 있다. 외기에 비하여 지하역사(대합실, 승강장)의 미세먼지 농도가 1.5～2배 이상 높은 것을 알 수 있다. 표 4.1은 계절에 따라 6개 역사의 평균 값을 제시하였다. 미세먼

지(PM_{10})의 I/O ratio는 여름철 2.41(대합실), 2.55(승강장)이며, 가을철 2.73, 2.66, 겨울철 2.43, 2.56으로 계절별로 유사한 값을 나타내고 있다(Kwon et al., 2015).

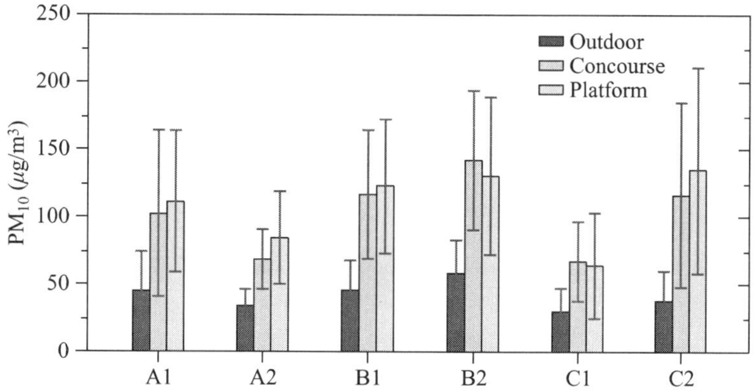

그림 4.10 서울시 주요 환승지하역사에서 외기, 대합실, 승강장의 미세먼지 농도수준 (남궁형규 등, 2016)

〈표 4.1〉 지하역사와 외기의 계절별 미세먼지 농도(Kwon et al., 2015)

		Summer	Autumn	Winter	Average
PM_{10} ($\mu g/m^3$)	Outdoor	31.1 ± 22.6	40.6 ± 20.5	55.9 ± 19.9	42.5
	Concourse	74.8 ± 46.8	110.9 ± 61.4	120.8 ± 46.8	102.2
	Platform	79.3 ± 44.3	107.8 ± 66.2	138.2 ± 49.1	108.4
	I/O_Concourse	2.41	2.73	2.16	2.43
	I/O_Platform	2.55	2.66	2.47	2.56
$PM_{2.5}$ ($\mu g/m^3$)	Concourse	47.0 ± 39.0	57.2 ± 36.8	79.0 ± 43.7	61.1
	Platform	52.4 ± 35.6	56.9 ± 30.3	82.8 ± 38.1	64.0
$PM_{2.5}$ / PM_{10}	Concourse	0.63	0.52	0.65	0.60
	Platform	0.66	0.53	0.60	0.60
PM_1 ($\mu g/m^3$)	Concourse	39.7 ± 35.5	47.7 ± 35.4	69.3 ± 41.5	52.2
	Platform	42.1 ± 32.2	42.9 ± 24.6	67.6 ± 34.5	50.9
PM_1 / $PM_{2.5}$	Concourse	0.84	0.83	0.88	0.85
	Platform	0.80	0.75	0.82	0.79
Temp. (℃)	Outdoor	24.3 ± 2.4	12.6 ± 3.8	0.1 ± 4.2	12.3
	Concourse	26.9 ± 1.1	22.1 ± 4.0	11.7 ± 5.6	20.3
	Platform	27.6 ± 1.5	23.5 ± 1.6	13.2 ± 3.5	21.4

		Summer	Autumn	Winter	Average
RH (%)	Outdoor	77.8 ± 15.3	57.5 ± 22.2	51.1 ± 15.7	62.2
	Concourse	64.1 ± 6.2	38.8 ± 11.0	29.4 ± 8.8	44.1
	Platform	62.7 ± 5.3	32.2 ± 6.0	29.8 ± 8.1	41.6
RT (℃)	Concourse	30.1 ± 1.1	25.8 ± 3.5	15.7 ± 5.1	23.9
	Platform	30.8 ± 1.4	26.9 ± 1.5	18.2 ± 4.1	25.3
CO_2 (ppm)	Concourse	643.1 ± 232.6	689.6 ± 155.9	727.9 ± 172.7	686.9
	Platform	661.9 ± 135.2	717.6 ± 134.1	725.1 ± 154.7	701.5
WS (m/s)	Concourse	0.06 ± 0.06	0.23 ± 0.13	0.15 ± 0.13	0.15
	Platform	0.07 ± 0.03	0.13 ± 0.06	0.14 ± 0.08	0.11

3.2.4 이산화질소

지상역사와 지하역사의 승강장과 대합실에서 이산화질소 I/O ratio를 그림 4.11에 나타내었다. O2역과 U5역을 제외한 대부분의 지상역사와 지하역사에서 이산화질소의 I/O ratio는 1에 가까운 수치를 보임으로써, 외기와 유사한 경향을 나타냈다. Son et al.(2000)이 측정한 서울시 지하철 5호선과 7호선의 일부 역사(승강장)의 이산화질소 I/O ratio 범위는 0.49~0.93으로 조사되었으며, 지하철 역사 내 이산화질소의 주 발생원은 실외 농도에 기인한 것으로 여겨진다고 보고한 바 있다. Lee et al.(2012)의 연구에서도 이산화질소의 주 발생원이 도로 위를 운행하는 자동차와 공조기를 통해 유입되는 이산화질소 외에도 외기와 접해있는 출입구, 계단 등을 통한 오염물질의 유입 가능성이 높아 외기 > 승강장 > 대합실 순으로 농도

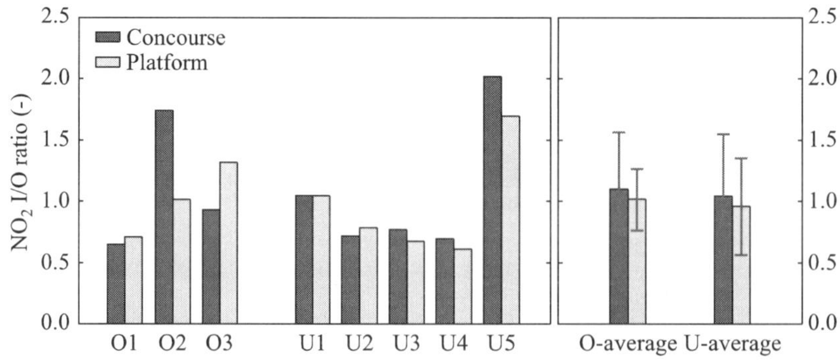

그림 4.11 Indoor/Outdoor (I/O) ratio of NO_2 concentration (남궁형규 등, 2016)

를 보이며, 이로 인한 관리대상 오염물질의 확산을 방지하기 위해 에어커텐 등의 추가 설비가 필요하다고 보고한 바 있다(권순박).

이처럼 승강장의 이산화질소 농도는 외기농도와 통계학적으로 유의한 상관성을 보여 역사의 심도, 급기량, 배기량 및 승강장의 용적 등의 변수에 비해 외기가 이산화질소 농도에 지배적인 영향을 미치는 것으로 보고한 바 있다. 이 논문에서도 U5를 제외한 역사의 경우, 외기농도와 지상, 지하역사의 이산화질소 농도 사이에 유의한 상관성을 보이는 것으로 나타났다.

3.2.5 오존(O_3)

역사 인근 도시대기측정망에서 측정한 오존농도는 O1(8 ppb), O2(21 ppb), O3(23 ppb), U1(25 ppb), U2(19 ppb), U3(36 ppb), U4(16 ppb), U5(25 ppb)으로, 평균 21.6 ppb 수준으로 나타났다. O1 역사를 제외한 지상역사 승강장(외부)의 오존농도는 일반적으로 대합실(실내)보다 높은 수준을 나타냈으며, 각각 0.62, 0.54의 I/O ratio를 보여 외기농도와 어느 정도 연관성이 있는 것으로 판단된다. 반면 지하역사의 오존 농도는 모든 역에서 2.5 ppb 이하로 측정되었고, I/O ratio는 0.1 이하로 외기와 연관성이 거의 없는 것으로 나타났다.

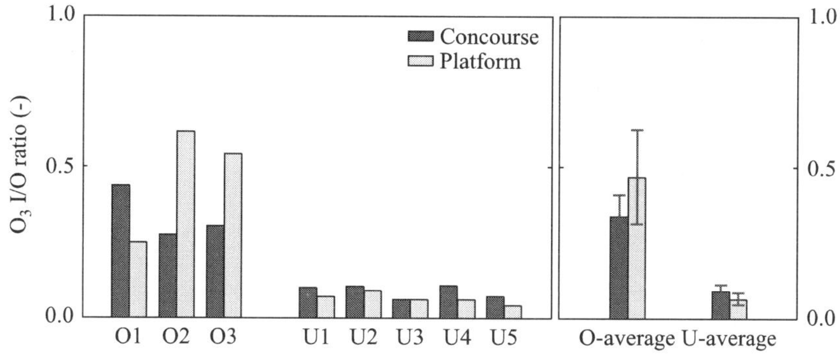

그림 4.12 Indoor/Outdoor (I/O) ratio of O_3 concentration (남궁형규 등, 2016)

참고문헌

김종범 등 (2014). 겨울철 연소오염원에 의한 도심 고층 아파트의 실내공기오염. Particle and Aerosol Research, 10, 119-130.

남궁형규 등 (2016). 지상과 지하역사의 실내공기질 특성과 외기영향 평가. 한국산학기술학회논문지, 17, 17-25.

배귀남 등 (2007). 봄철 서울 도로변의 초미세입자 오염 특성. Particle and Aerosol Research, 3, 29-40.

양원호 등 (2009). 한국인의 평일 및 주말의 국소환경 시간활동 양상. 한국실내환경학회지 6, 267-274.

Kwon et al., (2015). A multivariate study for characterizing particulate matter (PM_{10}, $PM_{2.5}$, and PM_1) in Seoul metropolitan subway stations, Korea. Journal of Hazardous Materials, 297, 295-303.

Chen, C. and Zhao, B., (2011). Review of relationship between indoor and outdoor particles: I/O ratio, infiltration factor and penetration factor. Atmospheric Environment, 45, 275-288.

Hsu et al., (2016). 2016 Environmental Performance Index. New Haven, CT: Yale University. Available: www.epi.yale.edu.

Klepeis et al., (2001). The National Human Activity Pattern Survey (NHAPS): a resouce for assesing exposure to environmental pollutants. Journal of Exposure Analysis and Environmental Epidemiology, 11, 231-252.

Marsh, W.M., and Dozier, J., (1981). Landscape. New York: John Wiley & Sons.

Namgung et al., (2016). Generation of nanoparticles from friction between railway brake disks and pads. Environmental Science and Technology, 50, 3453-3461.

WHO (2017). World Health Organization (http://www.who.int/mediacentre/factsheets/fs313/en/)

박준석 교수

5

온열환경

제 1 절
체온조절

1.1 열평형

인체는 체내에서 열을 생산하고 생산된 열은 주변과 열교환을 통하여 체외로 배출한다. 이러한 주변과 열교환 과정을 통하여 인체는 열평형을 유지하게 되고 체온을 일정하게 유지할 수 있게 된다. 과거 인체가 따듯하다는 것은 살아있다는 제1의 증거로 받아들여졌다. 히포크라테스(기원전 460~375)는 "열은 신으로부터 받은 것이며, 생명의 근원"이라고도 말하였으며, 아리스토텔레스(기원전 382~322)는 심장 자체에서 열이 만들어지고, 동시에 혈액에 의해 신체의 각 부위에 열이 전달된다고 믿었다.

과학의 발달로 대사활동(metabolism)을 이해하게 되었고 "항온동물(homoeothermy)"의 개념이 도입되었다. 항온동물이란 주변 환경의 온도가 크게 변하여도 좁은 범위의 온도영역에서 핵심부의 온도를 일정하게 유지하는 동물을 말한다. 사람의 경우 심부온(core)을 36.5℃ 내외에서 일정하게 유지하고 있으며, 이렇게 심부온을 일정하게 유지하기 위해서는 체내에서 생산되는 열량과 체내로부터 외부의 환경에 방출되는 열량의 평형을 잡아야 한다. 1950년대 자동제어 이론이 온열생리의 연구 분야에 도입되면서, 피드백 시스템을 갖춘 자동제어 회로와 체온조절의 메커니즘을 대비시켜 항온유지조절에 관여하는 체온 조절시스템의 구조를 보다 선명히 이해하게 되었다.

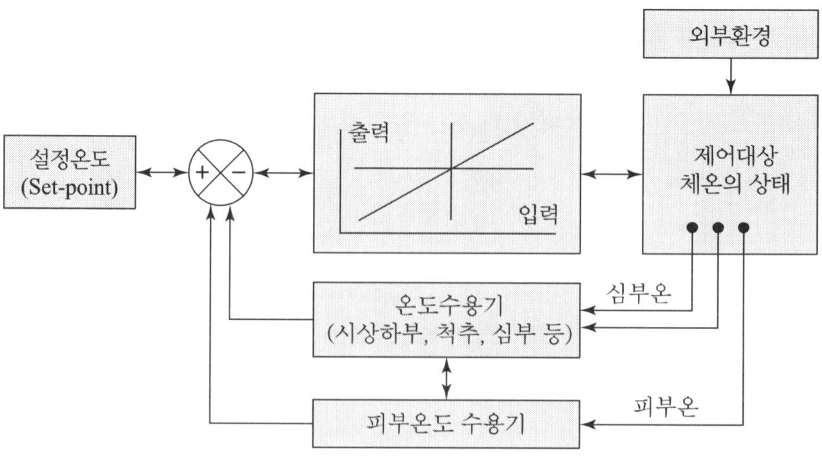

그림 5.1 체온조절기구의 개념

그림 5.1은 체온조절기구의 개념을 나타낸다. 주변 환경의 변화가 온도수용기(또는 온도감각기)를 통하여 인체의 중추신경계와 시상하부에 전달된다. 이 신호와 설정온도(set-point)에 따라 부하오차(load error)가 발생하며 이 부하오차를 줄이려는 방향으로 열방산 또는 열생산이 이루어진다. 체온조절의 기준으로 여겨지고 있는 설정온도는 "열생산 또는 열방산을 일으키지 않는 체온의 상태"로 정의하고 있다.

1.2 열교환

인체는 체온을 조절하기 위하여 끊임없이 주변 환경과 열교환을 하고 이러한 과정을 통하여 열평형을 이루게 된다. 주변과 열교환은 복사(radiation), 대류(convection), 전도(conduction)와 같은 열전달 과정을 통하여 이루어진다.

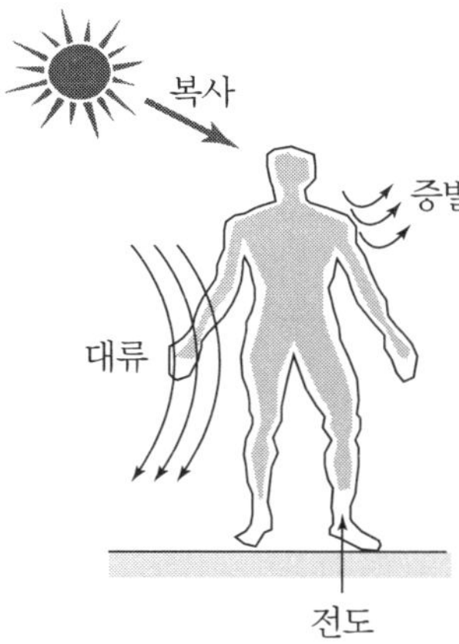

열전달 방식		온열환경 인자
복사	←→	복사온도
전도	←→	온도
대류	⇄	기류
증발	⇄	습도

그림 5.2 인체와 주변 환경의 열교환

그림 5.2는 인체와 주변의 열교환 과정을 나타낸다. 전도는 분자 또는 원자의 진동(vibration)에 의하여 고체, 액체, 기체 상태의 물질에서 열이 전달되는 방법이며, 대류는 고체와 액체 또는 기체와 고체처럼 상태가 다른 물질 간에 열이 전달되는 방법을 말한다. 복사는 전도나 대류와 달리 전달매체가 필요 없이 전자기파의 형태로 물체 간에 열이 전달되는 방법이다. 증발은 열전달의 특수한 경우로 피부와 의복 등에서 땀과 수분 등이 증발하여, 즉 물질이 상변화되었을 때 일어나는 열전달을 말한다.

열교환 과정을 통하여 인체가 열평형을 이루기 위해서는 대사에 의하여 인체에서 생산된 열(M_{met})과 방출된 열(Q)이 같아야 하며, 이를 식으로 표현하면 다음과 같다.

$$\text{체내에서 생산된 열}(M_{met}) = \text{주변과 열교환을 통하여 방출된 열}(Q)$$

이를 다시 열교환방법으로 표시하면 다음과 같다.

$$M_{met} \pm \text{전도}(Q_{cond}) \pm \text{대류}(Q_{conv}) \pm \text{복사}(Q_{rad}) \pm \text{증발}(Q_{evp}) = 0$$

1.3 체온조절

인체는 열평형을 이루기 위하여 주변과 열교환뿐 아니라 열생산(대사), 혈류, 발한과 같은 자율성 체온조절기구를 가지고 있다. 그림 5.3은 생리학적 체온조절기구를 요약하여 나타낸 것이다. 항온동물은 대사 외에 추운 환경에서 여분의 열을 생산할 수 있는 대사능력이 있다. 이러한 대사열 생산을 떨림(shivering)이라 하며 인체의 심부온과 피부온이 설정온도보다 낮아지면 이에 비례하여 여분의 대사열을 생산하게 된다.

열의 생산은 심부에 위치한 장기와 기관에서 만들어지고 혈액의 순환을 통하여 피부에 전달된다. 피부에서 주변과 열교환을 통하여 외부로 열이 방출된다. 이러한 과정에서 인체의 심부가 과열 또는 과냉각되는 것을 막기 위하여 피부 피하조직으로의 혈류량을 조절하게 된다. 이러한 혈류량의 조절은 교감신경성 통제에 의해 혈관의 확장 또는 수축으로 일어나게 된다.

보통 피부에서 증발하는 수분(수동성 증발)과 기도표면에서 증발되는 수분의 양은 하루 500~800 mL이고, 이러한 방법으로 손실되는 열은 기초대사량의 약 25%에 해당한다. 1 kg의 물이 증발할 때 580 kcal의 열(증발잠열)을 흡수한다. 따라서 수분증발은 피부로부터 주위에 열을 전달하는 가장 유효한 방법이고, 인체는 능동적으로 땀의 양을 조절하는데, 이를 온열조절성 발한이라 한다.

마지막으로 온열환경을 선택하거나 조절하고자 하는 행위로 행동성 체온조절이 있다. 체온조절에서 앞서의 자율성 조절뿐 아니라 행동성 조절도 중요한 역할을 하고 있다. 자율성 체온조절은 피부온도보다 심부온도의 영향이 크나, 행동성 체온조절은 피부온도가 심부온도보다 중요하게 작용하기도 한다. 그러나 행동성 체온조절에 대해서는 아직 연구가 미미한 상태이다. 그림 5.4는 자율성 체온조절의 기본 개념을 나타낸다.

물리적 요인	자율성 조절	행동성 조절
환경		이주, 일사와 그늘 선택 인공 냉난방
열생산	떨림(shivering) 비떨림성 열생산(metabolic)	운동 식사(차거나 뜨거운)
열저항 (체내－피부－외부)	피부혈류 호흡(현열방산)	착의 환경의 선택(바람, 물 등) 선풍기
수분증발	발한(sweating) 호흡(잠열방산)	피부를 적시다. 의복을 적시다.
기하학적 요인		자세 군집

그림 5.3 체온조절 기구

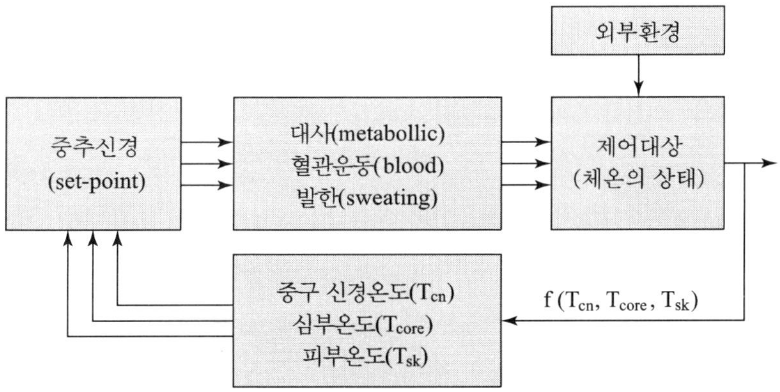

그림 5.4 자율성 체온조절기구의 기본 개념

제 2 절
온열환경 인자

2.1 온도와 습도

온도는 물질의 열적상태를 나타내는 대표적인 인자이며, 열전달의 방향과 그 양을 결정할 수 있는 열역학의 기본 단위이다. 열적상태의 등가성을 열역학 제0법칙이라고 하며, 두 물체가 열적으로 평형상태에 있을 때 서로의 온도는 동일하다. 즉, 온도를 통하여 물질이 가지고 있는 열의 양과 그 변화를 측정할 수 있다. 일반적으로 열(heat)이 물체에 전달되면 그 물체의 온도가 높아지나, 물질의 상태 변화에 열이 소비되어 물체의 온도에 변화가 일어나지 않는 경우도 있다. 열이 전달되어 물체의 온도에 변화가 일어날 때 전달된 열을 현열(sensible heat)이라 하며, 열이 전달되어도 물체의 온도에 변화가 일어나지 않을 때 전달된 열을 잠열(latent heat)이라 한다.

일반적으로 온도라고 하면 건구온도를 이야기하며, 인간의 온열감각으로 춥고 따뜻함을 표시하는 단위로 ℃ (deg C)를 사용한다. 우리 주변의 공기 중에는 수증기가 함유되어 있으며, 공기 중에 포함된 수증기의 양은 인체와 주변의 열교환에 큰 영향을 미친다. 따라서 공기 중 수증기의 양을 측정하고자 개발된 것이 습구온도이다. 습구온도는 건구온도를 측정하는 온도계의 측정부분에 물에 적신 거즈를 붙여 수분 증발열에 따른 건구온도의 변화를 측정한다. 주위의 공기가 건조할수록 수분의 증발열에 의해 온도계의 온도가 내려가며, 건구온도와 습구온도를 이용하면 공기 중 수증기의 양을 계산할 수 있다. 그림 5.5는 건구온도와 습구온

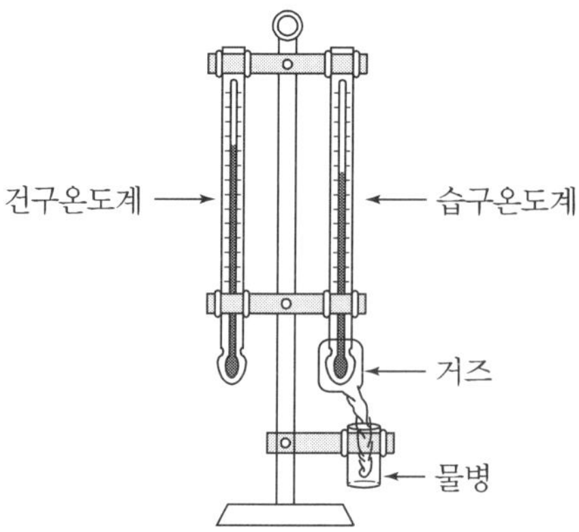

그림 5.5 아스만 온도계

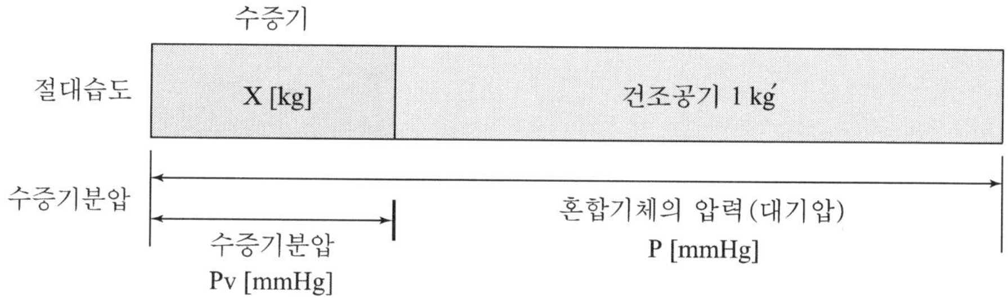

그림 5.6 습도의 표현 방법

도를 측정하기 위한 아스만 온도계를 보여준다.

공기 중 습도는 절대습도와 상대습도, 그리고 수증기분압으로 표현한다. 절대습도는 건조공기(kg′) 중 수증기의 질량(kg), 즉 중량비(kg/kg′)를 나타내는 것으로, 건물의 공기조화 설계에서 가습량과 제습량 그리고 잠열량을 계산하는데 주로 사용한다. 일상생활에서 많이 쓰는 상대습도는 공기 중에 포함되어 있는 수증기분압을 같은 온도의 포화공기의 수증기분압과 비교하여 포화공기의 몇 % 정도의 수증기가 공기 중에 함유되어 있는지를 나타낸 것이다. 따라서 포화공기의 상대습도는 100%가 된다. 자연상태의 공기는 건조공기와 수증기의 혼합기체로 볼 수 있으므로, 혼합기체의 전체압력에서 수증기의 분압(Pv)으로 공기 중 수증기량을 표시할 수 있으며, 이를 수증기분압이라 한다. 수증기분압은 인체의 온열환경과 공기의 열적상태를 계산할 때 많이 사용된다.

2.2 기류

기류는 실내에서 공기흐름의 정도를 나타내는 것으로 인체가 움직일 때 움직임을 포함한 상대기류로서 정의할 수 있다. 실내 공기의 속도는 인체와 주변의 대류 열전달 및 온냉감에 영향을 미친다. 기류속도는 단위시간당 공기의 움직임을 m/s로 표현하며, 실내에서 너무 강한 바람이나 정체된 공기는 온열감을 방해하는 요소로 작용한다.

특히 인체에 불쾌한 냉감을 주는 기류를 콜드 드래프트(cold draft)라고 하며, 기류속도가 강하고 차가운 공기로 인하여 인체로부터 열손실이 클 때 발생한다. 주로 겨울에는 창틈으로 외기가 유입될 때와 온도가 낮은 벽체에서 차가운 공기가 흘러내릴 때 발생하며, 인체 주위의 기류가 빠를 때에도 온열불쾌감을 일으킬 수 있어 실내 기류속도를 적절하게 유지하여야 한다.

2.3 복사

복사는 전도나 대류와는 달리 전달매체가 필요 없이 전자기파의 형식으로 물체에서 방출되어 열이 전달되는 것을 말한다. 이론적인 완전 흑체에서는 스테판 볼츠만(Stenfan-Boltzmann) 법칙에 따라 복사에너지를 방출하며, 일반적인 물체에서는 여기에 개별 물체에서 추정된 복사율(ϵ)을 곱하여 복사에너지를 구한다.

실내에서 개별 물체의 온도가 서로 다르고 인체와 물체 간 복사에너지를 주고받는 복사장이 불균일한 경우도 있다. 이러한 불균형 복사장에서 인체와 주변 물체 간에 주고받는 복사에너지의 계산을 간편하기 위하여 평균복사온도(mean radiation temperature)가 개발되었다. 평균복사온도는 실내에서 개별 물체의 복사 열전달과 동일한 효과를 얻는 균일한 가상공간의 온도를 뜻하며, 약식으로는 면적 가중 온도로 표현할 수도 있다.

$$\mathrm{MRT} \cong \left(\sum_{i=1}^{n} T_i A_i\right) \Big/ \left(\sum_{i=1}^{n} A_i\right)$$

여기서, T는 물체의 온도(℃), A는 면적(m^2)을 나타낸다.

2.4 대사량

대사에 따른 인체의 발열량 표시에는 다양한 방법이 있으나 주로 사용되는 방법은 Met(멧)로 표기하는 방식이다. 1 Met은 실내에서 편안한 자세로 앉아 있을 때 발생하는 대사량을 뜻하며, 이를 단위면적당 열로 환산하면 58.2 W/m^2이다. 실내에서 사무작업을 할 경우 1.1~1.2 Met, 누워 있을 때 약 0.8 Met, 조깅을 하고 있으면 약 8 Met까지 대사량이 증가한다. 인체의 대사량은 특히 체중과 신장, 그리고 체표면적에 따라 증가하며, 성별과 연령에 따라 차이가 있다.

2.5 착의량

대표적인 행동성 체온조절기구의 하나로 의복작용이 있다. 사람은 주위환경의 온도변화에 대응하기 위하여 의복을 착용한다. 이러한 의복의 착용은 열 및 습기 이동과 같은 인체와 주위 환경의 대류열전달과 증발에 영향을 미친다. 착의를 통한 열전달 과정은 매우 복잡하므로,

의복의 열전달 성능을 간단한 방법으로 취급하는 단위로서 clo (클로)가 고안되었다. 1 clo는 0.155 m^2 · ℃/W에 해당하며, 남성이 정장을 입었을 때를 나타낸다. 여름철의 티셔츠와 반바지 차림의 경우 0.5 clo, 내의만 입었을 때 0.15 clo가 된다. 실내에서 기류가 없는 상태에서 앉아서 작업을 하는 사람의 경우 착의량 1 clo의 변화는 약 7℃의 온도 변화에 상당한다.

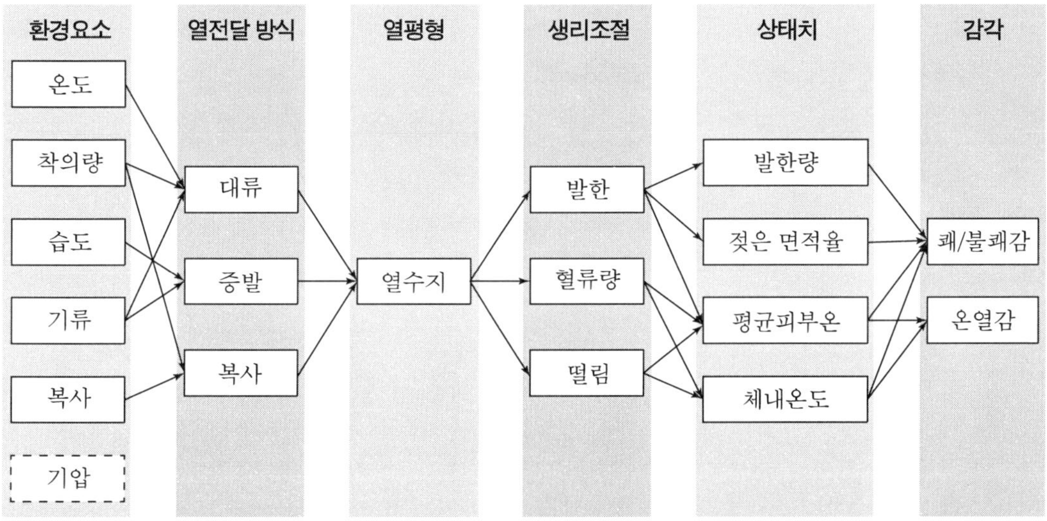

그림 5.7 주변 환경과의 열교환과 온열환경 요소의 관계

제 3 절 온열환경 표시

3.1 온열환경 지표

실내 온열환경 인자들의 조건이 인체에 미치는 영향과 쾌적한 온열환경의 조건에 관한 연구는 19세기 후반에 본격적으로 시작되었다. 덥다, 춥다 등의 온열감각을 정량화하고, 동일한 온열감을 주는 온열환경 인자들의 조합을 구하는 방법에 대한 연구가 시작되었다. 이러한 연구에는 계측장치 개발, 피험자 실험, 그리고 열평형 이론과 실험을 통한 지표 개발 등이 있다. 여기서는 대표적 지표인 카타 온도계, 유효온도, 작용온도와 PMV 등에 대하여 소개한다.

계측장치	피험자 실험	열평형이론
• 카타 온도계 • 글로브 온도계 • Comfort meter • PMV meter	• Effective Temperature, ET • Corrected ET • THI (불쾌지수)	• Operative Temperature, OT • New ET, ET* • Standard ET*, SET* • PMV / PPD

그림 5.8 대표적인 온열환경 지표

3.2 카타 온도계

실내에서 거주자들의 “춥다” 또는 “따뜻하다”라는 온열감각은 인체에서 열이 유출되는 속도에 따라 결정된다. 이러한 인체의 열교환 원리를 이용하여 체감온도를 표시하는 것이 카타 온도계이다. 그림 5.9에 보이는 카타 온도계를 인체의 체온과 비슷한 온도로 가열한 후 평가하고자 하는 곳으로 온도계를 옮겨 냉각되는 속도를 측정한다. 냉각속도는 주변 환경의 공기 온도와 기류속도의 영향을 받으며, 습도의 영향을 고려하기 위해 습구 온도계를 사용하는 습구카타 온도계도 있다.

측정법은 온도계를 40℃까지 가열하여 측정 장소에 설치한 후 38℃에서 35℃까지 냉각되는 시간(T)을 측정하고, 온도계에 표시되어 있는 카타율(F)을 이용하여 카타냉각력($H = F/T$)을 계산한다.

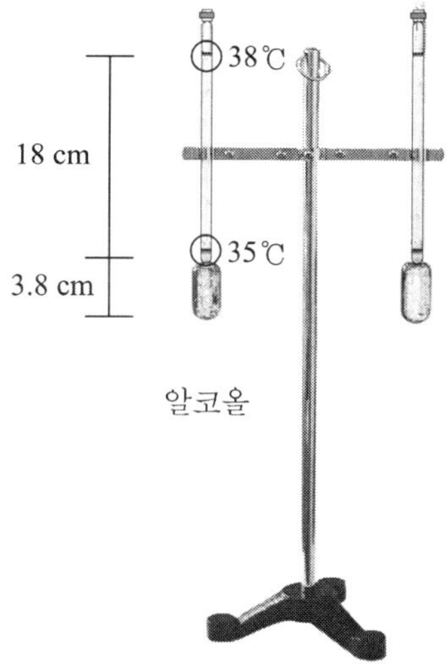

온열감	카타냉각력(H) (경작업시)		습구카타 냉각력
매우 춥다	겨울 9.1	여름 7.5	
춥다	7.9	6.5	
쾌적하다	6.6	6.4	18
따뜻하다	6.0	5.3	
덥다	5.3	4.5	

그림 5.9 카타 온도계와 온열감

3.3 작용온도(Operative Temperature, OT)

1930년대 후반부터 인체와 주변 환경의 열교환에 관한 물리적 열평형식에 기초한 온열환경 표시 방법의 개발이 시도되었으며, 작용온도(OT)는 Gagge에 의해 제안되었다. 의복과 피부 표면으로부터 주위환경에 전달되는 열은 복사와 대류라는 열전달 과정을 통하게 되고, 이것과 동일한 열전달량을 가지는 가상의 공간에서 온도를 작용온도(℃)로 표현한다. 즉, 작용온도(T_{op})는 주변 공간의 건구온도(T)와 평균복사온도(T_{MRT})를 인체 표면에서 대류열전달계수(hc)와 복사열전달률(hr)로 가중평균한 것이라 할 수 있으며, 다음과 같이 표현된다.

$$T_{op} = (hc \cdot T + hr \cdot T_{MRT}) / (hc + hr)$$

작용온도는 복사 냉난방되고 있는 건물에서 온열환경의 평가에 주로 사용되며, 인체가 쾌적하다고 느끼는 범위는 18.3~24℃의 작용온도로 보고 있다.

3.4 유효온도(Effective Temperature, ET)

유효온도는 1923년 미국의 Yaglou와 Miller가 제안한 체감지표로서 피험자 실험결과를 이용하여 온도, 습도, 기류의 세 가지 요소가 인체의 온열감에 미치는 영향을 종합하여 온도

척도로 나타낸 것이다. 즉, 어떤 온도(Ta)에서 상대습도 100%, 기류속도 0 m/s의 기준실(A실)에 피험자를 넣어 열적평형이 이루도록 한 다음 온도, 상대습도, 그리고 기류속도가 다른 옆의 실험실(B실)에 피험자를 이동시킨 후 B실에서 온열감이 A실과 동일할 때 B실의 온도, 상대습도, 기류속도의 조합을 A실의 온도[ET (℃)]로 대표하여 나타낸 것이다.

유효온도는 인체와 주변 환경의 열교환량과 피험자들의 온열감으로부터 동일한 심리량(온열감)을 나타내는 온도, 습도, 기류의 조합을 하나의 단위(여기서는 유효온도,℃)로 표현하는 방법이다. 이때 기준이 되었던 온도를 작용온도로 바꾸고 상대습도와 기류속도를 각각 50%와 청정기류속도로 변경한 신유효온도(ET*), 그리고 여기에 인체의 착의량까지 고려한 신표준유효온도(SET*)의 개발로 이어졌다.

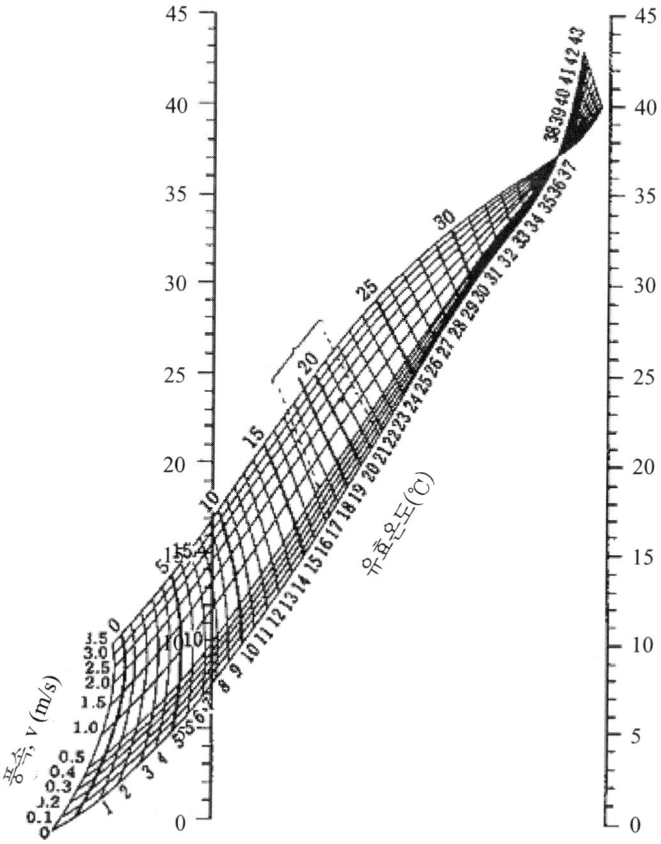

그림 5.10 유효온도(Effective Temperature, ET)

3.5 PMV (Predicted Mean Vote)

PMV는 예상온열감반응이라 불리기도 하며 1970년 Fanger가 제안한 실내 온열감 예측 모델이다. PMV에서는 온도, 습도, 기류속도, 복사, 착의량 및 대사량을 가지고 인체의 열평형 방정식을 도출하였으며, 이를 사람들이 쉽게 알 수 있는 '덥다(+3)'에서 '춥다(−3)'까지의 7단계 온열감각으로 표현한 것이다. PMV는 ISO 7730에 채택되었으며, 실내 온열환경 평가에서 매우 유용하게 사용되고 있다. 또한 피험자 실험을 통하여 7단계의 온열감에 따른 온열환경의 불만족율(PPD, Predictied Percent of Dissatisfied)을 도출하였고 ISO 7730에서는 −0.5 < PMV < +0.5, PPD < 10%를 쾌적한 실내 온열환경의 범위로 추천하고 있다.

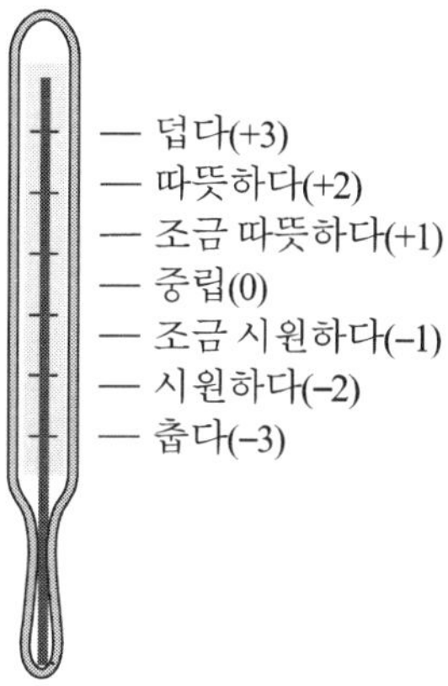

그림 5.11 PMV 온열감 척도

한화택 · 황정호 교수

6

환기 및 공기청정

실내 공기오염을 제어하는 방법으로 발생 자체를 줄이는 방법, 발생된 오염물질을 제거하는 방법, 그리고 환기를 통해 오염된 공기를 희석하는 방법이 있다. 실내의 오염발생원 자체를 없애는 것이 가장 효과적이지만, 부득이 발생된 오염물질에 대해서는 공기청정기를 가동하거나 환기를 수행하여 실내오염농도를 낮춰야 한다. 본 장에서는 실내공기질 유지를 위한 방법으로 제1절에서는 환기, 제2절에서는 공기청정에 관하여 학습한다.

제 1 절
환기

1.1 개요

환기는 오염된 실내공기를 건물 밖으로 배출하고 신선 외기를 실내로 도입하는 것을 말한다. 환기는 실내 공기환경을 유지하기 위한 수단인 동시에 발생된 열을 배출하는 실내 열환경의 조절 수단이기도 하다. 실내 오염원의 위치가 정해져 있지 않거나 넓은 범위에 퍼져 있는 경우에는 전체 공간에 대한 환기를 통해 전반적인 오염농도를 낮춘다. 반면, 주방이나 작업장과 같이 오염원의 위치가 정해져 있는 경우에는 필요한 부분만 집중적으로 국소환기를 실시하여 오염물을 제거한다.

환기는 구동방식에 따라 자연력을 이용하는 자연환기(natural ventilation)와 기계력을 이용하는 기계환기(mechanical ventilation)로 나눌 수 있다. 자연환기는 건물 주위의 바람에 의한 바람효과와 실내외 온도차에 의한 굴뚝효과에 의한다. 자연환기는 동력을 필요로 하지 않는 것이 장점이지만, 바람 등 외기조건에 의존하기 때문에 환기량을 일정하게 유지하거나 임의로 조절하기 어려운 것이 단점이다.

기계환기는 강제환기라고도 하며 기상조건에 관계없이 재실자의 요구나 실내오염 정도에 따라 적절하게 환기량을 조절할 수 있다. 기계환기 방식에는 1종, 2종, 3종이 있는데, 급배기 팬을 모두 이용하여 실내외 압력 평형을 유지할 수 있는 제1종 환기(급배기 환기)방식이 가장 많이 사용된다. 특히 최근 에너지 절약 등을 위하여 고기밀화된 건축물에서 풍량 밸런스를 유지하고 배기에 포함되어 있는 열을 일부 회수할 수 있다. 급기 팬만 이용하는 제2종 환기(급기환기)는 실내가 양압이 되므로 틈새를 통한 외부 오염물질이 유입되는 것을 어느 정도 차단할 수 있다. 그러나 겨울철 고온다습한 실내공기가 벽체를 통해 침투하면서 결로 문제가 발생할 수 있다. 또 배기 팬만 사용하는 제3종 환기(배기환기)는 실내가 음압으로 유지되므로 바깥에서 오염물질이 유입되기 쉽고, 겨울철에는 찬 공기가 틈새를 통해 들어올 수 있다. 음압이 심한 경우 실내에 있는 연소기구에서 발생한 배기가스가 실내로 역류할 가능성이 있다. 환기방식은 건물의 용도와 필요에 따라 적절히 선정하며, 에너지 절약을 위해 자연환기와 기계환기를 조합한 하이브리드 환기를 채용하기도 한다.

여기에서는 자연환기와 기계환기의 기본 원리와 개념을 설명하고, 환기에 의한 실내농도의 변화와 환기에 따른 에너지 소비에 관하여 살펴본다. 이로부터 환기 에너지 절감을 꾀하면서 적절한 실내환경을 유지하기 위한 필요환기량의 산정방법 및 기준에 관하여 설명한다.

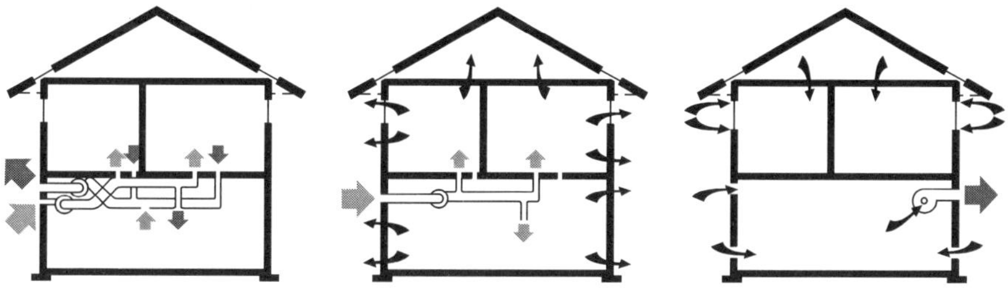

(a) 제1종 환기
강제급기 강제배기

(b) 제2종 환기
강제급기 자연배기

(c) 제3종 환기
강제배기 자연급기

그림 6.1 기계환기 방식

1.2 자연환기와 기밀성능

1.2.1 바람효과

바람이 불면 건물주위에 복잡한 기류가 형성되며 건물표면을 따라 다양한 압력분포가 발생한다. 바람을 마주보는 건물면의 압력은 대기압보다 높고, 반대면은 대기압보다 낮다. 베르누이 정리(Bernoulli theorem)에 따르면 풍압은 풍속의 제곱에 비례하는 것으로 알려져 있다. 풍압효과(wind effect) 또는 바람효과에 의하여 건물면에 작용하는 압력은 다음과 같다.

$$\Delta P_w = C_p \rho \frac{v^2}{2} \tag{6.1}$$

여기서, ΔP_w는 건물표면에 작용하는 풍압이고, v는 풍속, 그리고 ρ는 공기밀도이다. C_p는 풍압계수로서 풍향이나 건물면의 위치뿐만 아니라 건물의 형상에 따라 크게 달라진다.

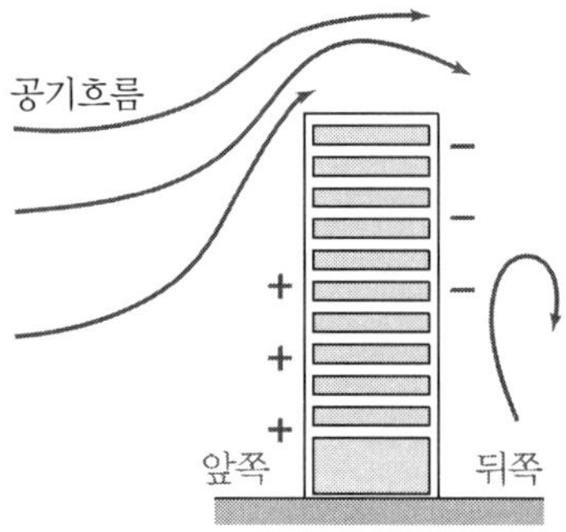

그림 6.2 바람효과

예제 6-1 **크기가 4 m × 2.5 m인 건물 창문을 향해 풍속 40 m/s로 바람이 불 때 창문에 작용하는 풍압에 의한 힘의 크기는? 이때 공기의 밀도는 1.2 kg/m³, 풍압계수는 1.0로 한다.**

풀이 바람에 의한 베르누이 풍압은 $\Delta P_w = C_p \rho \dfrac{v^2}{2} = (1.0)1.2\dfrac{40^2}{2} = 960\,\text{Pa}$이다.

따라서 창문에 작용하는 힘은 창의 면적에 압력을 곱하여 구한다.

즉 $F = A \times \Delta P = (2.5 \times 4)\,960 = 9600\,\text{N}$

여기서, 9.8 N = 1 kg중이므로 약 1000 kg중의 힘이 작용한다.

1.2.2 굴뚝효과

실내공기가 따뜻하면 공기 밀도가 낮아지므로 위로 향하는 부력이 발생한다. 겨울철 건물 내부에는 상승 기류가 형성되므로 건물 위쪽에는 안에서 밖으로 그리고 건물 아래쪽에는 밖에서 안으로 향하는 자연환기력이 작용한다. 이를 굴뚝효과 또는 연돌효과(stack effect)라 한다. 실내 냉방이 되는 여름철에는 공기의 방향이 거꾸로 된다. 여기서 건물 내외의 압력이 같아지는 지점을 중성대(neutral pressure level)라 한다. 건물의 기밀도가 균일하다면 중성대는 건물 높이의 가운데에 위치한다. 굴뚝효과에 의한 실내외 압력차는 다음 식으로 표현된다.

$$\Delta P_s = (\rho_o - \rho_i)\,g\,h = \rho_o\,g\,T_o\left(\frac{1}{T_o} - \frac{1}{T_i}\right)h \tag{6.2}$$

여기서, ρ는 공기밀도이고, T는 절대온도이며, 하첨자 i는 실내, o는 실외를 의미한다. h는 중성대로부터의 수직거리이고, g는 중력가속도이다. 즉, 굴뚝효과에 의한 압력차는 건물 높이가 높을수록, 실내외 온도차가 클수록 크게 나타난다.

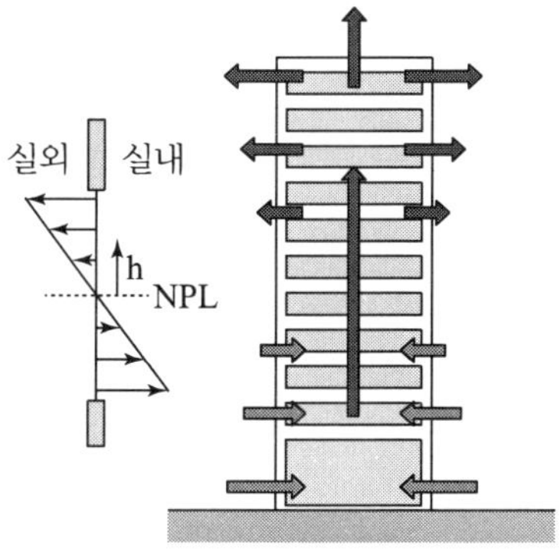

그림 6.3 굴뚝효과

예제 6-2 실내온도가 24℃, 외기온도가 0℃일 때, 높이 200 m인 건물 최상층에서 굴뚝효과에 의하여 나타나는 실내외 압력차는? 단, 중성대는 건물의 중간 높이에 있다고 가정한다. 0℃일 때 공기밀도는 1.29 kg/m^{3}이다.

풀이 절대온도는 섭씨온도에 273도를 더하면 되므로, 0℃는 273K, 24℃는 297K이다. 또 중성대에서 최상층까지의 높이차 100 m를 대입하면

$$\Delta P_s = \rho_o g\, T_o \left(\frac{1}{T_o} - \frac{1}{T_i}\right) h = 1.29(9.8)273\left(\frac{1}{273} - \frac{1}{297}\right)\frac{200}{2} = 102\,\text{Pa}$$

1.2.3 자연환기량 계산

실제적인 건물 내외의 압력차는 바람효과와 굴뚝효과가 복합적으로 나타난다. 이때 창문이나 건물 틈새를 통한 자연환기량은 두 가지 요인이 복합된 실내외 압력차에 의존한다. 일반적으로 건물 개구부를 통한 환기량은 실내외 압력차의 $1/n$ 역수에 비례하는 것으로 알려져 있다. 즉,

$$Q = CA\,\Delta P^{\frac{1}{n}} \tag{6.3}$$

여기서, ΔP는 바람효과와 굴뚝효과에 의한 건물 내외의 압력차이며, A는 개구부의 면적,

C는 유량계수이다. 일반적으로 지수 n은 1과 2 사이의 값을 갖는 것으로 알려져 있다. 현실적으로 자연환기량은 다양한 변수의 영향을 받을 뿐 아니라 풍속이나 풍향 등 기상조건의 변동이 심하기 때문에 건물의 자연환기량을 정확하게 산정하는 것은 쉽지 않다.

예제 6-3 실내외 압력차가 200 Pa일 때, 0.5 m^2인 창문을 통해서 유입되는 환기량은 얼마인가? 이때 유량계수 C는 1.0이고, 지수 n은 2로 가정한다.

풀이 $Q = CA\Delta P^{1/n} = 1.0(0.5)(200)^{1/2} = 0.071\,\mathrm{m^3/s} = 255\,\mathrm{m^3/hr}$

창문을 통한 환기량은 초당 0.07 m^3 또는 시간당 255 m^3으로 계산된다.

1.2.4 건물의 기밀성능

자연환기량은 건물 내외에 작용하는 압력차와 건물의 개구부 면적에 의하여 결정된다. 건물 내외부에 작용하는 압력차는 실내외 온도차와 풍속 등 기상조건에 의하여 나타나는 특성이고, 건물의 기밀성능은 기상조건과 무관하게 건물의 기밀한 정도를 나타내는 건물 고유의 특성이다. 건물의 기밀성능을 정량적으로 표시하기 위해서는 기밀성능을 나타내는 지표의 정의가 필요한데, 지금까지 연구된 바에 의하면 다음의 두 가지 방법이 주로 사용되고 있다.

① 유효 틈새면적으로 표시

외부와 면해 있는 건물의 틈새나 창문의 열린 면적을 모두 합산해서 전체 개구부의 상당면적으로 표시하는 방법이다. 기밀도는 건물 크기에 무관한 상대적인 개념이므로 상당 틈새면적을 건물의 체적이나 표면적으로 나눈 상대적인 크기, 즉 체적당 개구부 면적 또는 표면적당 개구부 면적으로 표시한다. 개념적으로 개구부 면적이 좁으면 건물의 기밀성능이 높고, 개구부 면적이 넓으면 기밀성능이 낮은 것은 사실이다. 그러나 실제로 건물 표면을 따라 형성된 틈새 면적을 일일이 찾아내서 개구부 상당면적을 구하는 것은 쉽지 않을 뿐 아니라 많은 오차가 발생한다. 대표적인 창호나 벽체에 대한 상당면적이 표로 제시되어 있으므로 이를 합산하여 구한다.

② 압력에 의한 침기량으로 표시

실내 압력을 일정하게 가압(또는 감압)하기 위해서 실내로 불어넣는(또는 빼내는) 풍량으로 건물의 기밀성능을 표시하는 방법이다. 출입문에 블로어도어(bloor door)를 설치하고 송풍기 풍량을 조절하여 실내외 압력차를 일정하게(50 Pa) 유지한다. 이때 실내로 유입되는 풍량은 모두 건물 틈새를 통해 외부로 빠져나가므로 이 풍량이 적을수록 기밀한 건물로 평가된다. 실의 크기를 감안하여 측정된 풍량을 실내 체적으로 나누어 상대적인 공기교환율, 즉 ACH_{50} (Air Change Rate at 50 Pa) 값으로 표시한다.

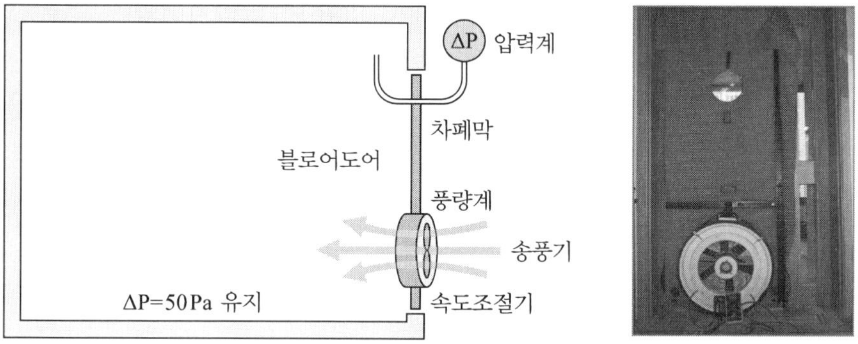

블로어도어의 설치 예

그림 6.4 블로어도어의 구성 및 설치 예

예제 6-4 실내 체적이 250 m^3인 건물의 기밀도를 측정하기 위해서 블로어도어를 설치하고 50 Pa을 유지하면서 블로어 송풍량을 측정하니 3000 CMH이었다. 이때 기밀도를 ACH로 표시하라. 또 평상조건에서 자연침기량을 추산해보자.

풀이 $ACH_{50} = Q/V = 3000/250 = 12/h$

즉, 이 건물은 실내외 압력차가 50 Pa로 주어졌을 때 시간당 12회전의 누설을 보인다. 가압되지 않은 평상적인 조건에서 침기량은 기상조건에 따라 달라지나 미국 LBL의 연구결과에 의하면 통계적으로 50 Pa로 가압상태에서 측정된 ACH_{50}의 약 1/20로 알려져 있다. 따라서 이 경우 평상적인 조건에서 침기량은 약 0.6 ACH로 추산할 수 있다. 일반적으로 ACH_{50}은 10을 기준(평상시 ACH = 0.5 기준)으로 그 이상이면 건물기밀도가 느슨(loose)하고, 그 이하이면 기밀(tight)한 것으로 평가하고 있다.

1.3 기계환기 시스템

1.3.1 공조시스템의 구성

대형 건물의 경우 기계환기는 대부분 냉난방을 담당하는 공기조화시스템에 의하여 이루어진다. 그림 6.5는 전형적인 공기조화시스템(air handling system)의 구성을 보인다. 공조기(AHU)는 송풍기를 비롯한 가열/냉각 코일 그리고 제습/가습 장치로 이루어지며, 여기에 덕트 등 반송장치를 연결하여 실내로 공급하고 말단에 급배기 그릴 등 분배장치가 설치된다. 또한 필요한 경우 덕트 내 필터 등 공기정화장치와 열회수장치 등이 추가로 설치된다. 환기만을 위한 외기전담 환기시스템은 온습도 조절을 위한 공조기가 없는 형태이며, 송풍장치, 반송장치, 분배장치 등으로 구성된다.

실내공간에서 배기된 공기(return air) 중 일부는 건물 외부로 배출되고(exhaust), 나머지는 재순환(recirculated)된다. 재순환된 공기는 외기(outside air)와 혼합된 후, 필터와 냉난방코일을 거쳐 다시 실내로 공급(supply)된다. 급기 중 재순환 풍량의 비를 재순환율이라 하고 급기 중 외기의 비를 외기율이라 한다. 재순환율이 100%면 외기율은 0%이며, 외기도입 없이 실내공기를 모두 재순환시키는 경우를 말한다. 전형적인 상용 건물에서 외기율은 10~40% 정도이다.

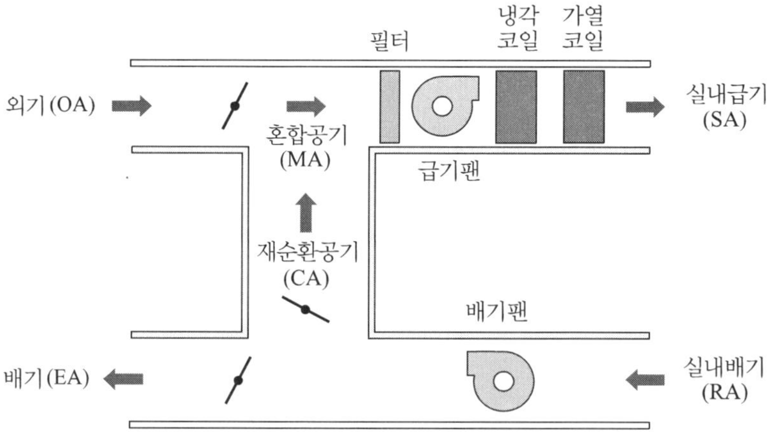

그림 6.5 전형적인 공기조화시스템의 구성

1.3.2 환기량과 공기교환율

환기량은 시간당 공급되는 공기의 체적으로 단위는 CMS (m^3/s) 또는 CMH (m^3/h)로 표시된다. 공기교환율(air exchange rate)은 환기량을 실내체적으로 나눈 값이다. 즉, 시간당 실내체적 만큼의 공기가 교환되는 횟수를 의미하며 시간의 역수 차원을 갖는다. 공기교환율은 외기에 근거한 명목공기교환율과 급기에 근거한 공간공기교환율로 구분된다.

명목공기교환율(nominal air exchange rate)이란 환기량 중 외기량에 의한 공기교환율을 의미하며 다음과 같이 정의된다.

$$I_N = \frac{Q_{OA}}{V} \tag{6.4}$$

여기서, V는 실내체적이고, Q_{OA}는 공기조화기 및 자연환기에 의한 총 외기량을 나타낸다. 명목공기교환율의 역수를 명목시간상수(nominal time constant)라 하는데, 실내체적이 외기량에 의하여 한 번 교체되는데 소요되는 시간을 의미한다.

$$\tau_N = \frac{1}{I_N} \tag{6.5}$$

반면 실내체적을 외기량이 아닌 급기량으로 나눈 값을 공간공기교환율(space air exchange rate)이라 한다. 급기량은 외기뿐만 아니라 재순환된 공기를 모두 포함한다. 공간공기효율은 급기 디퓨저의 성능을 평가하는데 종종 이용된다. 마찬가지로 공간공기교환율의 역수를 공간시간상수라 하며 외기뿐만 아니라 재순환 풍량을 포함한 급기 풍량에 의해서 실내체적이 한 번 교환되는데 소요되는 시간을 나타낸다.

예제 6-5 **바닥 면적이 100 m²이고 층고가 2.5 m인 실내공간으로 150 CMH의 외기가 공급되고 있다. 이때 명목공기교환율과 명목시간상수를 구하라.**

풀이 명목공기교환율은 $I_N = \frac{Q_{OA}}{V} = \frac{150\,\mathrm{m^3/h}}{100 \times 2.5\,\mathrm{m^3}} = 0.6/\mathrm{h}$ 이므로 0.6 ACH이고,

명목시간상수는 이의 역수이므로 $\tau_N = \frac{1}{I_N} = \frac{1}{0.6} = 1.67\,\mathrm{h} = 100\,\mathrm{min}$ 이다.

1.3.3 실내공기 유동

실내공간 내 공기유동 형태는 상당히 복잡하게 나타나며 급배기의 위치나 풍량 그리고 실의 구조 등에 따라 크게 달라진다. 기류형태에 따라 실내공기가 혼합되는 양상과 오염물질이 확산되는 과정이 다르기 때문에 환기량이 동일하더라도 실제 환기의 효과는 다르다. 예를 들

어 배기구와 급기구가 서로 인접한 곳에 위치해 있어서 급기가 충분히 실내로 공급되지 못하고 곧바로 배기구로 빠져나간다면, 환기의 효율이 좋지 않다고 말할 수 있다. 즉, 실내 기류 분포는 환기의 효율성을 결정하는 중요한 요소이다. 환기효율을 정의하기에 앞서 대표적인 몇 가지 실내기류 형태를 살펴본다.

① 완전혼합(complete mixing)

실내공기 유동이 매우 활발하여 실내에서 발생하는 오염물질이 전체 실내공간으로 균일하게 확산되는 경우이다. 급기구로부터 공급되는 신선외기도 실내공기와 완전 혼합이 이루어지므로 실내 오염농도는 전체 공간에서 일정하며, 배기구의 농도도 실내 농도와 동일하다. 기본적인 필요환기량의 산정이나 단순한 실내농도의 모델링에서 대부분 완전혼합으로 가정한다.

② 비혼합(non-mixing)

실내에서 발생한 오염물질과 실내공기의 혼합이 전혀 이루어지지 않는 경우로 배기구와 오염원의 상대적 위치에 따라 신선외기가 오염된 공기를 남겨둔 채 그대로 배기되기도 하고(short-circuiting), 신선외기가 오염된 공기를 효과적으로 배기구 쪽으로 밀어내기도 한다(displacement ventilation). 그림 6.6 (b)와 (c)는 단락되거나 치환되는 비혼합 기류형태를 보인다.

③ 불완전혼합(incomplete mixing)

실제의 경우는 위의 완전혼합과 비혼합의 중간 형태인 불완전혼합의 형태를 보인다. 실제로 급기구의 위치 및 장애물의 존재, 그리고 실내의 형상 등에 따라 실내 기류형태가 결정되며, 이에 따라 급기와 실내공기가 혼합되는 정도가 결정된다. 불완전혼합에서는 실내기류형

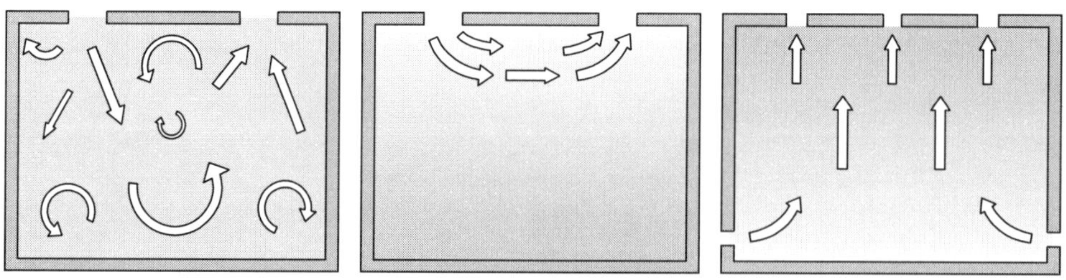

(a) 혼합환기 (b) 단락환기 (c) 치환환기

그림 6.6 실내공기의 혼합상태

태와 오염원의 위치에 따라 부분적으로 농도의 불균일이 발생하며 위치에 따라 국소 환기상태가 달라진다.

1.3.4 공기연령과 환기효율

실내의 기류형태에 따른 환기성능을 정량적으로 나타내기 위해서 공기연령(age of air)의 개념을 도입한다. 공기연령이란 급기구를 통하여 실내로 유입된 공기입자가 실내 임의의 점까지 도달하는데 소요되는 시간을 의미한다. 공기연령이 크다는 것은 급기구를 출발한 급기가 해당 지점에 도달하는데 오랜 시간이 걸려 그만큼 노후된 급기가 공급된다는 것을 의미한다. 그 지점까지 도달하는 이동경로가 다양하기 때문에 평균값을 사용하며 엄밀하게는 국소평균연령(LMA, local mean age)이라 한다. 공기연령은 추적가스를 급기구에 주입하고 해당 지점에서 농도 반응을 관찰함으로써 구할 수 있다. 그림 6.7은 공기연령과 잔여체류시간에 관한 개념을 설명하고 있다.

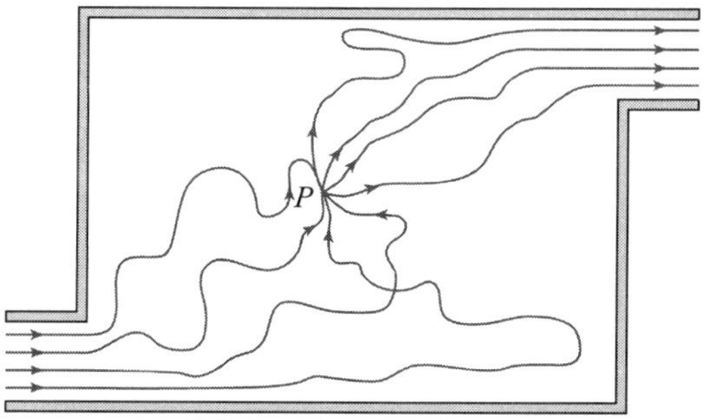

그림 6.7 공기연령의 개념

실 평균연령 $\overline{\theta}$는 실 전체 공간에 대한 공기연령 θ의 평균값을 의미하며, 명목시간상수 τ_N에 대한 상대적인 값을 실의 환기효율이라 한다. 즉, 환기효율(ventilation effectiveness) $\overline{\epsilon}$는 다음과 같이 정의되며 실 전체의 급기성능을 나타낸다.

$$\overline{\theta} = \frac{1}{V}\int \theta \, dV \tag{6.6}$$

$$\overline{\epsilon} = \frac{\tau_N}{\overline{\theta}} \tag{6.7}$$

환기효율은 실내의 구조 및 급배기구의 위치, 장애물 유무 등에 따라 변화하는 실내기류형태에 의해서 결정된다. 환기효율을 정량적으로 구하기 위해서는 전산유체역학적 방법을 이용하여 실내기류와 농도 분포를 해석하거나 실험적으로는 추적가스법을 이용하여 해당 지점까지 급기의 도달시간을 측정한다. 여기서는 이에 관한 상세한 설명은 생략한다.

완전혼합이 이루어지는 경우에 실 평균연령은 명목시간상수와 같으므로 환기효율은 1.0이다. 완전혼합의 경우를 기준으로 단락 환기가 이루어지는 경우에는 환기효율이 1보다 작고, 치환환기에 가까우면 1보다 크게 된다. 완벽한 치환환기인 경우 환기효율 값은 이론적으로 2.0이다. 보통 실내공간에서 환기효율은 기류형태에 따라 0.8~1.1 범위의 값을 갖는다.

유효환기량은 실내로 공급되는 실제 환기량에 환기효율을 곱한 값으로 정의할 수 있다. 환기량이 동일하더라도 환기효율에 따라 환기효과를 나타내는 유효환기량이 다르다. 실내의 기류분포를 적절히 설계하여 환기효율을 높임으로써 동일한 환기량에 대하여 에너지 절약적인 환기를 꾀할 수 있다.

예제 6-6 **체적이 250 m^3인 실내로 200 CMH의 외기가 공급되고 있다. 완전혼합이 이루어진다고 가정할 때, 배기구에서 공기연령은 얼마인가? 또 이때 실 환기효율은 얼마인가?**

풀이 완전혼합이 이루어지는 경우 실내 모든 지점에서 공기연령은 명목시간상수와 동일하므로 출구에서 공기연령도 이와 같다.

배기구에서 공기연령은 $\theta_{exhaust} = \tau_N = \dfrac{250\ \mathrm{m}^3}{200\,\mathrm{m}^3/\mathrm{h}} = 1.25\,\mathrm{h} = 75\ \mathrm{min}$

따라서 완전혼합의 경우 실의 환기효율은 $\epsilon = \dfrac{\tau_N}{\theta} = 1$이다.

예제 6-7 **위 예제와 동일한 조건에서 치환환기가 이루어진다고 가정하면 환기효율은 얼마인가?**

풀이 완전한 치환환기가 이루어지는 경우에는 실내기류가 아래에서 위로 또는 위에서 아래로 일방향 유동으로 나타나므로 각 지점의 공기연령은 그 지점에 급기가 도달하는데 소요되는 시간과 같다. 즉, 급기가 바닥을 출발하여 천장 배기구에 도달하였을 때까지 소요된 시간은 명목시간상수와 같다. 또 바닥 가까운 곳에서 공기연령은 제로이다. 따라서 바닥에서 천장으로 갈수록 선형적으로 공기연령이 증가하므로 실평균 연령은 실 중간지점의 공기연령과 같다. 따라서 실평균 연령이 $\bar{\theta} = \dfrac{\tau_N}{2}$이므로 환기효율은 $\epsilon = \dfrac{\tau_N}{\bar{\theta}} = 2$이다. 즉, 완전한 치환환기의 경우 완전혼합의 경우에 비하여 환기효율이 두 배이다.

1.4 실내농도 모델링

적정 실내공기질을 유지하기 위한 필요환기량을 산출하려면 환기와 실내오염농도 사이의 관계를 이해할 필요가 있다. 여기서는 실내오염농도 모델링을 통해서 오염 발생량과 환기량 그리고 공기정화장치의 성능에 따라 실내농도가 결정되는 메커니즘에 관해서 살펴본다. 시간에 따라 농도 변화가 없는 단일 공간 내 정상상태에 대한 해석은 쉽고 결과가 간단하여 필요 환기량 산정이나 공기정화장치의 요구성능을 결정할 때 종종 사용된다. 반면, 시간에 따른 실내오염농도의 변화 과정을 알기 위해서는 복잡한 비정상상태의 해석이 필요하다.

1.4.1 정상상태 해석

정상상태의 해석은 다음과 같은 가정에서 이루어진다.

- 공기와 오염물질의 물성치는 일정하다.
- 외기농도는 일정하고 변화하지 않는다.
- 환기량과 오염발생량은 시간에 따라 일정하다.
- 오염물질은 발생과 동시에 확산되어 실내공기와 완전혼합된다.

① 단일 존 외기전담 환기모델

가장 단순한 모델로서 하나의 실내공간에 외기가 직접 공급되는 경우에 대해서 살펴본다. 급기에 실려 유입되는 외기 오염물질과 실내오염 발생량을 합친 것은 배기와 함께 유출되는 오염물질과 서로 평형을 이루므로 질량보존식은

$$C_o Q + M = CQ \tag{6.8}$$

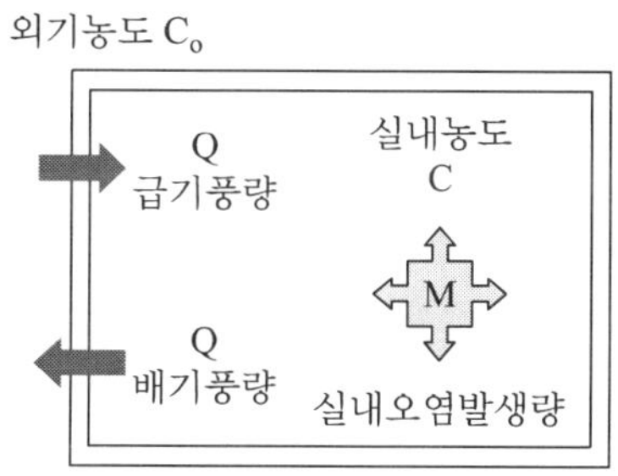

그림 6.8 단순 환기모델

과 같고, 실내농도는 다음과 같이 구해진다.

$$C = \frac{C_o Q + M}{Q} = C_o + \frac{M}{Q} \tag{6.9}$$

즉, 실내농도는 외기농도에 비하여 실내오염 발생량을 환기량으로 나눈 값(M/Q) 만큼 높고, 환기량이 커질수록 실내농도는 감소하며 점차 외기농도에 접근한다.

② 공조시스템을 포함한 환기모델

공기정화장치가 설치된 공조기를 통해 재순환이 이루어지는 경우에 정상상태 해석을 통하여 실내농도를 해석하거나 공기정화장치의 소요정화성능 등을 산정한다. 그림 6.9는 공조기가 설치된 경우의 오염물질 유출입을 보인다. 실내 오염물질 평형식으로부터 실내의 오염농도는 다음과 같이 구해진다.

$$C = \frac{pC_o Q_o + C_o Q_{ns} + M}{(1 - rp)Q_r + Q_{nr}} \tag{6.10}$$

여기서, p는 공기정화장치의 오염물질 투과율이고, r은 재순환율이다. 식 (6.10)의 분모는 오염물질을 희석하는데 유효한 풍량을 의미하고, 분자는 오염발생 유입량으로 이해할 수 있다.

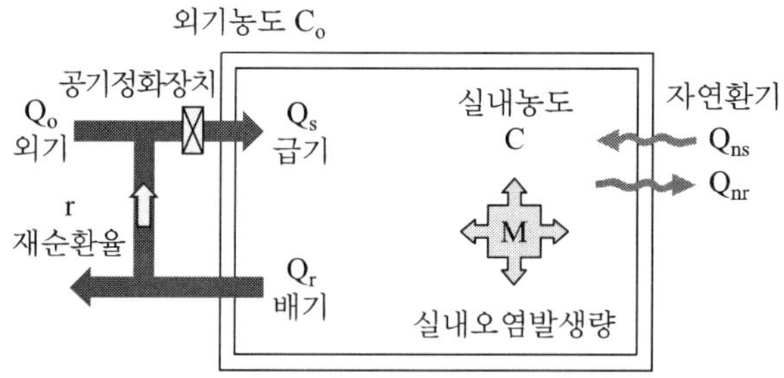

그림 6.9 공조시스템 포함 환기모델

1.4.2 비정상상태의 계산

외기 중 오염물질 농도, 실내 오염발생량, 환기량 등은 자연조건이나 생활패턴에 따라 변동한다. 대부분의 실용적인 문제는 단순한 정상상태 해석이 가능하지만 시간에 따른 변동성을 반드시 고려해야 하는 경우도 있다.

정상상태에서는 실내로 유입되는 오염물질의 양과 실내에서 유출되는 오염물질의 양이 서로 평형을 이루었다. 비정상상태에서는 실내에 유입되는 양과 유출되는 양의 차이만큼 실내로 오염물질량이 축적된다. 그림 6.8과 같은 단일 존 외기전담 환기시스템의 경우, 짧은 시간 Δt에 대해 적용하면 질량보존식은

$$(C_o Q + M)\Delta t - CQ\Delta t = V\Delta C \tag{6.11}$$

과 같고, 이를 정리하면 다음과 같은 간단한 1차 미분방정식 형태로 주어진다.

$$V\frac{dC}{dt} = -(C - C_o)Q + M \tag{6.12}$$

여기서, V는 실내체적이고, Q는 환기량이다. 초기농도 C_i인 공간에 갑자기 환기가 시작된 이후의 실내 농도변화를 구하기 위해, $c = C - C_o$로 정의하면 미분방정식과 해는 다음과 같다.

$$V\frac{dc}{dt} = -cQ + M \tag{6.13}$$

$$c(t) = \left(c_i - \frac{M}{Q}\right)e^{-\frac{Q}{V}t} + \frac{M}{Q} = c_i e^{-\frac{Q}{V}t} + \frac{M}{Q}\left(1 - e^{-\frac{Q}{V}t}\right) \tag{6.14}$$

여기서, 소문자 $c(t)$는 절대농도값에서 외기농도값을 뺀 값, 즉 외기농도를 0으로 생각하였을 때 상대적인 농도를 의미한다. 따라서 c를 다시 $C - C_o$로 치환하면

$$C(t) - C_o = (C_i - C_o)e^{-\frac{Q}{V}t} + \frac{M}{Q}\left(1 - e^{-\frac{Q}{V}t}\right) \tag{6.15}$$

또는

$$C(t) = C_i e^{-\frac{Q}{V}t} + \left(C_o + \frac{M}{Q}\right)\left(1 - e^{-\frac{Q}{V}t}\right) \tag{6.16}$$

과 같이 된다. 우변 첫째 항은 초기농도의 지수적 감쇠를 보이는 항이며, 둘째 항은 외기로부터 유입량과 실내 발생량에 따른 지수적 증가를 보이는 항이다. 시간이 무한대로 갈 때, 첫째 항은 소멸되며 둘째 항은 일정한 값으로 접근한다. 여기서, $C_\infty = C_o + \frac{M}{Q}$은 정상상태에 도달한 이후의 실내농도를 가리킨다.

① 초기농도의 감쇠

실내의 초기농도가 C_i인 상태에서 갑자기 일정한 환기량이 공급되기 시작할 때, 실내 오염발생 M이 영이면 실내의 비정상상태 농도변화 과정은 식 (6.15)로부터 다음과 같이 단순화된다.

$$C(t) - C_o = (C_i - C_o)e^{-\frac{Q}{V}t} \tag{6.17}$$

즉, 실내오염발생이 없는 경우, 초기에 주어진 실내농도는 시간경과에 따라 지수적으로 감소하여 외기농도에 접근한다.

② 오염발생에 따른 농도 상승

초기 실내농도가 외기농도와 같은 상태에 있다가 갑자기 실내 오염발생이 시작되는 경우의 해는

$$C(t) - C_o = \frac{M}{Q}(1 - e^{-\frac{Q}{V}t}) \tag{6.18}$$

과 같다. 오염발생과 함께 실내농도는 계속 증가하여 시간이 충분히 흐른 후 정상상태에 도달한다. 이때 접근하는 실내농도는 앞서 정상상태 해석에서 구한 식 (6.9)와 같다.

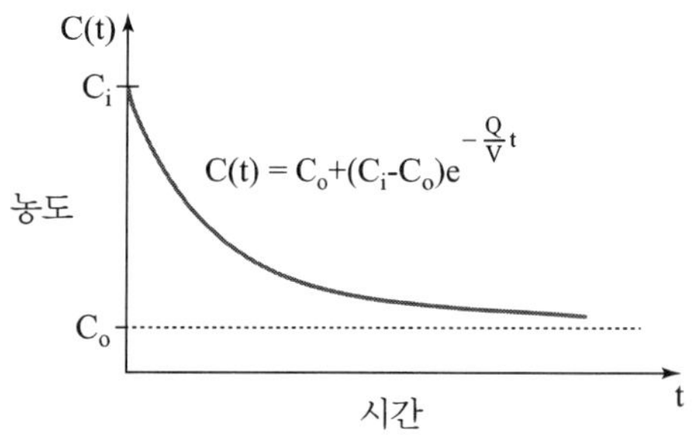

그림 6.10 초기농도의 감쇠

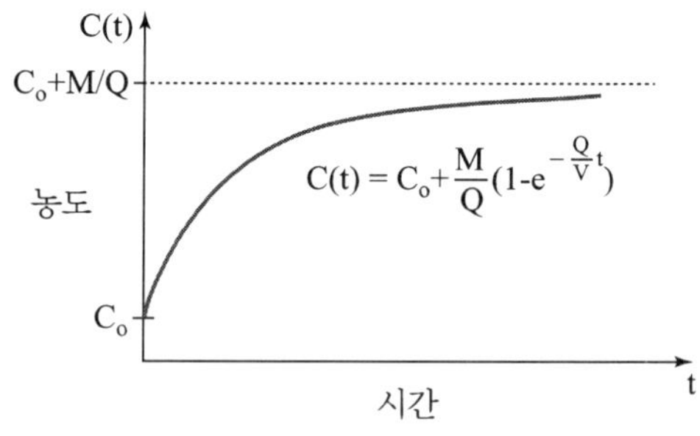

그림 6.11 오염발생의 시작

1.5 환기와 에너지

환기량이 증가하면 실내오염농도는 낮아지고 실내공기질은 개선된다. 하지만 환기는 에너지 사용을 수반한다. 따라서 필요환기량을 산정하는데 실내공기질과 함께 에너지 측면도 함께 고려하여야 한다. 건물 에너지 중 환기 관련 에너지는 크게 송풍기 운전에 필요한 전력에너지와 온도차가 있는 외기도입에 따른 냉난방 부하로 나누어진다. 송풍 에너지와 냉난방 부하는 모두 환기량의 증가에 따라 선형적으로 증가한다. 자연환기의 경우에는 송풍 에너지를 필요로 하지 않지만 여전히 냉난방 부하를 증가시킨다.

1.5.1 송풍 에너지

송풍에 필요한 전력 에너지는 식 (6.19)와 같이 송풍량과 압력강하 그리고 송풍기 효율로부터 구한다.

$$W_{fan} = \frac{Q \cdot \Delta P_{system}}{\eta_{fan}} \tag{6.19}$$

$$\Delta P_{system} = \Delta P_{duct} + \Delta P_{HEX} + \Delta P_{filter} + \cdots \tag{6.20}$$

여기서, 압력강하는 덕트를 비롯한 급배기 그릴과 필터 등 환기시스템을 구성하는 모든 요소에 의한 압력손실이다. 덕트 내 압력강하는 대체적으로 풍속의 제곱에 비례하는 것으로 알려져 있는데, 이 경우 송풍 에너지는 송풍량의 세제곱에 비례하게 된다. 따라서 송풍 에너지의 절감을 위해서는 송풍기의 효율을 높이고 압력강하를 줄이되 가급적 덕트 내 풍속을 최소화 하는 것이 중요하다. 또한 기계환기의 가동비율을 줄이고 자연환기를 최대한 활용하는 방법을 모색할 필요가 있다.

예제 6-8 **환기덕트를 통한 송풍량이 250 CMH일 때 총 압력손실은 450 Pa라 한다. 송풍기 효율을 70%라 할 때 소요되는 전력 에너지는?**

풀이 $W_{fan} = \frac{Q \cdot \Delta P_{system}}{\eta_{fan}} = \frac{(250/3600)450}{0.7} = 44.6\,\mathrm{W}$

1.5.2 냉난방 에너지

환기에 의한 냉난방 에너지는 현열과 잠열을 모두 고려한 실내외 엔탈피 차에 의하여 발생한다. 잠열부하는 실내외 습도차에 의한 것이고 현열부하는 실내외 온도차에 의한 것이다. 현열부하는 식 (6.21)과 같이 환기량에 비례하고 실내외 온도차에 비례한다.

$$W_{sens.load} = \rho C_p Q \cdot \Delta T \tag{6.21}$$

열회수 환기장치는 열교환에 의하여 급배기 온도차를 줄이는 장치이다. 겨울철을 예로 들면, 배기에 포함되어 있는 에너지를 일부 회수하여 유입되는 차가운 외기에 전달하여 급기온도를 높임으로써 난방 부하를 줄인다. 냉난방 에너지의 절감을 위해서는 환기량을 줄이고, 열회수 환기장치를 이용하는 것이 좋다. 여기서, 환기에 의한 냉난방 에너지는 여름철과 겨울철에만 고려하며 냉난방을 하지 않는 중간기에는 고려하지 않는다.

예제 6-9 **외기온도는 0℃, 실내온도는 24℃이다. 외기도입량이 250 CMH일 때 현열난방부하는? 공기밀도는 1.2 kg/m³, 비열은 1004 J/kg℃이다.**

풀이 $W_{sens.load} = \rho C_p Q \cdot \Delta T = (1.2)1004(250/3600)(24-0) = 2008\,\mathrm{W}$

냉난방 에너지는 환기량과 실내외 온도차에 선형적으로 비례하여 증가한다.

1.5.3 환기 에너지의 절약

건물에서 사용되는 에너지는 우리나라 총에너지 사용량의 20% 정도이며, 이중 냉난방 및 환기 에너지가 상당한 부분을 차지한다. 환기에 소요되는 에너지를 절약하려면 덕트 내 압력손실을 줄이고 고효율 송풍기를 사용함으로써 송풍 에너지를 절감하고, 필요에 따라 환기량을 최소화하고 배기열을 회수함으로써 냉난방 에너지를 절감한다. 여러 가지 환기 에너지의 절약방안 중에서 여기서는 하이브리드 환기와 열회수 환기장치 그리고 수요대응환기제어에 관하여 간략히 설명한다.

① 하이브리드 환기(hybrid ventilation)

자연환기의 가장 큰 장점은 송풍 에너지가 필요하지 않다는 것이고, 반면 기계환기는 환기량 제어가 가능하다는 것이다. 하이브리드 환기는 자연환기와 기계환기의 장점을 조합하여 에너지 절약을 꾀하면서 필요환기량을 상시 확보하기 위한 것이다. 외기조건과 실내환경조건에 따라 자연환기와 기계환기 모드가 수동 또는 자동으로 전환될 수 있도록 한 것이다.

외기조건이 양호한 중간기에는 자연환기 모드로 운전하여 신선외기를 충분히 도입하여 실내공기질을 청정하게 유지함은 물론 실내 발생열을 제거하여 외기 냉방효과도 꾀할 수 있다. 외부 풍속이 지나치게 강하면 자연환기 댐퍼를 통해 유입량을 조절한다. 자연환기력이 부족하면 기계환기를 가동하여 최소한의 필요환기량을 충족시킨다. 여름철이나 겨울철에는 환기에 따른 냉난방 부하가 크게 발생하므로, 자연환기 보다는 기계환기 모드로 전환하여 외기도입량을 최소화하고 열회수 환기장치를 이용하여 배기열을 회수할 수 있도록 한다. 하이브리드 환기의 설계와 운용은 건물의 특성이나 기상조건에 따라 크게 다르기 때문에 이론적인 지식 보다는 다양한 경험과 실무적인 안목이 필요하다. 하이브리드 환기시스템의 유형은 그림 6.12와 같이 나눌 수 있다.

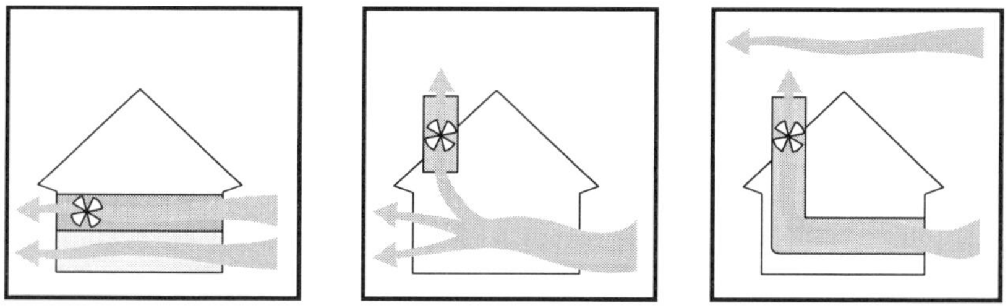

(a) 자연/기계환기 병용　(b) 기계력 보조 자연환기　(c) 자연력 보조 기계환기

그림 6.12　하이브리드 환기시스템의 유형

② 열회수 환기장치(heat recovery ventilator)

열회수 환기장치는 건물 배기에 포함된 에너지 중 일부를 회수함으로써 환기에 소요되는 냉난방 에너지를 저감하기 위한 일종의 공기 대 공기(air-to-air) 열교환기이다. 현열만 교환되는 것을 현열교환기라 하고 현열과 잠열을 모두 교환하는 것을 전열교환기라 한다. 현열교환기의 열교환 매체는 알루미늄이나 플라스틱 등으로 만들어지며, 전열교환기는 습기 투과가 가능한 섬유질, 종이 등으로 만들어진다.

열교환 방식에 따라 여러 층의 평판이 적층되어 열교환 면적을 늘린 평판형이 가장 많이 사용되며, 회전 휠을 이용하는 회전형, 히트파이프를 이용하는 히트파이프형 등이 있다. 열회수 환기장치의 가장 중요한 성능은 열교환 효율로서 실내외 에너지 차에 대한 회수되는 에너지 비율이다. 온도효율은 식 (6.22)에 정의된 바와 같이 실내외 온도차에 대한 열회수장치로 회수되는 온도차로 정의된다. 전열교환기의 경우에는 잠열까지 고려한 엔탈피 효율이 이용되는데, 식 (6.22)에서 온도 대신 엔탈피 값을 대입하면 된다.

$$\eta_T = \frac{T_{SA} - T_{OA}}{T_{RA} - T_{OA}} \tag{6.22}$$

열회수 환기장치는 온도변화에 따라 표면 또는 내부에 결로가 발생하지 않아야 하고, 열교환을 이루는 과정에서 발생하는 공기누설이 일정 수준 이하로 유지되어야 한다. 또한 봄과 가을 중간기의 열회수가 불필요한 기간에 활용할 수 있도록 바이패스 기능을 추가하기도 한다.

예제 6-10 **외기온도가 −5℃, 실내온도가 24℃인 상태에서 온도효율이 70%인 열회수 환기장치를 이용하여 환기할 때 실내로 급기(SA)되는 공기온도와 외부로 배출(EA)되는 공기온도는 각각 얼마인가?**

풀이 $T_{SA} = T_{OA} + \eta_T(T_{RA} - T_{OA}) = -5 + 0.7\,[24 - (-5)] = 15.3℃$

배기의 온도감소와 급기의 온도상승이 동일하므로 $\eta_T = \dfrac{T_{SA} - T_{OA}}{T_{RA} - T_{OA}} = \dfrac{T_{RA} - T_{EA}}{T_{RA} - T_{OA}}$

따라서 $T_{EA} = T_{RA} - \eta_T(T_{RA} - T_{OA}) = 24 - 0.7\,[24 - (-5)] = 3.7℃$

③ 수요대응환기제어(demand control ventilation)

건물 내 재실인원이나 오염발생량이 변동함에 따라 시간에 따른 환기 부하가 변동하는데 그때그때 요구되는 환기수요에 맞추어 환기량을 제어하는 것을 수요대응 환기제어라 한다. 재실자에게 충분한 환기량을 제공하되 불필요한 환기를 줄임으로써 에너지 절약을 꾀한다. 건물환기는 보통 최대 재실인원을 고려하여 설계되지만, 실제로는 대부분의 시간 동안 이보다 적은 재실 조건에서 운전된다. 또 멀티 존 HVAC시스템에서 구역별로 상이한 환기 부하에 대하여 개별 존의 환기량을 각각 제어할 수 있다. 마치 각 실의 열부하에 따라 실별 온도 제어를 하는 것과 같다.

특수한 오염발생이 없는 재실자 중심의 거주 공간에서는 주로 이산화탄소에 기반한 환기 제어를 하고 있다. 재실인원 변동 스케줄을 미리 입력하여 시간에 따라 환기량을 제어하거나, 실시간 이산화탄소 레벨을 측정하여 환기량을 on-off 제어한다. 최근 재실인원을 직접 추정하여 1인당 필요한 환기량을 제어하는 방법이 개발되고 있다. 이때 재실인원을 파악하는 방법으로 적외선 센서나 RFID 또는 비디오 영상을 이용하는 방법 등이 있다. 하지만 재실자에게 불편함을 주거나 사생활 침해의 우려가 있으므로 이산화탄소와 같은 환경 변수를 이용하는 것을 선호한다. 재실인원은 이산화탄소의 정적인 농도 레벨에 의존하기 보다는 농도의 동적인 변화를 감지함으로써 보다 정확하게 추정할 수 있다. 동적신경망이나 베이즈 추론 등 다양한 연구가 진행되고 있다.

1.6 필요환기량 산정

환기에는 에너지가 수반되기 때문에 건물의 필요환기량은 적정 공기질을 유지하기 위한 최소 환기량의 개념을 갖는다. ASHRAE에 따르면 적정 공기질을 인체에 무해하고 쾌적성 측면에서는 20% 이내의 불만족률을 보이는 공기질로 정의하고 있다.

1.6.1 실내환경기준

실내환경기준으로 현재 환경부에서 제정한 실내공기질관리법과 보건복지부의 공중위생관리법 등이 있다. 표 6.1은 환경부의 유지기준과 권고기준을 보이고 있다. 특정한 오염물질이 발생하는 산업현장에 대해서는 고용노동부의 환경기준이 적용되고, 학교 등 교육시설에 대해서는 교육부의 환경기준이 적용되고 있다. 각각의 오염물질의 농도는 모두 환경기준 이하로 유지되어야 한다.

〈표 6.1〉 다중이용시설 등의 실내공기질관리법에 의한 실내공기질 유지기준과 권고기준

<table>
<tr><th>항목(유지)
대상공간</th><th>PM10
(μg/m³)</th><th>CO2
(ppm)</th><th>HCHO
(μg/m³)</th><th>부유세균
(CFU/m³)</th><th>CO
(ppm)</th></tr>
<tr><td>지하역사 등</td><td>150</td><td rowspan="3">1000</td><td rowspan="3">120</td><td>-</td><td rowspan="2">10</td></tr>
<tr><td>의료기관 등</td><td>100</td><td>800</td></tr>
<tr><td>실내주차장</td><td>200</td><td>-</td><td>25</td></tr>
<tr><th>항목(권고)
대상공간</th><th>NO2
(ppm)</th><th>Rn
(pCi/L)</th><th>TVOC
(mg/m³)</th><th>석면
(개/cc)</th><th>O3
(ppm)</th></tr>
<tr><td>지하역사 등</td><td rowspan="2">0.05</td><td rowspan="3">4.0</td><td>500</td><td rowspan="3">0.01</td><td rowspan="2">0.06</td></tr>
<tr><td>의료기관 등</td><td>400</td></tr>
<tr><td>실내주차장</td><td>0.3</td><td>1000</td><td>0.08</td></tr>
</table>

1.6.2 필요환기량의 산정

앞서 정상상태 실내농도 모델링에서 유도한 바와 같이, 실내농도는 환기량과 실내오염발생량으로부터 구한다. 식 (6.9)를 변형하여 주어진 실내농도를 유지하기 위해 필요한 환기량 계산식으로 재정리하면 다음과 같다.

$$Q = \frac{M}{C_{criteria} - C_o} \tag{6.23}$$

설계에 필요한 필요환기량을 산정하려면 실내 오염농도 대신 오염허용기준을 대입한다. 여러 가지 오염물질이 존재하는 경우, 적정 공기질을 유지하기 위해서는 각각의 오염물질에 대한 필요환기량을 구하고 이 중 최대값을 선정한다.

예제 6-11 **이산화탄소를 기준으로 1인당 필요한 환기량을 계산하라. 1인당 인체발생 이산화탄소는 15 L/h로 하고 외기농도는 400 ppm으로 가정한다.**

풀이 이산화탄소 환경기준은 1000 ppm이므로

$$Q = \frac{M}{C - C_o} = \frac{15 \times 10^3}{1000 - 400} = 25\ \mathrm{m^3/h} = 7\,\mathrm{L/s}\ \text{또는}\ 25\,\mathrm{CMH}$$

일반 거주 공간에 대해서는 인체에 의하여 발생하는 이산화탄소에 의한 환기량을 기준으로 한다. 거주자 1인당 이산화탄소 발생량은 개개인에 따라 다르고 활동상태에 따라 다르다. 취침 시 10 L/h부터 격렬한 운동 시 60 L/h까지 넓은 범위의 값을 갖는다.

1.6.3 국내 필요환기량 기준

실내에서 발생하는 특정 오염물질의 발생량이 주어지면 앞에서 설명한 바와 같이 각 오염물질에 대하여 필요환기량을 산정할 수 있다. 그러나 실제의 경우에는 오염물질이 복합적으로 혼재되어 있을 뿐만 아니라 각각의 오염발생량이 정확하게 알려져 있지 않기 때문에 건물 용도별로 종합적으로 판단하여 설계에 필요한 환기량을 산정하고 있다. 표 6.2는 우리나라 건축법에 제시된 시설의 종류에 따른 필요환기량 기준을 보인다.

〈표 6.2〉 시설별 국내 필요환기량 기준

다중이용시설 구분		필요환기량(m^3/인・h)
지하시설	지하역사	25 이상
	지하도상가(매장기준)	36 이상
문화 및 집회시설		29 이상
판매 및 영업시설		29 이상
의료시설		36 이상
교육연구 및 복지시설		36 이상
자동차 관련 시설		27 이상
그 밖의 시설(찜질방・산후조리원)		25 이상

1.6.4 필요환기량 기준의 변천

필요환기량을 처음으로 산정한 것은 19세기 초 Tredgold이었다. 그는 사람의 폐에서 배출되는 습기를 제거하고 이산화탄소를 희석시키기 위해서 최소 2 L/s의 공기가 필요하다고 추산하였다. 남북전쟁 당시 재실밀도가 높은 병원에서 근무하는 의사들은 질병의 확산을 줄이기 위하여 이보다 많은 환기량을 요구하였다. 1895년 ASHVE는 15 L/s를 최소환기량으로 채택하였다. 이후 1936년 Yaglou는 사람의 후각적 측정 방법을 제시하고 최소환기량은 재실밀도와 밀접한 상관관계가 있다고 주장하면서 자신이 개발한 쾌적도표에 근거하여 5 L/s를 제시하였다. 이와 같이 최소환기량을 추산하기 위한 연구가 계속 진행되었으며, 실내 공기오염의 원인으로 과도한 온・습도, 이산화탄소, 냄새, 미생물에 대한 논란이 계속되었다. 건축가나 엔지니어들은 주로 쾌적성을 제공하기 위한 냄새나 이산화탄소의 제거에 초점을 맞추었고 의사나 생리학자들은 질병의 확산을 최소화하는데 초점을 맞추었다. 그림 6.13은 1인당 필요한 환기량의 변천과정을 보여주고 있다.

ASHRAE는 환기 표준으로 Standard 62를 1973년 제정한 이래 지속적으로 개정해 왔다. 1981년 표준에는 1970년대 에너지 파동의 영향으로 최소환기량을 낮게 책정하였으나, 이후 1989년에는 Cain과 Fanger의 연구결과를 참조하여 1인당 최소환기량을 2.5 L/s에서 8 L/s로 강화하였다. 동일한 환경에 오랜 시간 노출되어 있을 때 재실자는 후각 신경이 둔감해지므로 방문자의 만족도를 고려한 것이다. 제시된 최소환기량은 흡연구역에 대해서는 적용되지 않는다고 명시하였고, 환기효율과 시스템 효율의 개념을 도입하였다. 이후 저층주택에 대한 기준은 별도로 Standard 62.2로 제정하는 등 지속적인 개정 작업이 이루어졌다. 현재 제시된 환

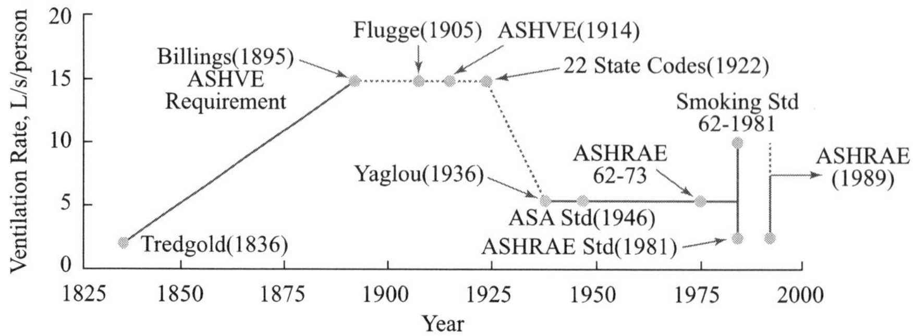

그림 6.13 최소환기량의 변천

기량 기준은 미국, 유럽, 일본 등 각국별로 조금씩 차이가 나지만 특수한 건물을 제외하고는 대체적으로 1인당 29～54 CMH (8～15 L/s) 정도의 범위이다. 표 6.3은 ASHRAE Standard 62에 제시된 건물용도별 필요환기량 기준을 보인다. 재실인원의 산출이 어려운 경우에는 단위 바닥면적을 기준으로 한 필요환기량을 이용한다.

〈표 6.3〉 건물용도별 필요환기량(ASHRAE)

대상 건물		최대 재실밀도 (명/100 m^2)	외기량		비 고
			L/s · 명	L/s · m^2	
음식점	일반식당	70	10		
	카페테리아	100	10		
	술집	100	15		
	주방	20	8		추가적인 배연장치가 필요 국소배기장치의 보급공기를 추가 공급할 필요가 있을 수 있음.
주차장	밀폐된 주차장			7.5	
	자동차 수리실			7.5	
숙박시설	침실			15 L/s · 실	실 크기와 무관
	욕실			18 L/s · 실	
	로비	30	8		
	카지노	120	15		추가적인 배연장치가 필요
사무실	일반 사무실	7	10		국소배기장치가 필요한 사무기기도 있음.
	회의실	50	10		

공공시설	복도			0.25	
	공중화장실		25		
	라커룸			2.5	배기를 회수하지 않음.
	흡연실	70	30		배기를 회수하지 않음.
	엘리베이터			5.00	
판매업소	지하 및 1층	30		1.50	
	기타 층	20		1.00	
	창고실	15		0.75	
기타 업소	이발소	25			
	미용실	25			
	의류, 가구점			1.50	
	약국	8			
	슈퍼마켓	8			
	애완동물점			5.00	
스포츠 오락시설	관람석	150	8		
	게임방	70	13		
	수영장		1	2.50	습도제어를 위하여 추가적인 환기량이 필요할 수 있음.
	체육관	30	0		
	볼링장	70	13		
공연장	매표소	60	10		
	로비	150	10		
	강당	150	8		
	무대	70	8		특수효과를 위한 특별한 환기가 필요(드라이아이스증기, 연무 등)
교육시설	강의실	50	8		
	실험실	30	10		특수실험실에 대해서는 특별한 오염제어시스템이 필요
	도서관	20	8		
	강당	150	8		
병원시설	환자실	10	13		특수요건과 기준에 따라서 최소환기량과 필터효율을 결정
	수술실	20	15		
	중환자실	20	8		
주택	거실	0.35 ACH이되 7.5 L/s·명 이상			
	주방	간헐 50 L/s, 연속 10 L/s			
	욕실	간헐 50 L/s, 연속 10 L/s			

1.7 요약

환기는 실내공기질을 유지하기 위한 매우 효과적인 제어 수단이다. 지금까지 자연환기를 위한 구동력과 건물의 기밀도, 그리고 기계환기를 위한 공기조화시스템의 구성에 관해서 설명하고, 공기교환율과 환기효율 등 환기에 관련된 기본적인 개념에 관하여 살펴보았다. 또한 국내외 필요환기량의 기준 현황과 지금까지 필요환기량의 변천과정을 간략히 소개하였다. 쾌적한 실내환경을 유지하면서 에너지 절약적인 환기가 이루어지도록 환기와 실내농도의 관계, 환기와 에너지의 관계를 이해할 필요가 있으며, 최소환기량의 개념과 환기시스템의 구성에 대하여 이해하는 것이 필요하다.

참고문헌

1. 한국공기청정협회, '공기청정편람- 제1권 기초편', 서울, 2007.
2. 대한설비공학회, '설비공학 편람- 제2권 공기조화', 제3편, 서울, 2002.
3. ASHRAE, 'Ventilation for Acceptable Indoor Air Quality', Standard-62, 2016.
4. ASHRAE, 'Handbook-Fundamentals', Atlanta, 2013.
5. ASHRAE, 'Measuring Air Change Effectiveness', Standard-129, 1997.
6. 한화택, "공동주택의 환기에너지 저감 요소기술", 대한설비기술협회지, 제26권, 제1호, pp. 83-91, 2009.
7. 이윤규, "하이브리드 환기설비의 적용사례", 대한설비공학회 설비저널 제38권, 제9호, pp. 24-34, 2009.
8. 한화택, "전통건축물에서의 자연환기기술", 대한설비기술협회지, 제19권, 제2호, 2002.
9. 한화택, "쾌적한 실내공기환경의 역사", 한국공기청정협회지, 제48권, pp. 82-92, 2000.
10. 한화택, "환기효율의 정의에 관하여", 대한설비공학회 설비저널, 제28권, 제1호, pp.38-47, 1999.
11. 국토교통부, '건축물의 설비기준 등에 관한 규칙', 별표1-6, 국토교통부령 제219호, 2015.7.9.
12. 환경부, '다중이용시설 등의 실내공기질관리법', 환경부 법률 제12216호, 2014.1.7.
13. 건설기술연구원, "새집증후군 저감을 위한 공동주택 및 다중이용시설의 환기설비 설치기준 해설서", 건설교통부, 건설교통부령 제497호, 2006.
14. 노동부, '화학물질 및 물리적 인자의 노출기준', 노동부고시 제97-85호, 1997.
15. McKenney, K., Dieckmann, J, and Brodrick, J., "An Updated Look at DCV Approaches", ASHRAE J., Oct. 2009, pp. 82-84, 2009.
16. Han, H, 'Ventilation Effectiveness Measurements using Tracer Gas Techniques, Fluid Dynamics', Computational Modeling and Applications, ed by Juarez, Intech Pub., 2012.
17. Santamouris, M. and Wouters, P., 'Building Ventilation-The State of the Art', Earthscan, London, 2006.
18. Threlkeld, J. L., Kuehn, T. H., and Ramsey, J. W., 'Thermal Environemntal Engineering', 3rd ed., Prentice Hall, New Jersey, 1999.
19. Sandberg, M., Etheridge, D., 'Building Ventilation: Theory and Measurement', John Wiley&Sons, 1996.
20. Fanger, P. O., 'Thermal Comfort', Analysis and Applications in Environmental Engineering, Krieger, Malabar, 1982.
21. Yaglou, C. P., Riley, E. C., and Coggins, D. I., 'Ventilation Requirements', ASHVE Trans. Vol. 42, pp. 133-162, 1936.
22. Tredgold, T., 'Principles of Warming and Ventilating Public Buildings', Printed for J Taylor, London, 1824.

제 2 절
공기청정

2.1 개요

공기청정은 실내 오염물질을 기기를 이용하여 제거하는 것으로, 이를 위해 오염물질과 실내공간에 따라 사용하는 공기청정기기에 대한 이해가 필요하다. 공기청정기기는 주로 에어필터나 공기청정기와 같이 공기 중에 포함되어 있는 오염물질을 제거하기 위한 소재나 단위 장치를 의미하며, 넓은 의미로는 클린룸이나 클린벤치와 같이 공기청정을 위한 총체적 청정시스템을 포함하는 경우도 있다. 공기청정기기는 실내의 위생환경과 작업환경을 유지하기 위한 용도와 배출되는 오염물질에 의한 대기오염을 방지하는 용도로 사용되고 있다. 청정공기를 실내로 공급하기 위한 공기청정기기는 건축물의 공기조화장치나 환기계통의 일부로서 급기 중 오염물질을 제거하기 위하여 도입외기와 재순환공기의 급기 측에 설치된다. 반면 다량의 오염물질이 발생하는 공장 등에서 사용되는 배출공기 정화장치는 대기오염을 방지하기 위하여 배기 측에 설치하고 오염물질을 제거하여 대기로 방출한다. 공기청정기기는 종류가 매우 다양하며 여러 가지 관점에서 분류할 수 있다.

2.2 입자상 물질의 제거

2.2.1 필터

필터는 공기청정기기에서 가장 널리 입자 제거를 위해 쓰이는 장치이다. 필터에 의한 여과(filtration)는 호흡기의 보호, 배기가스의 정화, 클린룸 등 다양한 분야에서 사용되고 있다. 필터에 사용되는 소재로는 섬유, 다공성 스펀지, 멤브레인 등 다양하다. 섬유상 필터(fibrous filter)는 수 μm에서 수백 μm의 직경을 가지는 미세한 섬유가 밀집된 것으로 섬유의 대부분이 기류에 수직이 되도록 만들어져 있다. 최근에는 입자의 포집효율을 높이기 위해 나노미터 크기의 섬유를 제조하여 사용하기도 한다. 다공성 필터(porous filter)는 필터 상의 복잡한 공극들로 이루어진 불규칙한 유로를 통하여 기체가 흘러가는 와중에 입자가 구멍을 구성하는 구성물질에 부착됨으로써 제거된다. 모관공 멤브레인 필터(capillary pore membrane filter)는 필터 표면에 거의 수직인 원통상의 구멍이 균일한 직경으로 배열되어 있는 것이다. 매끄러운 표면으로 인해 전자현미경 관찰용 입자 샘플링에 주로 사용되며, 높은 압력손실로 인하여 입자 여과용으로 사용되는 경우는 드물다.

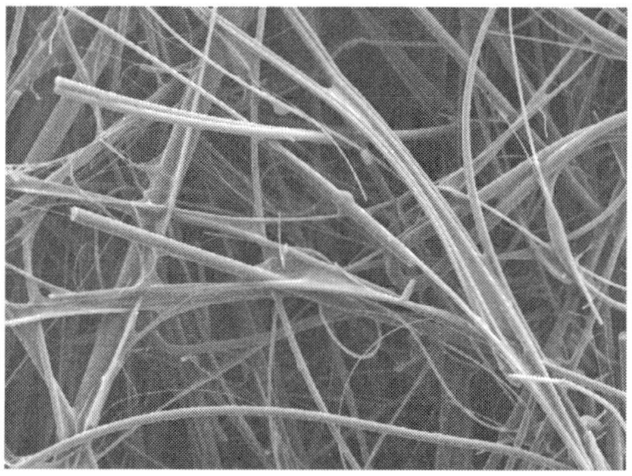

그림 6.14 섬유상 필터의 전자현미경 사진

① 입자 제거 메커니즘

필터의 사용에서 가장 많은 오해를 사는 부분은 필터의 입자 제거 메커니즘이 체와 같이 섬유에 의해 형성된 공극이나 다공성 물질의 구멍보다 큰 입자는 걸러지고 작은 입자만 통과한다고 생각하는 것이다. 물론 거름(sieving) 역시 입자 제거 메커니즘이지만 이보다 더 주요하게 작동하는 메커니즘은 관성 충돌(inertial impaction), 차단(interception), 확산(diffusion) 등이다.

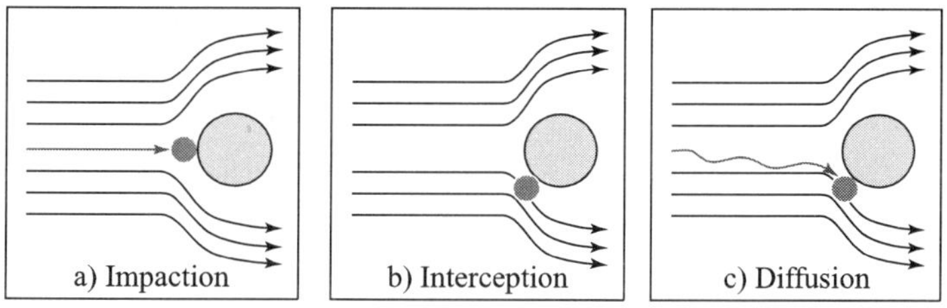

그림 6.15 필터의 입자 제거 메커니즘

차단은 유선을 따라 움직이는 입자의 반경보다 필터 섬유 표면이 근접하여 입자가 섬유에 충돌하는 경우이다. 관성 충돌은 입자의 관성에 의해 필터 섬유 근처에서 변하는 유선을 따라 움직이지 못하고 섬유에 충돌하는 것이다. 입자의 직경이 클수록 차단과 관성 충돌에 의해 제거되는 입자가 많아진다. 반면 확산의 경우 유동과 상관없이 입자의 브라운 운동에 의해 임의의 방향으로 입자가 움직이면서 포집되는 경우로, 입자의 크기가 작을수록 확산에 의해 더 많은 입자가 제거된다.

입자 또는 필터의 섬유가 하전을 띠고 있는 경우에는 둘 사이에 형성되는 정전기력으로 인하여 입자가 포집된다. 입자와 필터가 반대의 하전을 띠고 있을 경우에는 이둘 사이에 쿨롱힘(Coulomb force)이 작용하여 입자가 포집되며, 입자 또는 필터 하나만 하전을 띠고 있을 경우에는 거울상힘(image force)에 의해 입자가 포집된다. 거울상힘은 쿨롱힘보다 약하며 더 가까운 거리에서만 영향을 미친다.

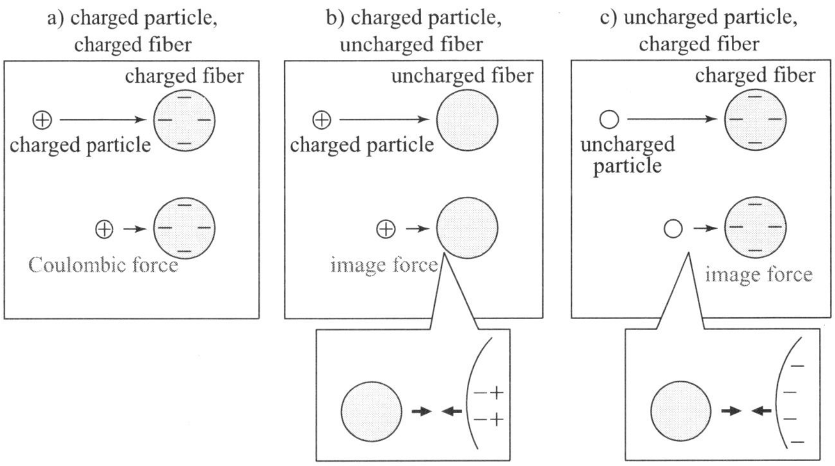

그림 6.16 **정전기력(a: 쿨롱력, b와 c: 거울상힘)에 의한 입자 제거 메커니즘**

전체 필터의 제거효율은 각각의 메커니즘에 의한 제거효율의 선형적인 합에 가까우며, 입자 크기별 필터의 제거효율을 계산하면 그림 6.17과 같은 효율을 얻을 수 있다. 주목할 점은 제거효율이 가장 나쁜 영역이 입자가 작은 부분이 아니라는 것이다. 최대 침투 입자 크기(Most Penetrating Particle Size, MPPS)는 가장 낮은 제거효율을 가지는 입자의 크기로 필터의 특성과 유속 등에 따라 변하지만, 주로 확산과 관성 충돌에 의한 영향이 모두 적은 0.1~0.3 μm의 영역에 존재한다.

② 필터의 성능평가

필터의 성능을 평가하는 요소로는 필터의 입자 제거효율과 압력손실이 있으며, 이러한 성

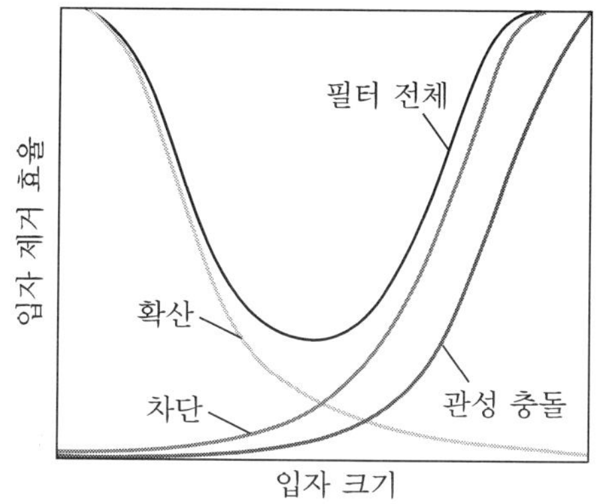

그림 6.17 입자 크기에 따른 필터의 제거효율

능은 필터의 구조(섬유직경, 두께), 작동 환경(유속, 입자 크기) 등에 따라 달라진다. 미국냉난방공조기술자학회(ASHRAE)에서는 필터의 성능평가에 대한 표준 시험방법이 지정되어 있는데, 52.1에는 저성능 필터의 성능평가 방법인 중량법(arrestance)과 비색법(dust-spot), 52.2에는 고성능 필터의 성능평가 방법인 계수법(number counting)이 지정되어 있다.

중량법은 필터 여과 전 주입된 시험 입자의 질량농도에 대하여 대상 필터로 여과 후 입자를 모두 포집하여 질량농도의 비로 나타내며, 주로 저성능 필터에서 사용된다. 비색법은 필터 전단과 후단의 공기를 HEPA (high-efficiency particulate air) 필터를 이용하여 포집한 뒤 샘플링 필터의 색변화를 광투과도의 비로 나타내는 방법으로 주로 중성능의 미디엄 필터(medium filter)에 사용된다. 높은 효율을 가지는 필터의 경우 중량법과 비색법으로 측정되지 않기 때문에 개수농도를 측정하는 계수법이 사용된다. 필터 여과 전의 개수농도에 대한 여과 후 개수농도의 비로 다음과 같은 식으로 나타낸다.

$$\eta = \frac{C_0 - C_1}{C_0} \times 100\,[\%]$$

이때 η는 입자 제거효율, C_0는 필터 상류측(upstream) 개수농도(#/cm^3), C_1는 필터 하류측(downstream) 개수농도(#/cm^3)이다.

필터의 압력손실(pressure drop, Δp)은 필터에 의해 발생하는 기류의 저항값을 압력으로 나타낸 것으로, 공기청정기기 가동 시 소비되는 에너지와 밀접한 상관관계를 가지고 있다. 압력손실 값은 각 섬유의 기류에 대한 저항력(drag force)의 합으로 나타나며, 필터의 두께와 기체의 속력에 비례하며 직경의 제곱에 반비례한다. 다양한 필터를 직접 비교하기 위해서는 입자 제거효율과 압력손실을 이용하여 다음과 같은 식으로 표현 가능한 필터특성계수(filter quality factor)를 도입한다.

$$q_F = \frac{-\ln(1-\eta)}{\Delta p}$$

여기서, q_F는 필터특성계수(Pa^{-1}), η는 입자 제거효율, Δp는 압력손실(Pa)이다.

입자 제거효율이 높고, 압력손실이 낮을수록 특성계수의 값은 커지고, 이는 필터의 성능이 더 좋은 것을 의미한다. 하지만 특성계수의 비교는 같은 유속, 같은 크기의 입자를 대상으로 하였을 때에만 가능하며, 현장에서 사용할 필터를 고려할 때에는 특성계수 뿐만 아니라 가격, 수명 등 다른 조건들도 고려해야 한다.

〈표 6.4〉 미국 ASHRAE 52.2에 규정된 최소효율보고값(MERV)의 분류

MERV	복합 평균 입자 크기 효율(%)			중량 효율 (%)	대상 오염물질	일반적인 적용처
	범위 1 (0.3~1.0μm)	범위 2 (1.0~3.0μm)	범위 3 (3.0~10μm)			
1			$E_3<20$	$A_{avg}<65$	꽃가루 먼지 진드기 분무 페인트 직물 섬유	주택 창문형 에어컨
2			$E_3<20$	$65\le A_{avg}<70$		
3			$E_3<20$	$70\le A_{avg}<75$		
4			$E_3<20$	$75\le A_{avg}$		
5			$20\le E_3<35$		곰팡이 포자 스프레이 시멘트 분진	상업 건물 산업 작업장
6			$35\le E_3<50$			
7			$50\le E_3<70$			
8			$70\le E_3$			
9		$E_2<50$	$85\le E_3$		레지오넬라 석탄 분진 용접 불꽃	병원 실험실
10		$50\le E_2<65$	$85\le E_3$			
11		$65\le E_2<80$	$85\le E_3$			
12		$80\le E_2$	$85\le E_3$			
13	$E_1<75$	$90\le E_2$	$85\le E_3$		박테리아 담배 연기 복사기 토너 재채기	입원실, 외과 흡연실 고급상용건물
14	$75\le E_1<85$	$90\le E_2$	$85\le E_3$			
15	$85\le E_1<95$	$90\le E_2$	$85\le E_3$			
16	$95\le E_1$	$90\le E_2$	$85\le E_3$			

필터의 성능을 나타내는 또 다른 기준으로는 ASHRAE 52.2의 시험 규격에서 도입된 최소효율보고값(Miminum-Efficiency Reporting Value, MERV)이 있다. 7개로 정해진 유속과 12개 구간으로 나눠진 0.3~10 μm의 입자를 이용하여 계수법으로 측정된 필터의 효율을 간편한 숫자 등급으로 나타낸 것이다.

최근에는 HEPA(High Efficiency Particulate Air) / ULPA(Ultra-Low-Penetration Air) 필터와 같이 MERV16 이상의 고효율 필터도 많이 사용되고 있다. 이러한 필터는 국제환경과학기술협회(IEST) 표준에 부합하는 성능을 토대로 MERV17~20 수준으로 할당되었는데, HEPA 필터는 0.3 μm 입자의 제거효율이 99.97% 이상인 필터를 말하며, ULPA 필터는 0.1 μm 입자의 제거효율이 99.999% 이상인 필터를 말한다. 이 필터를 평가하는 방법으로 프탈산디옥틸(DOP, dioctylphthalate) 입자를 사용하였으나 발암물질로 알려져 현재는 폴리알파올레핀(poly α-olefin, PAO) 합성유를 사용하여 입자 계수법을 적용한다. 이러한 고효율 필터를 적용하기 위해서는 필터가 설치되는 덕트와 필터 결합부 등이 완벽하게 밀봉되어야 한다.

③ 정전 필터

기존의 섬유 필터에서 입자의 제거효율을 증가시키기 위해서 필터의 섬유 공간밀도를 높였으나 이 경우 압력손실이 커져 운전비용이 증가하는 단점이 있다. 이러한 단점을 보완하기 위하여 정전기력을 이용하는 정전 필터(electret filter)가 진공청소기, 방진 마스크, 공기청정기 등에 널리 사용되기 시작하였다. 정전 필터에서도 차단, 관성 충돌, 확산에 의한 기계적인 메커니즘에 의한 입자 제거가 일반 필터와 마찬가지로 이루어지며, 추가적으로 필터의 섬유와 입자 사이에 형성되는 정전기력으로 인하여 입자를 포집하게 된다. 정전 필터는 제조 방법에 따라 필터 자체가 정전기를 갖게 되는 대전 필터와 외부의 강한 전기장에 의한 필터 섬유에 극성을 띠게 하는 유전 필터가 있다. 일반 필터의 경우 필터의 압력손실은 필터를 사용함에 따라 입자가 포집되면서 증가하는데, 포집된 입자는 다른 입자를 포집하는 역할을 하여 필터의 제거효율 역시 증가한다. 그러나 정전 필터는 포집되는 입자에 의하여 섬유의 전하가 중화되어 제거효율이 급격히 나빠지는 단점이 있다.

④ 항균 필터

바이오에어로졸이란 bio와 aerosol의 합성어로, 생물학적 기원을 가지는 공기 중 부유 입자상 물질을 의미한다. 바이오에어로졸은 작게는 수십 nm(10^{-9} m)에서 크게는 100 μm의 크기이며 세균, 곰팡이, 꽃가루, 이끼, 무척추 동물, 미세 곤충 등을 포함한다. 바이오에어로졸은 알맞은 실내환경조건에서 성장 및 번식하여 전염병을 일으키는 역할을 하거나 직접적으로 피부질환, 알레르기성 질환, 기관지 천식, 아토피 등을 유발하는 것으로 알려져 있다. 단순한 필터 여과 방법은 필터에 부착된 미생물의 번식 및 재탈착의 위험성과 미생물의 신진대사 활동에 의한 악취 및 휘발성유기화합물(MVOCs, microbial volatile organic compounds)에 노출될 수 있다. 이에 따라 최근에는 필터 표면에 항균 능력을 가지는 물질을 코팅하여 필터에 부착된 미생물의 생존력을 억제하는 방법이 사용되고 있으며, 다양한 항균제를 필터에 코팅하여 미생물의 성장 억제 능력을 평가하는 연구가 활발히 진행되고 있다.

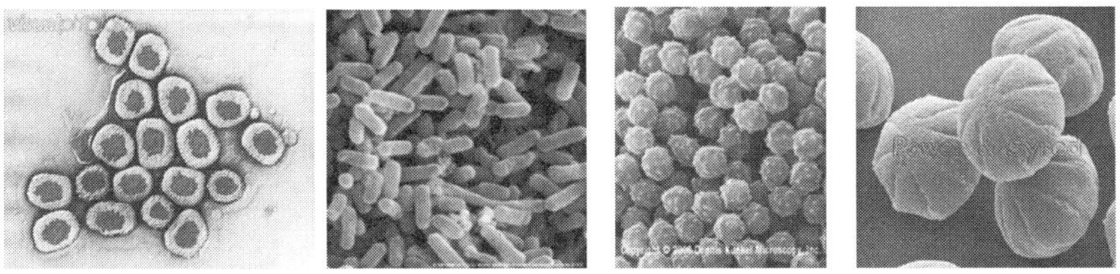

1) 바이러스 (smallfox) 2) 박테리아 (Escherichia coli) 3) 곰팡이 포자 (Aspergillus fumigatus) 4) 꽃가루 (Pitcher plant)

그림 6.18 다양한 바이오에어로졸

항균필터 제조에 사용되고 있는 항균제는 크게 유기 항균제와 무기 항균제로 나뉘며, 유기 항균제는 요소(urea)계, 트리아진(triazine)계, 알데하이드(aldehyde)계 등의 화학적 합성 물질과 동물, 미생물, 효소, 식물 등에서 얻어지는 천연 항균제로 나뉜다. 화학적 유기 항균제는 고성능의 항균 능력을 보이나, 폼알데하이드(formaldehyde) 등 인체 유해물질 발생의 위험성 및 지속성이 미흡하다는 단점이 있다. 천연 유기 항균제는 갑각류의 껍질을 가수분해 및 탈아세틸화(de-acetylation)하여 얻어지는 키토산(chitosan), 방선균(Streptomyces)을 이용한 발효과정에서 얻어지는 아미노 화합물(amino compound), 허브 추출물, 김치효소 추출물 등이 사용되고 있다. 천연 유기 항균제는 화학적 유기 항균제보다 인체에 안전할 수 있으나 장시간 사용 시 변질되어 항균 능력이 감소될 수 있다는 우려가 있다. 무기 항균제는 은, 구리 등의 무기금속 항균제와 토르마린 등의 이온이 발생되는 전기석 등이 사용되고 있다. 또한 최근에는 탄소나노튜브(CNT, carbon nanotube)를 필터 표면에 코팅하여 항균 능력과 필터의 포집 성능을 동시에 향상시키는 연구도 진행되고 있다. 무기 항균제는 항균력의 지속성이 반영구적이고 열안정성이 높다는 장점이 있으나, 최근 나노 입자 호흡기계 침착의 인체 유해성이 이슈화 되면서 안전한 코팅 방법을 찾기 위한 노력이 진행되고 있다.

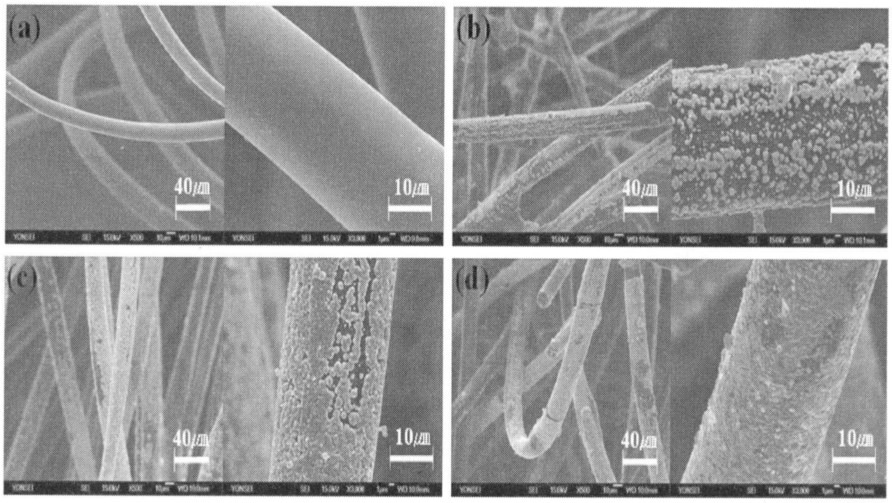

그림 6.19 은나노입자가 코팅된 항균 필터

한편, 장시간 항균 필터를 사용할 경우, 필터에 부착된 먼지에 의해 항균 필터의 항균력이 감소된다는 연구도 보고되었다. 바이오에어로졸은 먼지와 함께 대기 중에 비산되어 있으므로, 항균 물질이 코팅되어 있는 필터 섬유 표면에 먼지가 쌓이면, 필터에 포집되는 바이오에어로졸과 항균 입자의 접촉확률이 감소하여 항균 필터의 항균 능력이 감소하게 된다. 또한 대기 중 먼지에 포함된 영양성분은 필터에 포집된 미생물의 성장을 유발할 수 있다. 따라서 항균 필터의 항균력이 충분히 저하되기 이전에 필터를 교체할 수 있도록 필터에 포집된 먼지와 항균 필터의 항균력의 상관관계를 비교하는 연구가 진행되고 있으며, 필터의 전단에서 공기 이온을 발생시켜 필터에 포집된 미생물이 공기 이온에 지속적으로 노출되도록 하는 항균 필터링 시스템 연구도 활발히 진행 중이다.

2.2.2 전기집진기

전기집진기(electrostatic precipitator)는 코로나 방전(corona discharge)을 통해 생성된 양 또는 음이온이 입자를 하전시키고 반대 극성으로 대전되어 있는 집진판에 하전된 입자를 포집시키는 기술로, 처리유량이 크고 압력손실이 작으며, 고농도의 입자를 처리할 수 있다는 장점이 있다. 전기집진기는 입자를 하전하는 전리부와 입자를 포집하는 포집부로 나눌 수 있는데, 전리부와 포집부가 일체로 구성되어 입자의 하전과 포집이 동시에 이루어지는 것을 1단식 집진기라고 하며 전리부와 포집부가 별개로 구성된 것을 2단식 집진기라 부른다.

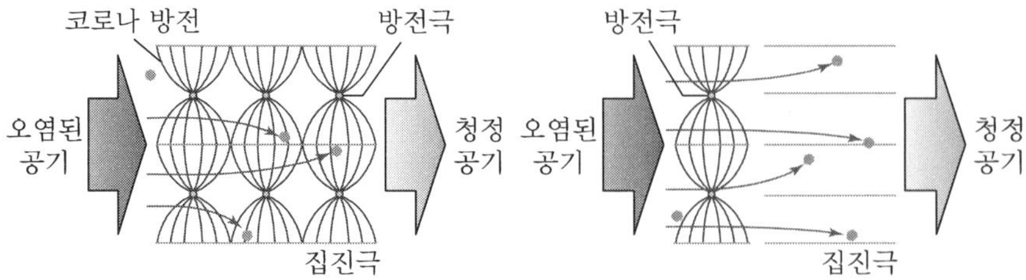

그림 6.20 전기집진기의 개요도(좌 : 1단식, 우 : 2단식)

① 입자의 하전

전기집진기에서는 하전된 입자가 포집부에 형성된 전기장에 의해 쿨롱힘을 받아 포집판에 붙는 것으로, 입자의 하전값과 전기장의 세기가 전기집진기의 성능에 중요한 변수가 된다.

공기 중에 존재하는 양이온과 음이온이 입자와 충돌하면 입자가 하전을 띄게 되는데, 이때 한 종류의 이온이 공간상에 존재할 경우 단극성(unipolar) 하전, 두 종류의 이온이 모두 존재할 경우 양극성(bipolar) 하전이 발생한다. 양극성 하전은 반대되는 두 극성을 띈 입자와 이온에 의해 입자가 중화(neutralization)되어 전기력이 감소될 수 있기 때문에 전기집진기의 하전은 주로 단극성으로 이루어진다. 단극성 하전을 하는 경우 이론상으로는 양이온(positive)과 음이온(negative)의 차이는 존재하지 않으나, 실내공간에서 사용되는 전기집진기의 경우에는 이온과 함께 오존의 발생량을 우선적으로 고려해야 하기 때문에 양이온 발생을 통해 오존의 발생량을 줄인다.

입자의 하전에는 두 가지 차별화된 방법이 있는데, 하나는 전기장에 의해 이온이 움직여 입자와 충돌하는 전기장 하전(field charging)이며, 다른 하나는 이온의 브라운 운동에 의하여 입자와 충돌하는 확산 하전(diffusion charging)이다. 일반적으로 $1\,\mu$m 이상의 입자에 대해서는 전기장 하전, $0.1\,\mu$m 이하의 입자에 대해서는 확산 하전이 지배적인 것으로 알려져 있다.

전기장 하전은 전기장 내부에 입자가 존재하는 상황에서 발생된 이온이 전기장에 의해 힘을 받아 입자에 충돌하는 것이다. 전기장 내부에 입자가 존재하면 입자의 유전율(dielectric constant)에 따라 전기장이 뒤틀리며 뒤틀린 전기장을 통해 이온이 입자에 충돌하게 된다. 입자의 하전량이 증가함에 따라 전기장은 이온과 입자의 충돌이 줄어드는 형태로 뒤틀리게 되며, 최종적으로 어느 양에 도달하면 이온이 입자에 도달할 수 없는 포화하전(saturation charge) 상태가 된다. 세기 E인 전기장 내부에 N_i 만큼의 이온 개수농도가 존재할 때, t초 동안 하전되는 입자의 전하량 n은 다음과 같은 식으로 나타내어진다.

$$n = \left(\frac{3\epsilon}{\epsilon+2}\right)\left(\frac{Ed^2}{4e}\right)\left(\frac{\pi e Z N_i t}{1+\pi e Z N_i t}\right)$$

여기서, ϵ는 입자의 유전율, d는 입자의 직경, Z는 이온의 전기이동도, e는 기초 하전량 (1.6 × 10^{19} C)이다.

확산하전은 외부의 전기장이나 입자의 물질과는 상관이 없이 이온과 입자의 브라운운동에 의한 충돌로 생기는 것이다. 충돌에 의해 입자의 하전이 진행될수록 입자의 반발력이 커져 충돌하는 이온의 양이 점차 줄어들어 하전량이 포화된다. 확산하전에 의한 입자의 하전량 n 은 다음 식으로 나타내어진다.

$$n = \frac{dkT}{2e^2}\ln\left[1+\frac{\pi d c_i e^2 N_i t}{2kT}\right]$$

여기서, c_i는 이온의 평균속도(240 m/s), N_i는 이온농도, k는 볼츠만 상수, T는 온도이다.

② 전기집진기의 입자 제거율

입자가 포함된 공기에서 입자가 완전히 섞이는 경우, 포집판에 아주 근접한 입자만 제거될 수 있다.

그림 6.21에서 짧은 시간 dt 동안 입자가 움직일 수 있는 거리는 $V_{TE}\,dt$이며, 이 거리 내에 존재하는 입자들은 모두 제거된다. 그리하여 제거되는 입자의 비율은 전기집진기의 단면에 대한 고리부분의 면적의 비로 계산되어 다음과 같이 나타난다.

$$\frac{dN}{N} = -\frac{2\pi R V_{TE}\,dt}{\pi R^2}$$

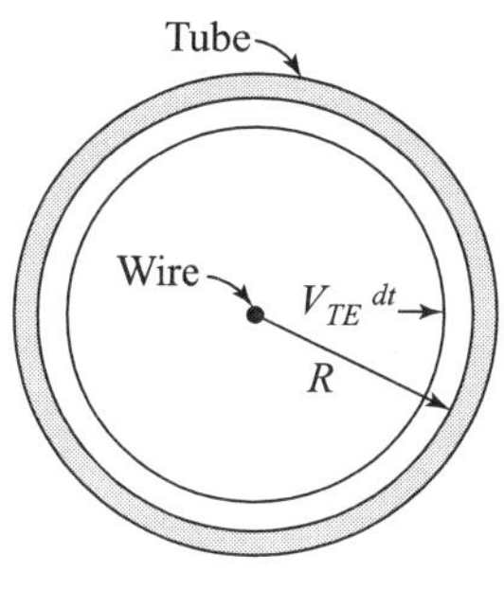

그림 6.21 전기집진기의 입자 제거율

앞의 식을 적분하면 전기집진기에 의한 입자 제거효율을 나타내는 Deutch-Anderson 식이 다음과 같이 정리된다.

$$E = 1 - \exp\left(-\frac{V_{TE}A}{Q}\right)$$

여기서, A는 포집면적, Q는 전기집진기 내부의 유량이다. 이 식을 통해 집진기의 크기, 유량을 결정하여 목표 제거효율에 맞는 설계를 수행한다.

이러한 방전을 통한 전기집진방식은 주어진 운전조건에 따라 차이는 있으나 중량법에 의한 제거효율이 약 99%이다. 또한, 여과방식에 비해 낮은 압력강하로 인한 유지비와 한 번 설치 후에 추가적으로 변동비가 들지 않아서 경제적이지만 제거효율은 HEPA 필터나 ULPA 필터에 크게 미치지 못하여 고청정을 유지하는 곳에서는 쓰이지 않는다. 앞서 설명한 바와 같이 질량기준으로 99% 이상의 효율을 가진다고 알려져 있지만, 0.05 μm 이하의 나노입자는 부분하전(partial charging)의 문제로 제거효율이 떨어지고 방전방식 및 형태에 따라 오존 및 NO_x가 발생되는 문제점이 있다.

2.3 가스상 물질의 제거

2.3.1 흡착법

① 흡착의 원리

흡착은 무수히 많은 작은 구멍들을 갖는 활성탄, 활성백토, 규조토 등의 표면에 가스상 물질이 물리적 또는 화학적으로 부착되어 제거되는 방법이다. 물리적 흡착은 흡착제의 표면에서 반 데르 발스 힘(van der Waals force)에 의해 제거하고자 하는 흡착질(adsorbate)이 흡착제(adsorbent) 표면에 붙는 것이며, 화학적 흡착은 흡착제와 제거 대상 가스가 표면에서 반응하여 흡착제의 외부에서 화합물이 형성되는 것이다. 흡착시 발생하는 발열량은 물리적 흡착의 경우 흡착제 표면에서 결합력이 작아 응축열 수준에 불과하지만, 화학적 흡착의 경우 흡착제와 제거 대상 가스간 전자, 이온 교환이 발생하여 발열량이 상대적으로 높으며 비가역적인 경향이 많다.

흡착효율에서 가장 중요한 변수는 흡착제의 표면적과 흡착제와 제거 대상 가스의 친화성(affinity)이다. 흡착은 표면에서만 발생하기 때문에 흡착효율을 높이기 위해서는 흡착제의 표면적이 넓어야 한다. 이러한 표면적은 단순한 겉보기 면적이 아닌 흡착제 내부의 공극에 의하여 결정된다. 흡착제의 표면적을 구하는 데 BET (Brunauer-Emmet-Teller) 측정이 사용되고 있는데, 이는 주어진 온도에서 유체 상 오염 가스의 농도와 흡착제에서 흡착되는 오염 가스의 평형관계를 통해 시료의 비표면적을 측정하는 것이다. 그리고 제거 대상 가스에 따라 흡착제의 종류를 다르게 사용하는데, 물과 친화성이 높은 실리카 겔(silica gel)은 공기 중 습기를 제거하기 위하여 사용되며, 활성탄(activated carbon)은 CO, CO_2, 다양한 유기화합물의 제거에 탁월한 효과를 보인다. 이러한 친화성은 흡착제의 공극(pore)의 크기를 이용하여 조정할 수 있다. 공극의 크기가 30 Å이면, NH_3, H_2O와 같은 가벼운 가스들이 흡착되며, 40 Å으로 공극의 크기를 증가시키면 CO_2, SO_2, H_2S 등과 같이 좀 더 큰 분자들이 흡착되며, 공극의 크기를 더욱 증가시키면 벤젠, 톨루엔 등과 같은 가스도 흡착이 가능해진다.

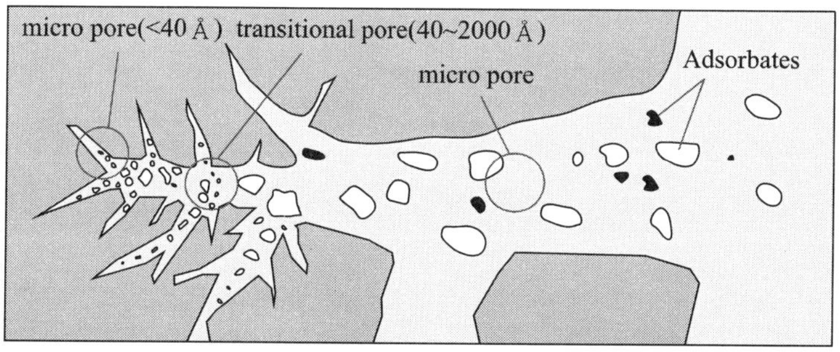

그림 6.22 활성탄의 세공 구조

② 흡착제의 종류와 특성

활성탄은 목재, 석탄 등의 탄소 물질을 탄화, 활성화 공정을 통해 분자크기의 공극을 발달시킨 것으로, 1,000 m^2/g 이상의 매우 큰 비표면적을 가지고 있으며, 2 nm 수준의 micropore, 2～50 nm 크기의 mesopore, 50 nm 이상의 micropore 등 다양한 크기의 공극이 동시에 형성되어 있어 액상 및 기상의 각종 오염물질을 제거하는데 가장 광범위하게 사용되고 있는 흡착제이다. 저농도의 오염 가스를 제거하는 데 효과가 크며, 유기화합물에 대한 친화도는 높으나 수증기에 대한 친화도가 낮다. 활성탄과 낮은 친화성을 가진 가스를 제거하기 위해 활성탄에 화학물질을 담지시켜 사용하기도 한다. 펠렛(pellet)으로 제작되어 틀에 넣어 흡착 베드로 사용되거나, 섬유로 제작하여 필터를 제조한 뒤 입자 제거필터와 동시에 사용되기도 한다.

제올라이트는 AlO_4와 SiO_4의 기본구조가 무한히 연결되어 있어 3∼10 Å 정도의 일정한 크기를 갖는 나노공극들이 규칙적으로 배열된 광물이다. 알루미늄 원자가 있는 곳마다 음전하를 하나씩 수용하고 있어 이를 상쇄시키기 위해 공극이 주로 물분자들로 채워져 있으며, 가열하여 탈수시킨 제올라이트들은 내부의 비어있는 공극에 물분자를 비롯한 작은 분자를 흡입하여 에너지를 낮추려 한다. 이러한 이유에서 탈수된 제올라이트는 뛰어난 흡착 성능을 보이며, 세공 내부의 강한 극성으로 인해 극성 분자에 대한 친화도가 높다.

일상생활에서도 쉽게 접할 수 있는 실리카겔은 황산과 규산소다의 상호 화학작용으로 형성되며, 주로 물과 알코올 등을 흡착하는데 사용되며, 알루미나는 내열성이 뛰어나고 산, 알칼리 등에 거의 영향을 받지 않아 낮은 비표면적에도 불구하고 다양한 공정에서 사용되고 있다.

2.3.2 흡수법

흡수(absorption) 또는 습식 스크러빙(wet scrubbing)은 고체 또는 액체용제에 가스상 오염물질을 흡수시켜 제거하는 것이다. 흡착과 흡수의 가장 큰 차이점은 반응이 발생하는 지점이다. 흡착은 표면에서 반응하는 것으로 제거 대상 가스는 흡착제의 표면에 고정되지만, 흡수는 기체 분자가 용재의 내부로 투과, 확산되어 농도가 증가하는 것이다. 그렇지만 흡수효율은 액체와 기체의 계면 면적에 비례하므로 이를 높이기 위해 흡수탑 내부에 충전물을 충전하여 흡수액을 살포하는 충전탑(packed tower) 방법, 스프레이로 흡수액 액적의 크기를 줄이는 분무탑(spray tower), 고속의 유체 제트를 발생시킨 뒤 가스를 통과시키는 벤추리 스크러버(venturi scrubber) 등 다양한 형식의 스크러버 등이 사용되고 있다. 습식 스크러빙은 유체 내에 존재하는 유해가스뿐만 아니라 입자상 물질을 동시에 제거할 수 있다는 장점이 있다.

오염 가스를 제거하기 위해 필요한 흡수액의 양을 구하기 위해서는 유체에서 오염가스의 농도와 흡수액에서 오염가스의 농도의 평형상태를 계산하여야 한다. 이때 적용되는 것이 헨리의 법칙(Henry's law)으로, 동일한 온도에서 같은 양의 액체에 용해될 수 있는 기체의 양은 기체의 부분압과 정비례한다는 것이다. 이를 식으로 나타내면 다음과 같다.

$$P = Hx$$

여기서, P는 유해가스의 부분압이며, x는 용매에 녹아있는 유해가스 용질의 농도, H는 압력/농도의 단위를 갖는 상수이다. 헨리의 법칙은 부분압이 낮은 저농도의 조건에 적합하다.

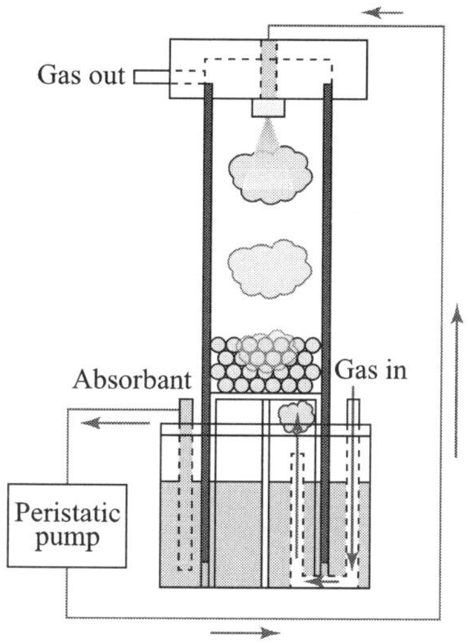

그림 6.23 습식 스크러버의 개요도

2.3.3 저온 플라즈마

최근에는 설치비와 유지비가 저렴하고 고효율을 가지는 전기적 방식의 유해가스 분해기술이 많이 대두되고 있다. 저온 플라즈마 기술은 상온에서 특수한 방전방식으로 플라즈마를 발생하여 나오는 반응활성종으로 유해가스를 분해하는 기술로 이는 악취, VOCs, NO_x, CFCs 등 대부분의 유해가스에 적용이 가능하다. 유전체 배리어 방전(DBD, Dielectric Barrier Discharge) 외에 코로나 방전, 마이크로웨이브 방전, 라디오주파수 방전 등이 있고, 공기청정 기술에 주로 이용되는 기술은 DBD 방전 기술이다.

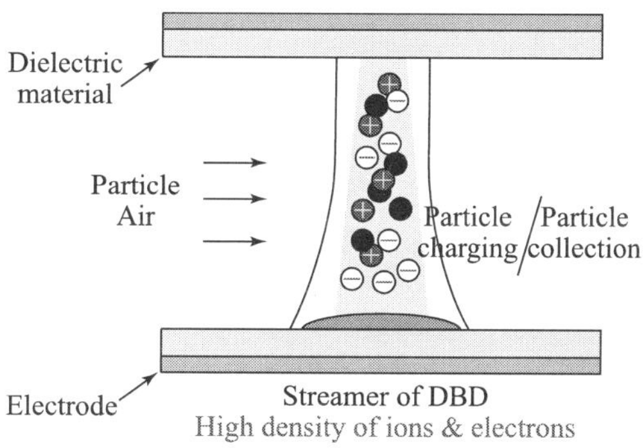

그림 6.24 DBD 방전

DBD 방전은 고전압이 인가되고 접지되는 양전극 사이에 세라믹과 같은 유전체를 두어 특수한 방전 시스템을 형성시켜 플라즈마를 발생시키고, 이때 발생되는 플라즈마의 온도는 낮지만(상온~1,000 K), 전자(electron)의 온도를 10,000~100,000 K로 높게 유지시킴으로써 원하는 사용 목적에 따라 다양하게 적용된다. 이는 보통 상압에서 한 쌍의 전극에서 한쪽 또는 양쪽 전극의 표면을 유리 등의 절연체(혹은 유전체)로 감싸고 전극간의 간격은 수 mm 이내로 하여, 전극 사이에서 직접방전이 일어나지 않도록 하고 교류 전압을 가하는 경우로 유전체의 전하축적(charge build-up) 현상을 이용하여 교류전원에 의해 인가되는 전압효율을 극대화시켜서 micro discharge를 통한 균일한 스트리머(streamer)를 얻는다. 원래 DBD 방전 기술은 수처리에서 정수 및 하수 정화와 살균, 표백 등의 분야에 많이 이용되는 오존 발생장치로 주로 이용된 기술이다. DBD 방전시 높은 에너지를 가진 고농도 전자의 충돌현상으로 반응활성종(radical)이 생성되는데, 이것을 유해가스의 분해에 이용하는 것이 기술의 기본 내용이다.

2.3.4 산화법

산화법은 가스상 물질을 산화시켜 제거함으로써 위생적으로 유해도가 작은 농도 상태로 변화시킨다. 산화법에는 높은 온도에서 직접 산화시키는 연소법과 백금, 팔라듐 등의 촉매를 사용해서 상온보다 약간 높은 온도에서 산화시키는 촉매산화법이 있다.

촉매를 이용한 산화에는 주로 광촉매가 사용되는데, 광에너지에 의한 화학적 반응을 유도하여 공기 중에 존재하는 유해가스들을 분해하는 광촉매로는 주로 TiO_2가 사용된다. TiO_2는 3.2 eV의 띠간격(band gap) 에너지를 가지는데, 3.2 eV 이상의 에너지를 가지는 자외선이 조사되면, 광촉매에서 전자여기(electron excitation)가 일어난다. 전자가 여기된 광촉매는 강력한 반응활성종들을 생성하여 유해가스를 분해하게 된다. 촉매의 활성을 높이기 위하여 촉매의 표면적을 증가시키기 위해 나노입자 크기로 촉매를 제조하는 기술이 발달해왔으며, 이렇게 제조된 나노입자 촉매 특성에 대한 연구도 계속되고 있다.

2.4 요약

여기에서 소개한 많은 저감기술들은 이미 오래전부터 정립된 이론을 통해 실생활에서 많이 사용되어 왔으나, 실내공기질에 대한 관심이 높아지고 관련 법규가 강화됨에 따라 고효율, 최적화, 새로운 소재에 대한 연구가 활발히 이뤄지고 있다. 대상 물질과 공간, 목적에 따라 적합한 공기청정 기술을 적용할 수 있도록 각각에 대한 이해도를 높여야 할 것이다.

참고문헌

1. 한국공기청정협회, '공기청정편람', 서울, 2016.
2. 한국공기청정협회, '에어필터 품질인증 운영규정', 서울, 2010.
3. ASHRAE, 'Method of testing general ventilation air-cleaning devices for removal efficiency by particle size', Standard-52.2, 2007.
4. Spengler, J. D., Samet, J. M. and McCarthy, J. F., 'Indoor Air Quality Handbook', McGraw-Hill, 2000.
5. Zhang, Y., "Indoor Air Quality Engineering", CRC Press, 2004.
6. Hinds, W. C., 'Aerosol Technology: Properties, Behavior, and Measurement of Airborne Particles,' Wiley, 1999.
7. Brown, R. C., 'Aerosol Filtration', Peragamon Press, 1993.

양원호 교수

7
실내공기질의 위해성 평가

사람들은 하루 중 대부분의 시간을 실내환경에서 생활하기 때문에 다양한 유해인자에 노출되어 건강영향(health effects)을 받을 수 있으며, 건강영향을 정량적으로 평가하는 것이 위해성 평가이다. 위해성 평가는 실내환경 내 유해인자의 기준을 설정하는데 활용될 수 있다.

제 1 절 위해성 평가

위해성 평가는 유해물질 노출에 따른 건강영향을 야기하는 요인을 평가하는 것이다. 유해인자에 노출되어 나타날 수 있는 개인 혹은 인구집단의 건강영향을 확률적으로 추정하는 과정이며, 발생 가능한 영향을 정성 또는 정량적으로 추정하는 과정이다. 하지만 환경유해인자 거동의 복잡성, 생물계 반응의 다양성, 건강영향의 개인차 등을 정확하게 기술하고 위해성 평가에 반영하기는 불가능에 가깝다. 따라서 위해성 평가에는 여러 가지 가정(assumption)과 불확실성(uncertainty)이 필수적으로 존재한다. 그럼에도 불구하고 위해성 평가는 개인 또는 인구집단이 건강 유해요인에 노출됨에 따라 발생되는 부정적 또는 긍정적 건강영향을 추정하기 위해 현재 가지고 있는 최선의 과학적 도구임을 부정할 수는 없다(양원호, 2007).

유해성(hazard)이란 장해를 야기할 수 있는 물질이나 행동을 일컬으며 위해의 근원이라고 정의한다. 위해성(risk)은 유해인자의 특정농도나 용량에 노출된 개인 또는 집단에게 나쁜 영향이 발생할 확률(probability) 또는 가능성(likelihood)으로 정의한다. 사람이 환경적 유해인자에 노출되었을 경우, 발생 가능한 영향을 정성 또는 정량적으로 추정하는 과정이다. 위해성과 유해성의 관계를 식으로 표현하면 다음과 같다.

위해성(risk) = 유해성(hazard) × 노출량(exposure)

위해성 평가 방법이 보편적으로 받아들여지고 있는 것은 미국 국가연구위원회(NRC, National Research Council)에 의해 고안된 유해성 확인(hazard identification), 용량－반응 평가(dose-response assessment), 노출평가(exposure assessment) 및 위해성 결정(risk characterization)의 주요 4단계이다.

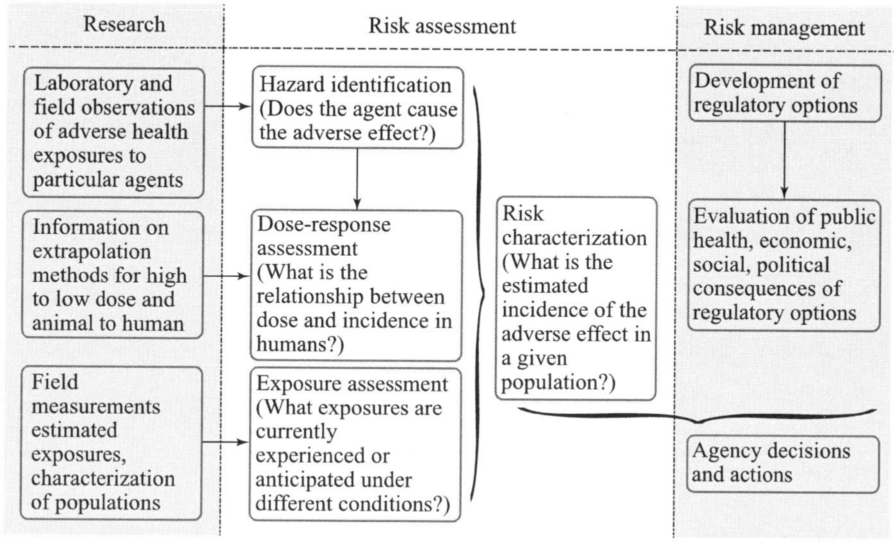

그림 7.1 위해성 평가 및 관리(US NAS/NRC)

제 2 절 실내공기질의 위해성 평가 및 관리

2.1 유해성 확인(hazard identification)

위해성 평가의 첫 번째 단계로 부정적 건강영향을 야기하는 환경의 물리적, 화학적, 생물학적 인자를 확인하는 것이다. 유해를 확인하는 것은 정성적 과정으로, 유해인자의 부정적 건강영향은 일반적으로 발암 또는 비발암으로 구분한다. 발암 영향은 동물 또는 인간에게 종양(암)의 발생 또는 증가를 일으키며, 비발암은 기관 손상, 신경계 손상, 기형아 출산, 성장문제 등을 말한다. 유해인자의 건강영향 가능성을 평가하기 위한 기본은 현존하는 자료를 검토하는 것이다. 대상 유해인자의 동물 실험자료, 사람에 대한 자료(역학연구), 독성자료, 인체를 대상으로 한 인위적 실험자료, 물리화학적 성질에 관한 자료 등이다. 환경독성, 급성독성, 신경독성, 생식독성, 최기형성, 아급성, 만성독성, 유전독성, 발암성 시험 등의 동물실험 자료와 인구집단에서 나타나는 질병의 발생과 분포에 관한 역학조사자료 및 보충자료를 통해 가능한 모든 유해성 자료를 수집, 분류, 검토하여야 한다. 역학연구와 인체를 대상으로 한 인위적 자료가 가장 적절하지만 자료의 부족에 따른 통계적 한계 및 윤리적 문제 등 제약이 많다. 따라서 인간 유해성을 평가하기 위한 일반적 자료원은 동물실험에 의한 것이다.

2.2 용량(노출량) - 반응평가(dose-response assessment)

모든 물질은 일정 용량(노출량)에서 독성을 나타낼 수 있기 때문에 독성학자들의 주된 목적은 노출 수준의 안전과 불안전의 경계를 구분하는 것이다. 용량-반응 평가는 유해인자의 흡수된 양과 건강영향 관계를 특정 짖는 과정으로, 동물의 생물검정(bioassay, 어떠한 물질의 시험유기체에 대한 결과를 이의 기준유기체에 대한 결과와 비교함으로써 당해물질의 상대적인 유해성을 결정하는 것)이 독성 정보의 가장 일반적인 자료원이다(김오식, 1994). 인간에 대한 용량-반응 관계는 2가지 주요 외삽(extrapolations)이 필요하다. 첫째, 고노출 상태에서 관찰된 영향이 저노출 상태를 유효하게 예측할 때 사용된다. 둘째, 동물실험에서 관찰된 영향이 인간의 영향을 예측하는데 사용된다. 결국 용량-반응 평가는 인체가 유해물질의 특정 용량에 노출되었을 경우, 유해한 영향이 발생할 확률이 어느 정도인가를 추정하는 과정으로, 유해인자(환경오염물질, 실내공기 오염물질 등)에 대한 인체 영향을 역치(threshold) 존재 유무에 기본 가정을 두고 발암물질 혹은 비발암물질로 구분한다.

발암물질(carcinogens, nonthreshold effects)의 경우 역치가 존재하지 않으며 아무리 적은 용량에 노출되어도 암 발생 가능성에 미치는 강도가 증가한다고 가정한다. 발암물질의 독성값은 발암력(potency factor 또는 cancer slope factor)로 표현되며 보통 SF로 나타낸다. 이 값은 발암을 나타내는 용량-반응 함수의 기울기[단위$(mg/kg/day)^{-1}$]이며, 하루에 체중 1 kg당 1 mg 만큼의 유해인자에 노출되었을 때 증가하는 발암 확률을 의미한다. 용량-반응 모델은 매우 높은 불확실성을 갖고 있다. 따라서 미국 환경청에 의하면, 발암력은 용량-반응 곡선에서 선형계수의 95% 신뢰계수를 고려한다. 발암물질의 용량-반응 관계 모델은 one-hit, multistage, Weibull 등이 있으며, 이런 모델들은 고용량 부분에서는 비슷한 결과를 보였지만, 저농도에서는 다른 반응관계를 나타내고 있다. 이것은 특정 모델이 모든 용량-반응 관계를 나타낼 수 없음을 보이는 것이다. 발암물질에서 많이 사용되는 단위위해도(unit risk)는 건강한 성인이 임의의 오염물질에 단위농도로 평생 동안 노출되어 생활할 때 이로 인해 발생될 수 있는 초과 발암 확률로 발암력과 성인 평균 체중 및 일일 호흡률을 고려하여 산출되며 $\mu g/L$ 또는 $\mu g/m^3$당 위해도로 표현한다(임영욱 등, 2006).

$$\text{단위위해도} = \frac{\text{발암력}[(\text{mg/kg/day})^{-1}] \times \text{접촉률}(\text{m}^3/\text{day}) \times 10^{-3}}{\text{평균체중}(\text{kg})}$$

* 접촉률 : 매체와 신체가 접촉하는 율(일일 호흡량 20 m^3/day, 음용수 2 L/day)

비발암 독성물질의 경우 일정 용량, 즉 역치용량 이상에 노출되어야 유해영향이 관찰된다는 가정을 전제로 하고 있다. 다양한 장기와 전신에 영향을 미치지만 암을 일으키지는 않는다. 비발암물질의 경우 일반적으로 그림 7.2와 같은 모형의 용량-반응관계를 갖는다고 가정한다. 비발암물질의 용량-반응관계를 보면 어느 수준의 용량까지는 지속적으로 노출되어도 건강에 영향이 없는 역치가 있음을 알 수 있다.

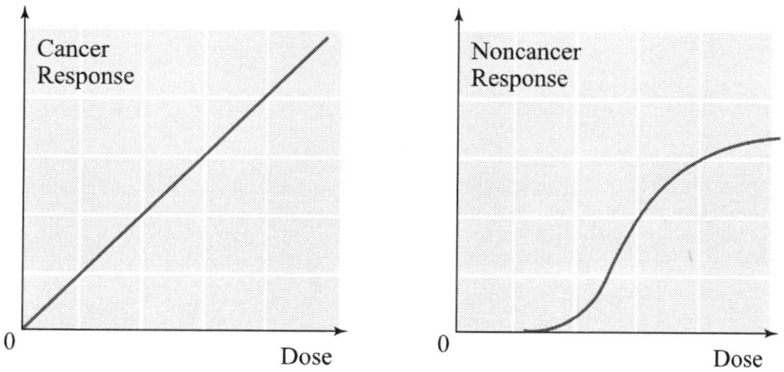

그림 7.2 발암 및 비발암 물질의 용량-반응 곡선

주로 동물실험에서 얻은 무영향용량(NOAEL, No Observable Adverse Effect Level)으로부터 불확실성(UF, Uncertainty Factor)을 보정한다. UF 10은 일반적으로 인간집단에서 민감도와 동물에서 인간으로의 외삽이다. 그러나 이 수준을 결정하기란 쉽지 않으므로 영향이 관찰되는 최저수준(LOAEL, Lowest Observable Adverse Effect Level)을 찾기도 한다. 이러한 관찰수준을 근거로 가능한 인체허용수준인 RfD (Reference Dose, 기준노출량)을 결정한다. 기준노출량(RfD)은 일생동안 민감집단을 포함한 인간이 어떤 물질에 평생 노출되었을 경우 유해한 영향 또는 위해가 발생하지 않을 것으로 기대되는 일일노출허용량이다(US EPA, 1989).

$$\text{RfD}(\text{mg/kg/day}) = \frac{\text{NOAEL or LOAEL}(\text{mg/kg/day})}{(\text{UF}_\text{H})(\text{UF}_\text{A})(\text{UF}_\text{S})(\text{UF}_\text{L})(\text{UF}_\text{D})(\text{MF})}$$

여기서, UF (uncertainty factor) : 불확실성 계수, MF (modifying factor, 3∼10) : 보정계수(보정계수는 특히 전문가의 판단에 의존함), UF_H : 인간집단 내 민감도 차이 반영(10), UF_A : 동물실험 결과에서 인간에게 미치는 영향을 추정(10), UF_S : 아만성의 결과를 만성 적용(3∼10), UF_L : NOAEL 대신 LOAEL을 사용할 때(3∼10), UF_D : 동물실험 자료가 불충분할 때(3∼10).

2.3 노출평가(exposure assessment)

노출평가란 환경오염물질(유해인자) 접촉의 양적 또는 질적 평가이다. 접촉에는 강도, 빈도 및 기간, 노출 경로(피부, 경구, 호흡기), 흡수율이 연관되며, 실제적으로 접촉을 통하여 유입되는 양(용량, dose)과 인체에 흡수되는 양(내부용량, internal dose)이다. 노출은 발암물질의 LADD (Lifetime Average Daily Dose) 또는 CDI (Chronic Daily Intake)와 비발암물질의 ADD (Average Daily Dose)로 표현된다. 용량-반응평가로부터 오염물질에 단위농도의 노출로 부과될 수 있는 위해도를 산출하였으나, 실제적인 노출환경으로부터 노출 가능한 인구집단(예 : 근로집단, 학생, 가정주부 등)이 어느 정도의 위해에 처해 있는지를 알기 위해서 노출량을 평가한다. 오염물질에 노출 우려가 있는 인구집단에서 위해가 발생할 수 있는 정도를 결정하기 위해서 인체노출량을 평가하며, 만성노출을 포함하여 대부분의 경우 mg/kg/day(오염물/체중/1일)로 표현한다. 인체노출량은 노출된 인구집단의 크기, 노출강도(magnitude), 일일 호흡률, 체중, 노출빈도(frequency), 노출기간(duration), 노출경로, 기대수명 등의 노출변수를 고려하여 산출할 수 있으며, 노출 시나리오(scenario)를 가정하여 노출량을 산정할 수도 있다.

비발암물질에 대한 장기적 노출을 평가할 때 노출은 노출기간에 대한 평균노출을 사용하여 계산하고, 발암물질의 경우는 평생에 대한 총 누적용량 할당에 의해 계산한다. 이러한 이유로 위해성평가에서는 비발암물질의 경우 평균시간(averaging time)을 노출기간과 동일하게 적용하고, 발암물질의 경우 기대수명(대부분 70년)을 적용하고 있다(EPA, 1997).

$$\mathrm{LADD\,(mg/kg/day)} \ \text{또는} \ \mathrm{ADD\,(mg/kg/day)} = \frac{\mathrm{CA \times IR \times ED \times AF}}{\mathrm{BW \times AT \times 1000}}$$

여기서, CA : 유해인자 농도(음식 : μg/kg, 음용수 : μg/L, 공기 : $\mu g/m^3$), IR : 호흡율(음식 : μg/hr, 음용수 : L/hr, 공기 : m^3/hr), ED : 노출기간[hr=ET(노출시간, hr/day) × EF(노출빈도, day/year) × ED(노출기간, year)], AF : 흡수분율, BW : 체중(kg), AT : 평균시간[days, (발암물질 또는 만성영향 : 70년(25,550일), 비발암물질 또는 급성영향 : AT=ED]

오염물질의 농도는 인체와 접촉하고 있는 매체(공기, 물, 음식, 토양 등) 내에서 오염물질의 농도를 나타내고, 흡수분율은 오염물질에 노출되어 인체로 들어가는 총 오염물질의 유효분율을 말한다. 일반적으로 흡수분율이 결정되지 않은 물질들은 인체에 노출된 양의 100%가 흡수된다고 가정하고 있다. 노출평가에서 일반적으로 가정하는 노출계수를 표 7.1에 나타내었다(국립환경과학원고시, 2015).

〈표 7.1〉 위해성 평가를 위한 인체 노출계수

항 목		구분	노출계수	표준편차
체중(kg)		성인남자	70.6	0.1
		성인여자	57.8	0.1
		성인 전체 평균	64.2	0.1
평균수명(년)		남자	75.1	
		여자	81.9	
		전체 평균	78.6	
인구유동성(거주기간, 년)		평균	8.8	
		95백분위수	25	
접촉률	호흡량(m^3/day)	성인남자	15.7	1.2
		성인여자	12.8	0.9
		성인 전체 평균	14.3	
	물 섭취량(L/day)	순수 물	1.2	
		음료	0.3	
		전체	1.5	
	토양 섭취량(mg/day)	어린이(7세 이하)	118	
		성인	50	

2.4 위해도 결정(risk characterization)

위해도 결정은 목적 유해인자에 용량－반응평가 및 노출평가 단계에서 도출된 정보를 종합하는 과정으로 대상 인구집단이 평가 대상물질에 노출되어 악영향이 발생할 확률을 결정하는 것이다. 앞 단계에서 수행한 정량적인 계산 결과를 해석하고 계산상에서 수반될 수 있는 불확실성에 대해 평가하여 의사결정에 적절히 적용할 수 있도록 하는 단계이다. 위해성 평가 방법은 인체 노출량의 산정 후 물질을 발암성·비발암성 유해물질로 구분하여 위해도를 산정한다. 또한 일반적으로 위해도 결정은 최대 노출농도를 이용하여 최악의 상황(worst case scenario)과 합리적 노출농도(reasonable exposure)를 같이 계산한다(Hoddinott et al., 2000).

2.4.1 발암 위해도의 정량화

실제 공기오염물질 노출에 따른 초과 발암 위해도(excess lifetime cancer risk)를 산정한다. 이용된 가정들을 명시하고, 발생 가능한 불확실성을 반드시 기술 또는 분석하여야 한다. 초과 발암 위해도가 일반적인 허용 위해도로서 무시해도 좋은 10^{-6}(또는 10^{-5})의 위해도를 초과하면 허용가능한 수준으로 간주하지 않는다.

$$\text{Risk (Excess cancer risk)} = \text{SF } [(\mu g/kg/day)^{-1}] \times \text{LADD [Intake} = (mg/kg/day)] \times 1000$$
$$= \text{Concentration } (\mu g/m^3) \times \text{Unit risk } (\mu g/m^3)^{-1}$$

예를 들면, 체중 60 kg의 공장 근로자는 다음과 같은 조건[노출기간은 20년, 1년은 50주, 1주는 5일 노출로 계산한다. 공장 근로자는 근로 시간 중 2시간은 1.5 m^3/시간의 비율로 심하게 호흡을 하고 그 외 6시간은 정상적으로 1 m^3/시간의 비율로 호흡을 한다. SF 0.02 (mg/kg/일)$^{-1}$이고 흡수율은 80%, 벤젠(발암물질)의 작업실내환경 공기 중 평균 농도 0.05 mg/m^3일 때] 위해도는 다음과 같이 계산된다. 따라서 Risk 값이 10^{-6} 이상으로 발암 위해도가 있는 것으로 판단한다.

$$\text{Exposure} = \frac{0.05(mg/m^3)\times(\frac{1.5m^3/hr\times 2hr + 1m^3/hr\times 6hr}{day})\times 5(day/week)\times 50(week/year)\times 20(year)\times 0.8}{60(kg)\times 70(year)\times 365(day/year)}$$
$$= 0.001174(mg/kg\cdot day)$$

$$\text{Risk} = Exposure\times SF = 0.001174(mg/kg\cdot day)\times 0.02(mg/kg\cdot day)^{-1} = 23.5\times 10^{-6}$$

2.4.2 비발암 위해도의 정량화

비발암 독성 위험값이 1을 초과하는 경우에는 악영향이 발생할 가능성을 의미하며, 1 이하인 경우에는 안전역에 속해 있음을 의미한다. 여러 가지 비발암성 물질에 노출된 경우 유해물질의 표적장기 또는 부정적 건강영향의 종류에 따라 묶어 비슷한 건강영향을 갖는 물질의 위험값(HQ)을 합하여 위험지수(HI, Hazard Index)를 구한다. 위험지수(HI)가 1 이상이 되면 부정적인 건강영향이 우려된다는 의미이다.

$$\text{위험값 (Hazard Quotient: HQ)} = \frac{\text{LADD (mg/kg/day)}}{\text{RfD (mg/kg/day)}}$$

예를 들면, 체중 60 kg의 사무직 근로자는 다음과 같은 조건[노출기간은 20년, 1년은 50주, 1주는 5일 근무로 계산한다. 근로자는 근로 시간 중 2시간은 1.5 m^3/시간의 비율로 심하게 호흡을 하고 그 외 6시간은 정상적으로 1 m^3/시간의 비율로 호흡을 한다. 기준노출량(RfD)이 0.024 mg/kg/일이고 흡수율은 80%, 이산화질소(비발암물질)의 작업실내환경 공기 중 평균 농도 0.082 mg/m^3]일 때 위해도는 다음과 같이 계산된다. 따라서 HQ 값이 1 이하로 위해도는 없는 것으로 판단한다.

$$\text{Exposure} = \frac{0.082(\text{mg/m}^3)\times\left(\frac{1.5m^3/hr\times 2hr + 1m^3/hr\times 6hr}{day}\right)\times 5(day/week)\times 50(week/year)\times 20(year)\times 0.8}{60(kg)\times 20(year)\times 365(day/year)}$$

$$= 0.019(mg/kg\cdot day)$$

$$\text{HQ} = \frac{Exposure}{RfD} = 0.019(mg/kg\cdot day)/0.024(mg/kg\cdot day) = 0.791$$

2.5 위해도 관리(risk management)

위해성 평가의 궁극적인 목적은 위해성 관리를 위한 정보를 정책입안 및 규제방안, 특히 환경기준(실내공기질 기준) 설정을 제공하는데 있다. 위해도 관리는 정책 관리자에게 정치적, 사회적, 경제적, 공학적 정보와 함께 위해 관련 정보를 제공함으로써 적절한 법률적 방법을 채택할 수 있도록 하는 것이다(NRC, 1983). 수용가능한 위해(acceptable risk)란 어떤 사회가 기술 또는 생활의 편익에 대해 교환할 수 있으며 기꺼이 허용할 수 있는 위해를 의미한다.

위해 관리자가 잠재적 위해와 이익을 비교하고 가중치를 부여할 수 있는 역할을 할 수 있으며, 수용가능한 위해 수준을 결정할 수 있다(그림 7.3)(Kolluru, 1996).

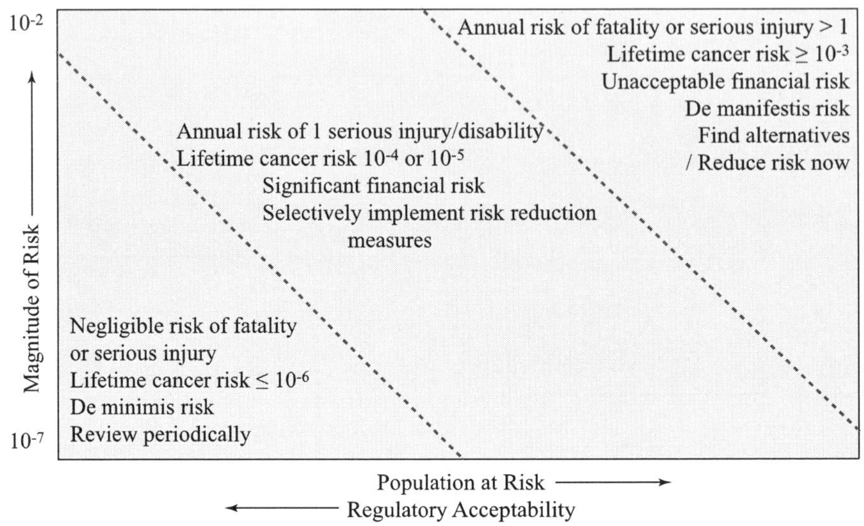

그림 7.3 위해성 관리에서 위해를 기본으로 한 접근

2.6 위해도 소통

위해도 소통(risk communication)은 위해 또는 위해 관리 결정에 대하여 정보를 전달하는 과정이다. 개인 또는 인구집단에게 위해의 현존성, 본성, 심각성, 수용가능성 등의 정보를 제공하는 것이다. 위해도 전달의 주된 목적 중 하나는 공공적 논쟁과 연계하여 정책 결정자에게 더 좋은 정보를 제공하는 것이다. 예를 들면, 법률적 소송에서 위해도 전달 과정은 과학적 증거를 설명하고 위해에 대한 과학적 지식을 요약하여 기술하는 것이다. 소통이란 용어 자체가 전달 및 수용의 의미를 갖고 있듯이, 그 과정 속에서 의미가 왜곡되거나 변형될 소지가 있다. 또한 위해에 대한 인식은 전문가와 일반인 사이에 상당한 차이가 있다. 그 만큼 위해도 소통은 중요하며, 최근에는 공중 및 개인 분야에서 위해성 관리의 필수적 요소로 인식되고 있다. 최근의 위해도 전달 노력은 공중의 위해 인식 및 위해성 평가 방법을 기반으로 한 정책결정의 수용에서 나타나고 있다. 이것은 특별히 부모, 선생님 또는 빌딩의 재실자에게 중요한데, 예를 들면 건축물에 거주하는 어린이의 설명되지 못한 증상으로 인한 부모의 두려움은 기술적인 위해도 소통의 중요성을 나타낸다.

참고문헌

양원호. 환경보건학적 위해성평가. 대한환경공학회지, 29(5), 489-495, 2007.

EPA. Exposure factors handbook, Volume 1-General factors. Environmental Protection Agency, EPA/600/P-95/002Fa, 1997.

Faber, D.R., Krieg, E.J. Unequal exposure to ecological hazards: environmental injustices in the commonwealth of Massachusetts. Environmental Health Perspectives, 110, Supplement 2, 2002.

Hoddinott, K.B., Lee, A.P. The use of environmental risk assessment and answers. Boston, Harvard School of Public Health, Center for Risk Analysis, 1993.

Kolluru, R.V. Risk assessment and risk management: A unified approach. In R.V. Kolluru, S.M. Bartell, R.M. Pitblado, and R.S. Stricoff(Eds), Risk Assessment and Management Handbook, Chap. 1. New York, McGraw-Hill, 1996.

Lee, K., Yang, W., Bofinger, N.D. Impact of microenvironmental nitrogen dioxide concentrations on personal exposures in Australia. Journal of the Air & Waste Association, 50, 1739-1744, 2000.

Naugle, D.F., Pierson, T.K. A framework for risk characterization of environmental pollutants. J. Air Waste Manage. Assoc., 41(10), 1298-1307, 1991.

Robinson, J. Nelson, W.C. National human activity pattern survey data base. Research Triangle Park, NC, US EPA, 1995.

Schuhmacher, M., Meneses, M., Xifro, A., Domingo, J.L. The use of monte-carlo simulation techniques for risk assessment: study of a municipal waste incinerator. Chemosphere, 43, 787-799, 2001.

Sexton, K., Callahan, M.A., Ryan, E.F. Estimating exposure and dose to characterize health risks: the role of human tissue monitoring in exposure assessment. Environ. Health Perspect., 3(Suppl), 13-30, 1995.

Son, B., Breysee, P., Yang, W. Volatile organic compounds concentrations in residential and indoor and outdoor and its personal exposure in Korea. Environment International, 29, 79-85, 2003.

Spengler, J.D., Samet, J.M., McCarthy, J.F. Indoor air quality handbook. McGraw-Hill, 2000.

US Environmental Protection Agency. Guideline for carcinogen risk assessment. Fed., Reg., 51, 1986.

US Environmental Protection Agency. Risk assessment guidance for superfund Volume I Human health evaluation manual. EPA/540/1-89/002, 1989.

US Environmental Protection Agency. Guideline for carcinogen risk assessment. EPA/630/P-03/001B, 2005.

World Health Organization. Monitoring ambient air quality for health impact assessment. WHO Regional Publications, European Series, No. 85, 1999.

신진호 박사

8

실내공기질관리법

제 1 절
총론

1.1 목적

실내공기질관리법은 다중이용시설, 신축되는 공동주택 및 대중교통차량의 실내공기질을 알맞게 유지하고 관리함으로써 그 시설을 이용하는 국민의 건강을 보호하고 환경상의 위해를 예방함을 목적으로 한다.

1.2 정의

① "다중이용시설"이라 함은 불특정다수인이 이용하는 시설을 말한다.

② "공동주택"이라 함은 건축법 제2조 제2항 제2호의 규정에 의한 공동주택을 말한다.

- 100세대 이상의 아파트, 연립주택, 기숙사

③ "대중교통차량"이란 불특정인을 운송하는 데 이용되는 차량을 말한다.

④ "오염물질"이라 함은 실내공간의 공기오염의 원인이 되는 가스와 떠다니는 입자상 물질 등으로서 환경부령이 정하는 것을 말한다.

- 유지기준 : 미세먼지(PM_{10}), 일산화탄소, 이산화탄소, 폼알데하이드, 총부유세균
- 권고기준 : 이산화질소, 라돈, 휘발성유기화합물(석면, 오존 → $PM_{2.5}$, 곰팡이)

※ 실내공기질 권고기준의 기존 오염물질 중 '석면'은 석면안전관리법으로 이관하고, '오존'은 관심대상물질로 변경하며 민감계층 이용시설(어린이집, 의료기관, 노인요양시설, 산후조리원)에 미세먼지($PM_{2.5}$)와 곰팡이가 추가(2018년부터 적용)

⑤ "환기설비"라 함은 오염된 실내공기를 밖으로 내보내고 신선한 바깥공기를 실내로 끌어들여 실내공간의 공기를 쾌적한 상태로 유지시키는 설비를 말한다.

⑥ "공기정화설비"라 함은 실내공간의 오염물질을 없애거나 줄이는 설비로서 환기설비의 안에 설치되거나, 환기설비와는 따로 설치된 것을 말한다.

1.3 국가책무

① 실내공기질 관리 기본계획

환경부장관은 관계 중앙행정기관의 장과 협의하여 실내공기질 관리에 필요한 기본계획을 5년마다 수립하여야 한다.

(ㄱ) 다중이용시설 등의 실내공기질 관리의 기본목표와 추진방향

(ㄴ) 다중이용시설 등의 실내공기질 관리현황과 전망

(ㄷ) 다중이용시설과 대중교통차량의 실내공기질 측정망 설치 및 운영

(ㄹ) 다중이용시설 등의 실내공기질 관리기준 설정 및 변경

(ㅁ) 그 밖에 실내공기질 관리에 필요한 사항

② 실내공기질 관리 시행계획

관계 중앙행정기관의 장은 기본계획에 따라 소관별로 기본계획 시행에 필요한 세부계획을 수립·시행하고, 시·도지사는 기본계획 및 관계 중앙행정기관의 시행계획에 따라 해당 특별시, 광역시, 특별자치시·도 또는 특별자치도의 시행계획을 수립·시행하여야 한다.

③ 실내공기질 실태조사

환경부장관, 관계 중앙행정기관의 장 및 시·도지사는 기본계획과 시행계획을 효율적으로 수립·시행하기 위하여 필요하면 실내공기질 관리에 관한 실태조사를 실시할 수 있다.

④ 측정망 설치

환경부장관은 다중이용시설과 대중교통차량의 실내공기질 실태를 파악하기 위하여 측정망을 설치하여 상시 측정할 수 있다.

⑤ 측정기기의 부착 및 운영·관리

환경부장관은 다중이용시설의 실내공기질 실태를 파악하기 위하여 다중이용시설의 소유자·점유자 또는 관리자 등 관리책임이 있는 자에게 환경부령으로 정하는 측정기기를 부착하고, 환경부령으로 정하는 기준에 따라 운영·관리할 것을 권고할 수 있다.

⑥ 위해성 평가의 실시

환경부장관은 사람의 건강에 위해가 클 것으로 우려되는 미세먼지 등 대통령령으로 정하는 물질에 대하여 위해성 평가를 실시할 수 있다.

⑦ 실내공기질 관리 조정 협의체의 설치 및 운영

환경부장관은 중앙행정기관 간의 실내공기질 관리기준 및 정책에 관한 사항을 협의·

조정하기 위하여 대통령령으로 정하는 관계 중앙행정기관과 실내공기질 관리 조정 협의체를 설치하여 운영할 수 있다.

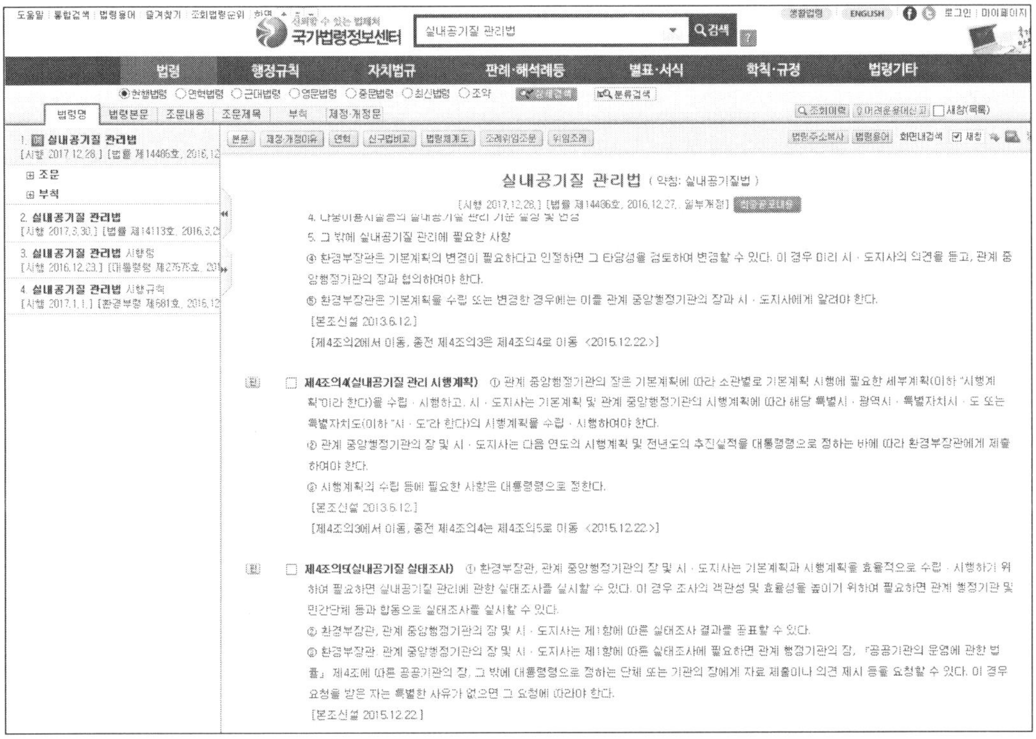

그림 8.1 「실내공기질관리법」 검색 [출처 : 국가법령정보센터 홈페이지(http://www.law.go.kr)]

제 2 절
다중이용시설의 실내공기질 관리

2.1 적용대상 다중이용시설

지하역사, 도서관, 박물관, 의료기관, 어린이집, 대규모 점포, 산후조리원, 영화상영관 및 공중이용시설 등 25개 시설군

〈표 8.1〉 실내공기질관리법 적용대상의 다중이용시설 ※개소수는 2015년 12월 31일 기준임

시설군	개 념	규모	개소수
지하역사	지하철의 역사로서 출입통로·대합실·승강장 및 환승통로와 이에 딸린 시설을 포함	모든 지하역사	524
지하도상가	지하도에 위치한 상가를 의미하고 연속되어 있는 지하도 상가가 2천제곱미터 이상인 경우(지상건물에 딸린 지하층의 시설 포함)	연면적 2,000 m^2 이상	64
여객자동차 터미널 대합실	일반교통에 사용되는 장소외에서 승합자동차를 정류시키거나 여객을 승하차시키기 위하여 설치된 시설 및 장소에서의 대합실(여객자동차운수사업법 제2조 5호)	연면적 2,000 m^2 이상	31
공항시설 여객터미널 대합실	항공기의 이륙·착륙 및 여객·화물의 운송을 위한 시설과 그 부대시설 및 지원시설을 갖춘 공공용 비행장인 공항의 여객터미널(항공법 제2조)	연면적 1,500 m^2 이상	15
항만시설 대합실	선박의 출입, 사람의 승·하선, 화물의 하역·보관 및 처리 등을 위한 항만시설의 승객이 이용하는 대합실(항만법 제2조)	연면적 5,000 m^2 이상	4
도서관	자료를 수집·정리·분석·보존·축적하여 공중 또는 특정인의 이용에 제공함으로써 조사·연구·학습·교양 등 문화 발전 및 평생교육에 이바지하는 시설로서 국공립 도서관, 사립 도서관이 해당되며 시설 내부의 특정인이 이용하는 대학·학교·특수·병영 도서관은 제외(도서관법 제2조 제1호)	연면적 3,000 m^2 이상	233
박물관	문화·예술·학문의 발전과 일반 공중의 문화향수 증진에 이바지하기 위하여 역사·인류·민속·예술·과학·기술·산업 등에 관한 자료를 수집·관리·보존·조사·연구·전시하는 시설로서 국립중앙박물관 등 국공립 박물관과 사설 박물관을 모두 포함(박물관 및 미술관 진흥법 제2조)	연면적 3,000 m^2 이상	118

미술관	박물관 중에서 특히 서화·조각·공예·건축·사진 등 미술에 관한 자료를 수집·관리·보존·조사·연구·전시하는 시설(박물관 및 미술관 진흥법 제2조)	연면적 3,000 m^2 이상	29
의료기관	의료인이 공중 또는 특정다수인을 위하여 의료·조산의 업을 행하는 곳으로서 종합병원·병원·치과병원·한방병원·요양병원·의원·치과의원·한의원 및 조산원 등을 포함(의료법 제3조)	연면적 2,000 m^2 이상이거나 병상수 100개 이상	2,409
실내주차장	사방이 구획되어 있는 실내(지상·지하 모두 포함)에 자동차를 주차할 수 있도록 마련된 장소로서 대형빌딩, 백화점의 주차장 등이 해당(기계식 주차장과 공동주택 등에 부속되어 특정인이 주로 이용하는 주차장은 제외)	연면적 2,000 m^2 이상	3,884
철도역사 대합실	철도를 이용하는 승객이 승하차를 위해 대기하는 장소	연면적 2,000 m^2 이상	33
어린이집	보호자의 위탁을 받아 6세 미만의 취학전 아동인 영유아를 보육하는 시설로서 국·공립어린이집, 법인어린이집, 직장어린이집 및 민간어린이집 등을 포함(영유아보육법 제2조 및 제10조)	연면적 430 m^2 이상	5,179
노인요양 시설	치매·중풍 등 노인성질환 등으로 심신에 상당한 장애가 발생하여 도움을 필요로 하는 노인을 입소시켜 급식·요양과 그 밖에 일상생활에 필요한 편의를 제공함을 목적으로 하는 시설(노인복지법 제34조)	연면적 1,000 m^2 이상	1,011
대규모점포	하나 또는 2 이상의 연접되어 있는 건물 안에 하나 또는 여러 개로 나누어 설치되어 상시 운영되는 매장면적의 합계가 3천제곱미터 이상인 시설로서 대형마트, 전문점, 백화점, 쇼핑센터, 복합쇼핑몰, 그 밖의 대규모점포 등을 포함(유통산업발전법 제2조)	연면적 3,000 m^2 이상	1,189
장례식장 (지하시설에 한함)	장례의식을 행하는 장소로서 병원에 부설된 장례식장, 전문 장례식장 등을 포함(장사 등에 관한 법률 제29조)	연면적 1,000 m^2 이상	169
목욕장	공중위생관리법 제2조 제1항 제3호의 규정에 의한 목욕장업(손님이 목욕을 할 수 있도록 시설 및 설비 등의 서비스를 제공하는 영업) 중 맥반석·황토·옥 등을 직접 또는 간접 가열하여 발생되는 열기 또는 원적외선 등을 이용하여 땀을 낼 수 있는 시설 및 설비 등을 갖춘 업소(다중이용업소의 안전관리에 관한 특별법 시행령 제2조 제4호)	연면적 1,000 m^2 이상	1,065

산후조리원	산후조리 및 요양 등에 필요한 인력과 시설을 갖춘 곳(이하 "산후조리원"이라 한다)에서 분만 직후의 임산부나 출생 직후의 영유아에게 급식·요양과 그 밖에 일상생활에 필요한 편의를 제공하는 시설(모자보건법 제2조 제11호)	연면적 500 m^2 이상	365
영화상영관	영화상영일수가 연간 120일 이상이고 계속상영기간이 30일 이상인 장소나 시설(영화 및 비디오물의 진흥에 관한 법률 제2조 제10호)	모든 실내영화 상영관	331
학원	사인(私人)이 30일 이상의 교습과정에 따라 지식·기술·예능을 교습하거나 30일 이상 학습장소로 제공되는 시설이 해당되며, 학교·직원연수시설·평생교육원, 자동차 운전학원은 제외(학원의 설립·운영 및 과외교습에 관한 법률 제2조 제1호)	연면적 1,000 m^2 이상	343
전시시설	2천제곱미터 이상의 전시회 및 전시회 부대행사의 개최에 필요한 시설과 관련 부대시설로서 전시산업발전법에 따라 관리되는 옥내 전시시설(전시산업발전법 제2조 제4호)	연면적 2,000 m^2 이상	28
인터넷컴퓨터 게임시설 (PC방)	컴퓨터 등 필요한 기자재를 갖추고 공중이 게임물을 이용하게 하거나 부수적으로 그 밖의 정보 제공물을 이용할 수 있도록 하는 영업시설(게임산업진흥에 관한 법률 제2조 제7호)	연면적 300 m^2 이상	791
업무시설	「건축법」 제2조 제2항 제14호에 따른 업무시설	연면적 3,000 m^2 이상	3,822
복합용도 건축물	「건축법」 제2조 제2항에 따라 구분된 용도 중 둘 이상의 용도에 사용되는 건축물	연면적 2,000 m^2 이상	13,305
실내 공연장	「공연법」에 따른 공연장 중 실내 공연장	천석 이상	109
실내 체육시설	「체육시설의 설치·이용에 관한 법률」에 따른 체육시설 중 실내 체육시설	천석 이상	115
총 25개 시설군		총 36,657개소	

2.2 다중이용시설의 실내공기질 관리기준

유지기준과 권고기준의 차이는 강제성의 여부로서 유지기준은 다중이용시설의 관리자가 꼭 지켜야 하는 기준으로, 지자체가 점검했을 때 유지기준을 초과하면 과태료(최대 1천만원)와 같은 행정처분을 받게 된다. 권고기준은 쾌적한 실내공기질의 관리를 위해 오염물질의 농도를 일정 수준 이하로 유지하도록 권고하는 것으로, 초과하더라도 행정처분은 이루어지지 않는다.

2.2.1 유지기준

다중이용시설의 소유자 등은 다중이용시설 내부의 쾌적한 공기질을 유지하기 위한 기준에 맞게 시설을 관리하여야 한다.

공기질 유지기준은 환경부령으로 정하며, 어린이, 노인, 임산부 등 오염물질에 노출될 경우 건강피해 우려가 큰 취약계층이 주로 이용하는 다중이용시설로서 대통령령으로 정하는 시설과 미세먼지 등 대통령령으로 정하는 오염물질에 대하여는 더욱 엄격한 공기질 유지기준을 정하고 있다.

실내공기 오염물질 중 미세먼지(PM-10), 미세먼지(PM-2.5), 이산화탄소(CO_2), 폼알데하이드(HCHO), 총부유세균, 일산화탄소(CO) 등 6개 물질에 대해서는 유지기준을 설정하고, 위반하면 개선명령 등의 행정적인 조치와 과태료 부과 등의 제재 조치를 통하여 실내공기질을 관리하고, 지역환경의 특수성을 고려하여 시ㆍ도는 조례로 보다 강화된 유지기준을 정할 수 있다.

미세먼지(PM_{10})보다 위해성이 더 크다는 초미세먼지($PM_{2.5}$)가 권고기준인 이유는 초미세먼지 기준은 2018년 1월 처음 도입되었고, 새로운 규제인 점을 감안하여 우선은 권고기준으로 설정되었다. 하지만 초미세먼지의 인체위해성과 관리 필요성 등을 고려하여 관련 법령을 개정하였고, 이에 따라 2019년 7월부터는 초미세먼지도 다중이용시설의 실내공기질 유지기준으로 관리되고 있다.

〈표 8.2〉 실내공기질의 유지기준

다중이용시설 \ 오염물질항목	미세먼지 (PM-10) ($\mu g/m^3$)	미세먼지 (PM-2.5) ($\mu g/m^3$)	이산화탄소 (ppm)	폼알데하이드 ($\mu g/m^3$)	총 부유세균 (CFU/m^3)	일산화탄소 (ppm)
가. 지하역사, 지하도상가, 철도역사의 대합실, 여객자동차터미널의 대합실, 항만시설 중 대합실, 공항시설 중 여객터미널, 도서관·박물관 및 미술관, 대규모 점포, 장례식장, 영화상영관, 학원, 전시시설, 인터넷컴퓨터게임시설제공업의 영업시설, 목욕장업의 영업시설	100 이하	50 이하	1,000 이하	100 이하	–	10 이하
나. 의료기관, 산후조리원, 노인요양시설, 어린이집, 실내 어린이놀이시설	75 이하	35 이하		80 이하	800 이하	
다. 실내주차장	200 이하	–		100 이하	–	25 이하
라. 실내 체육시설, 실내 공연장, 업무시설, 둘 이상의 용도에 사용되는 건축물	200 이하	–	–	–	–	–

[출처 : 실내공기질 관리법 시행규칙 [별표 2] 〈개정 2020.4.3〉]

비고

1. 도서관, 영화상영관, 학원, 인터넷컴퓨터게임시설제공업 영업시설 중 자연환기가 불가능하여 자연환기설비 또는 기계환기설비를 이용하는 경우에는 이산화탄소의 기준을 1,500 ppm 이하로 한다.
2. 실내 체육시설, 실내 공연장, 업무시설 또는 둘 이상의 용도에 사용되는 건축물로서 실내 미세먼지(PM-10)의 농도가 200 $\mu g/m^3$에 근접하여 기준을 초과할 우려가 있는 경우에는 실내공기질의 유지를 위하여 다음 각 목의 실내공기정화시설(덕트) 및 설비를 교체 또는 청소하여야 한다.
   가. 공기정화기와 이에 연결된 급·배기관(급·배기구를 포함한다)
   나. 중앙집중식 냉·난방시설의 급·배기구
   다. 실내공기의 단순배기관
   라. 화장실용 배기관
   마. 조리용 배기관

2.2.2 권고기준

다중이용시설의 특성에 따라 공기질 유지기준과는 별도로 쾌적한 공기질을 유지하기 위하여 환경부령으로 정하는 권고기준에 맞게 시설을 관리하도록 다중이용시설의 소유자 등에게 권고할 수 있다. 이 경우 공기정화설비 및 환기설비의 현황에 따른 취약계층 이용시설이 그 권고기준을 초과하면 해당 시설 소유자등에게 공기정화설비 또는 환기설비 등의 개선·대체·설치 등 필요한 조치를 요청할 수 있다.

실내공기 오염물질 중 실내공간 외부의 원인이 크거나, 많은 시간이나 비용이 소요되더라도 개선효과가 불확실한 이산화질소(NO_2), 라돈(Rn), 총휘발성유기화합물(TVOC), 곰팡이 등 4개 오염물질에 대해서는 권고기준을 설정하여 위반해도 개선명령이나 과태료 부과 등의 벌칙 없이 자율적으로 준수하도록 유도한다.

〈표 8.3〉 실내공기질 권고기준

<table>
<tr><th>오염물질항목
다중이용시설</th><th>이산화질소
(ppm)</th><th>라돈
(Bq/m³)</th><th>총휘발성
유기화합물
(μg/m³)</th><th>곰팡이
(CFU/m³)</th></tr>
<tr><td>가. 지하역사, 지하도상가, 철도역사의 대합실, 여객자동차터미널의 대합실, 항만시설 중 대합실, 공항시설 중 여객터미널, 도서관·박물관 및 미술관, 대규모점포, 장례식장, 영화상영관, 학원, 전시시설, 인터넷컴퓨터게임시설제공업의 영업시설, 목욕장업의 영업시설</td><td>0.1 이하</td><td rowspan="3">148 이하</td><td>500 이하</td><td>–</td></tr>
<tr><td>나. 의료기관, 산후조리원, 노인요양시설, 어린이집, 실내 어린이놀이시설</td><td>0.05 이하</td><td>400 이하</td><td>500 이하</td></tr>
<tr><td>다. 실내주차장</td><td>0.30 이하</td><td>1,000 이하</td><td>–</td></tr>
</table>

[출처 : 실내공기질 관리법 시행규칙 [별표 3] 〈개정 2020.4.3〉]

2.3 다중이용시설 소유자 등의 교육

다중이용시설의 소유자 등은 환경부령으로 정하는 바에 따라 특별자치시장・특별자치도지사・시장・군수・구청장이 실시하는 실내공기질 관리에 관한 교육을 받아야 한다. 다만, 측정망・측정기기 설치시설, 공중이용시설 및 실내공기질 관리 우수 인정시설은 교육을 면제하고, 지자체 오염도 검사결과가 유지기준 이내의 관리시설은 보수교육을 면제한다.

① 신규교육 : 다중이용시설의 소유자 등이 된 날부터 1년 이내에 1회
② 보수교육 : 신규교육을 받은 날을 기준으로 3년마다 1회

2.4 실내공기질 측정

다중이용시설의 소유자 등은 실내공기질을 스스로 측정하거나 환경부령으로 측정대행업을 등록한 자로 하여금 측정하도록 하고, 그 측정결과를 기록・보존(3년간)해야 한다. 다만, 측정망・측정기기 설치시설, 공중이용시설 및 실내공기질 관리 우수 인정시설은 측정의무를 면제하고 지자체 오염도 검사를 받은 시설은 당해 또는 다음 연도의 측정의무를 면제한다.

① 상반기에는 지하역사 등 일반시설, 하반기에는 어린이집, 노인요양시설, 의료기관, 산후조리원과 같은 민감계층 이용시설에 대하여 자가측정기간을 설정한다.
② 다중이용시설의 소유자 등은 실내공기질을 측정한 후 30일 이내에 실내공기질 측정결과 등을 시・군・구에게 보고하여야 하며, 측정결과 보고서는 서면으로 제출하거나 법 제12조의4 제1항에 따른 실내공기질 관리 종합정보망에 입력할 수 있다.
③ 유지기준 측정항목은 연 1회, 권고기준 측정항목은 2년에 1회 측정
- 유지기준 : 미세먼지(PM_{10}), 일산화탄소, 이산화탄소, 폼알데하이드, 총부유세균, 미세먼지($PM_{2.5}$)
- 권고기준 : 이산화질소, 라돈, 총휘발성유기화합물, 곰팡이

제 3 절
신축 공동주택의 실내공기질 관리

3.1 개요

100세대 이상 신축 공동주택의 시공자는 주민들이 입주하기 전에 실내공기질을 측정하여, 그 결과를 입주 7일 전까지 시장・군수・구청장에게 제출하고 주민 입주 7일 전부터 60일간 공고하도록 의무화하여 새집증후군으로 인한 건강위해성을 방지하고, 신축 공동주택의 시공자에게는 사전 관리 차원에서 친환경 건축자재 사용을 적극적으로 유도한다.

3.2 적용대상

건축법 제2조 제2항 제2호에 따른 공동주택 중 아파트, 연립주택 및 기숙사가 해당된다.

〈표 8.4〉 실내공기질 관리대상의 공동주택

구분	개 념	규모
아파트	주택으로 쓰이는 층수가 5개 층 이상인 주택	100세대 이상
연립주택	주택으로 쓰는 1개 동의 바닥면적(지하주차장 면적은 제외한다) 합계가 660제곱미터를 초과하고, 층수가 4개 층 이하인 주택	
기숙사	학교 또는 공장 등의 학생 또는 종업원 등을 위하여 쓰는 것으로서 공동취사 등을 할 수 있는 구조를 갖추되, 독립된 주거의 형태를 갖추지 아니한 것(「교육기본법」 제27조 제2항에 따른 학생복지 주택을 포함한다)	

3.3 측정물질과 권고기준 및 방법

“새집증후군” 유발물질인 폼알데하이드, 휘발성유기화합물(벤젠, 톨루엔, 에틸벤젠, 자일렌, 스틸렌) 등 총 6종을 측정하며, 2018년 1월 1일부터는 라돈도 측정항목에 포함된다. 실내공기질의 측정방법은 실내공기질공정시험기준에 따라 100세대의 경우 3개의 측정장소를 선정하고, 초과하는 100세대마다 1개의 측정장소가 추가된다.

〈표 8.5〉 공동주택의 실내공기질 권고기준

구 분 / 측정항목	권고기준(단위 : $\mu g/m^3$)	비 고
폼알데하이드	210 이하	
벤젠	30 이하	
톨루엔	1,000 이하	
에틸벤젠	360 이하	
자일렌	700 이하	
스티렌	300 이하	
라돈	148 Bq/m^3 이하 (200 Bq/m^3 이하)	2018.10.18 개정 (개정 전)

3.4 오염물질 방출 건축자재의 사용제한

다중이용시설 또는 공동주택(주택법 제2조 제16호의 2에 따른 건강친화형 주택은 제외)을 설치(기존 시설 또는 주택의 개・보수 포함)하는 자는 환경부령으로 정하는 기준을 초과하여 오염물질을 방출하는 건축자재를 사용해서는 안 된다. 그러므로 건축자재 제조・수입업자는 건축자재가 환경부가 정한 기준을 초과하여 오염물질을 방출하는지 시험기관에서 확인받은 후 공급하여야 한다.

현 행		개 정 내 용
• 환경부장관(국립환경과학원)이 유통 중인 건축자재를 사후 표본조사 후 기준 초과 건축자재 사용제한	➡	• 건축자재 제조・수입업자에게 건축자재 공급 전에 시험기관으로부터 기준적합 여부 사전확인 의무 부과
• 건축자재 사용자(시설 설치자)에게만 의무 부여		• 건축자재 사용자(시설 설치자) 외에 제조・수입업자에게도 의무 부과
• 환경부장관(국립환경과학원)이 직접 비용부담하여 표본조사		• 민간기관을 시험기관으로 지정, 건축자재 제조・수입업자가 비용부담하여 시험

◈ 관리대상 건축자재(6종) : 접착제, 페인트, 실란트, 퍼티, 일반자재(벽지, 바닥재)
◈ 관리대상 오염물질(3종) : 폼알데하이드, 총휘발성유기화합물, 톨루엔

그림 8.2 건축자재 사전적합확인제도의 개요 및 관리대상

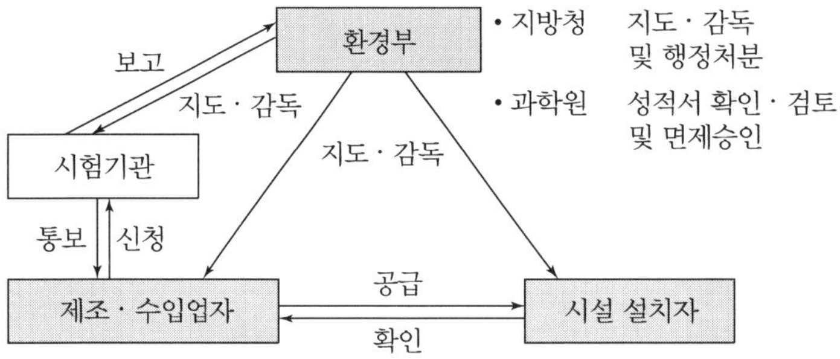

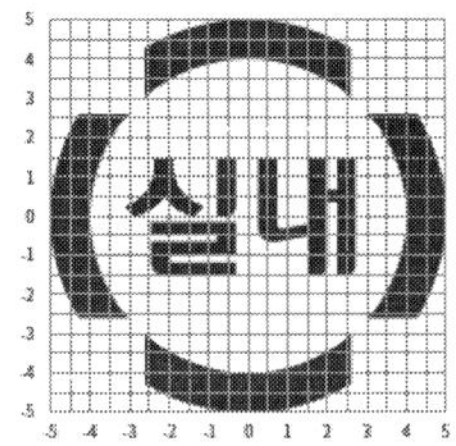

〈표지도안〉

그림 8.3 건축자재 사전적합확인제도의 관리체계

〈표 8.6〉 건축자재의 오염물질 방출 기준 (단위 : $mg/m^2 \cdot h$)

구분 \ 오염물질종류		폼알데하이드	톨루엔	총휘발성 유기화합물
접착제		0.02 이하	0.08 이하	2.0 이하
페인트		0.02 이하	0.08 이하	2.5 이하
실란트		0.02 이하	0.08 이하	1.5 이하
퍼 티		0.02 이하	0.08 이하	20.0 이하
벽 지		0.02 이하	0.08 이하	4.0 이하
바닥재		0.02 이하	0.08 이하	4.0 이하
목질판상제품	2021년 12월 31일까지 적용되는 기준	0.12 이하	0.08 이하	0.08 이하
목질판상제품	2022년 1월 1일부터 적용되는 기준	0.05 이하	0.08 이하	0.4 이하

※ 비고 : 위 표에서 오염물질의 종류별 측정단위는 $mg/m^2 \cdot h$로 한다. 다만, 실란트의 측정단위는 $mg/m \cdot h$로 한다.

[국가법령정보센터(2023.04.17 시행) 실내공기질 관리법, 시행규칙 검색, http://www.law.go.kr]

제 4 절
대중교통차량의 실내공기질 관리

4.1 적용대상 및 관리지침

적용대상은 도시철도(지하철), 철도, 고속형 시외버스 및 직행형 시외버스가 해당되며, 2014년 3월에 대중교통차량의 실내공기질 관리를 위하여 '실내공기질 관리를 위한 대중교통차량 제작・운행 관리지침'(환경부고시)을 마련하여 시행하였다.

4.2 차량 설계・제작 시 권고사항

환기설비는 시간당 외부공기 유입량(도시철도 : 1인당 12 m^3 이상)을 충족하도록 설계한다. 차량의 외기 도입부에 집진필터 등을 설치하고, 차량 내부의 이산화탄소 오염도에 따른 자동환기시스템을 설치한다. 차량 내부 마감재는 폼알데하이드 등의 방출량이 최소화되는 자재를 사용하고, 출고하기 전에 기계적 환기설비 등을 통하여 충분히 환기시킨다.

4.3 차량 운행 시 실내공기질 권고기준 (대중 교통차량의 관리・운행 권고 기준)

4.3.1 실내공기질 권고기준

이산화탄소 및 미세먼지(PM_{10})에 대한 관리기준을 설정하고 있으며, 운송 사업자는 2년에 1회 차량의 실내공기질을 측정하고 그 결과를 보전하여야 한다.

〈표 8.7〉 대중교통차량의 관리 · 운행 권고 기준(실내공기질 권고 기준)

오염물질 항목	기 준	
	혼잡시간대	비혼잡시간대
초미세먼지(PM-2.5)	50$\mu g/m^3$	
이산화탄소	2,500 ppm 이하	2,000 ppm 이하

[출처 : 국가법령정보센터(2023.04.17 시행) 실내공기질 관리법, 시행규칙 검색, http://www.law.go.kr]

※ 비고

1. 위 권고 기준은 오염물질항목별 농도의 노선 1회 운행 시 평균값(해당 대중교통차량 운송사업자별 소속 차량의 각 노선의 출발지에서 도착지까지 연속으로 측정한 값의 평균을 말한다)을 말한다.
2. 혼잡시간대는 도시철도의 경우 주중 7시 30분부터 9시 30분까지 또는 18시부터 20시까지를, 철도 및 시외버스의 경우 토·일요일, 설날 및 추석날 등 명절과 공휴일을 말하고, 비혼잡시간대는 혼잡시간대 외의 시간대를 말한다.

4.3.2 유지 · 관리 권고 기준

대중교통차량 운송사업자는 차량의 실내공기질을 쾌적하게 유지하고 관리하기 위하여 환기설비 및 공기정화설비의 적정 가동 여부를 확인하고, 배관(덕트), 필터 등에 대한 정기적인 청소 및 교체 등의 조치를 해야 한다.

〈표 8.8〉 대중교통차량의 미세먼지 권고기준 (단위 : $\mu g/m^3$ 이하)

대중교통차량	권고기준	비 고
도시철도	200 $\mu g/m^3$ 이하	노선 1회 운행 시 평균값으로 평가
철도, 시외버스	150 $\mu g/m^3$ 이하	

제 5 절
기타 실내공기질 관리에 관한 사항

5.1 측정망 설치 및 측정기기의 운영・관리

환경부장관과 시・도지사는 다중이용시설과 대중교통차량의 실내공기질 실태를 파악하기 위해 측정망을 설치하여 상시 측정할 수 있으며, 다중이용시설의 실내공기질 실태를 파악하기 위하여 다중이용시설 소유자 등에게 환경부령으로 정하는 측정기기를 부착하고, 운영・관리할 것을 권고할 수 있다.

5.1.1. 측정기기의 종류

가. 다중이용시설에 부착되는 측정기기란 「환경분야 시험・검사 등에 관한 법률」 제9조 제1항 본문에 따른 형식승인(같은 법 제9조의2에 따른 예비형식승인을 포함한다)을 받은 측정기기를 말한다.

나. 자동측정이 가능한 오염물질은 다음과 같다.

① 미세먼지(PM-10)

② 초미세먼지(PM-2.5)

③ 이산화탄소(CO_2)

④ 일산화탄소(CO)

⑤ 이산화질소(NO_2)

5.2.2 측정기기의 운영・관리기준

가. 측정기기의 구조 및 성능을 「환경분야 시험・검사 등에 관한 법률」 제6조 제1항에 따른 환경오염공정시험기준에 부합하도록 운영・관리해야 한다.

나. 측정위치는 해당 다중이용시설별로 흡기구와 배기구의 영향을 최소화할 수 있는 지점을 고려하여 유동인구가 많은 지점 또는 시설의 중심부 1개 지점 이상으로 정하되, 해당 다중이용시설의 규모와 용도에 따라 측정위치를 추가할 수 있다. 다만, 지하역사의 경우에는 승강장에 설치해야 한다.

다. 측정기기는 오염물질의 농도를 실시간으로 자동측정하여 그 측정값을 실내공기질 관리 종합정보망에 전송할 수 있어야 한다.

라. 다중이용시설별 측정대상 오염물질은 다음 표와 같으며, 미세먼지(PM-10) 또는 초미세먼지(PM-2.5)와 이산화탄소 측정기기를 부착・운영하는 경우에는 법 제12조 제1항 제2호에 따라 실내공기질의 측정 의무가 면제된다.

〈표 8.9〉 다중이용시설별 자동 측정기기의 측정항목

다중이용시설	측정항목			
	미세먼지(PM-10) 또는 초미세먼지 (PM-2.5)	이산화 탄소	일산화 탄소	이산화 질소
1. 지하역사(출입통로・대합실・승강장 및 환승통로와 이에 딸린 시설을 포함한다)	○	○		○
2. 지하도상가(지상건물에 딸린 지하층의 시설을 포함한다)	○	○	○	○
3. 철도역사의 대합실	○	○		○
4. 「여객자동차 운수사업법」 제2조 제5호에 따른 여객자동차터미널의 대합실	○	○	○	○
5. 「항만법」 제2조 제5호에 따른 항만시설 중 대합실	○	○		
6. 「공항시설법」 제2조 제7호에 따른 공항시설 중 여객터미널	○	○		○
7. 「도서관법」 제2조 제1호에 따른 도서관	○	○		
8. 「박물관 및 미술관 진흥법」 제2조 제1호 및 제2호에 따른 박물관 및 미술관	○	○		
9. 「의료법」 제3조 제2항에 따른 의료기관	○	○		
10. 「모자보건법」 제2조 제11호에 따른 산후조리원	○	○		
11. 「노인복지법」 제34조 제1항 제1호에 따른 노인요양시설	○	○		
12. 「영유아보육법」 제10조에 따른 어린이집	○	○		
13. 「어린이놀이시설 안전관리법」 제2조 제2호에 따른 어린이놀이시설 중 실내 어린이놀이시설	○	○		
14. 「유통산업발전법」 제2조 제3호에 따른 대규모점포	○	○		
15. 「장사 등에 관한 법률」 제29조에 따른 장례식장(지하에 위치한 시설로 한정한다)	○	○	○	

16.「영화 및 비디오물의 진흥에 관한 법률」 제2조 제10호에 따른 영화상영관(실내 영화상영관 한정)	○	○		
17.「학원의 설립・운영 및 과외교습에 관한 법률」 제2조 제1호에 따른 학원	○	○		
18.「전시산업발전법」 제2조 제4호에 따른 전시시설(옥내시설로 한정한다)	○	○		
19.「게임산업진흥에 관한 법률」 제2조 제7호에 따른 인터넷 컴퓨터 게임시설 제공업의 영업시설	○	○	○	
20. 실내주차장	○	○	○	○
21.「건축법」 제2조 제2항 제14호에 따른 업무시설	○	○		
22.「건축법」 제2조 제2항에 따라 구분된 용도 중 둘 이상의 용도에 사용되는 건축물	○	○		
23.「공연법」에 따른 공연장 중 실내공연장	○	○		
24.「체육시설의 설치・이용에 관한 법률」에 따른 체육시설 중 실내 체육시설	○	○		
25. 공중위생관리법」 제2조 제1항 제3호 나목에 따른 목욕장업의 영업시설	○	○	○	

[국가법령정보센터(2023.04.17 시행) 실내공기질 관리법, 시행규칙 검색, http://www.law.go.kr]

5.2 라돈의 체계적인 관리

환경부장관은 라돈(radon)의 실내 유입으로 인한 건강피해를 줄이기 위하여 실내공기 중 라돈의 농도 등에 관한 조사를 실시할 수 있으며, 그 결과를 바탕으로 실내공기 중 라돈지도를 작성할 수 있다. 또한, 실내라돈조사의 실시 및 라돈지도의 작성 결과를 기초로 하여 라돈으로 인한 건강피해가 우려되는 시・도가 있는 경우「환경보건법」 제9조에 따른 환경보건위원회의 심의를 거쳐 해당 시・도지사에게 5년마다 라돈관리계획을 수립하여 시행하도록 요청할 수 있으며, 시・도지사는 해당 시・도 내에서 라돈으로 인하여 건강상 위해가 우려되는 지역이 있는 경우에는 그 지역에서 다중이용시설 또는 공동주택 등을 설치(기존 시설 또는 주택 등의 개수 및 보수를 포함한다)하는 자에게 라돈의 실내 유입을 줄이기 위한 공법을 사용하는 등의 필요한 조치를 하도록 권고할 수 있다.

〈표 8.10〉 라돈의 권고기준 및 관리체계 개요

구분	다중이용시설(현행과 동일)	주택(신설)
권고기준	148 Bq/m^3	200 Bq/m^3
관리사항	실내라돈농도 1회/2년 측정	입주 개시 전 실내라돈농도 측정
	측정결과 제출	측정결과 제출 및 게시판 등에 공고

※ 주택의 라돈관리 권고기준 설정 : 200 Bq/m^3
※ 신축공동주택 실내공기질 측정항목에 라돈 추가 : 2018년 1월 1일 이후「주택법」제15조에 따라 주택건설사업계획을 승인받은 경우

5.3 실내환경관리센터의 지정

환경부장관은 실내 오염물질로 인한 건강피해의 예방·관리 등을 위한 조사·연구 및 기술개발 등의 업무를 수행하기 위한 실내환경관리센터를 지정하여 운영할 수 있다.

① 국공립연구기관 또는「정부출연연구기관 등의 설립·운영 및 육성에 관한 법률」에 따른 정부출연연구기관
②「고등교육법」제2조에 따른 학교
③「민법」또는 그 밖의 법률에 따라 설립된 환경 관련 비영리 법인 또는 단체

5.4 지도점검 및 행정처분

5.4.1 보고 및 검사

시·도지사 또는 시장·군수·구청장은 실내공기질 관리를 위하여 필요하다고 인정하는 때에는 다중이용시설의 소유자 등 또는 신축되는 공동주택의 시공자와 대중교통차량의 제작자에게 필요한 보고를 하도록 하거나 자료를 제출하게 할 수 있으며, 관계공무원으로 하여금 해당 다중이용시설 또는 신축되는 공동주택, 해당 대중교통차량 또는 대중교통차량 제작시설에 출입하여 오염물질을 채취하거나 관계서류 및 시설·장비 등을 검사하게 할 수 있다.

5.4.2 개선명령

특별자치시장・특별자치도지사・시장・군수・구청장은 다중이용시설이 실내공기질 유지기준에 맞지 않게 관리되는 경우, 1년의 범위 안에서 기간을 정하여 공기정화설비 또는 환기설비 등의 개선이나 대체 그 밖의 필요한 조치를 할 것을 명령할 수 있다.

① 특별자치시장・특별자치도지사・시장・군수・구청장은 개선명령사유, 개선계획서의 제출, 개선기간을 명시하여 개선명령을 명해야 한다.
② 개선명령을 받은 자는 명령을 받은 날부터 15일 이내에 개선계획서를 특별자치시장・특별자치도지사・시장・군수・구청장에게 제출하여야 한다.
※ 개선계획서(별지 제2호 서식) : 개선대책, 개선완료 예정일, 개선기간 등 명시
③ 특별자치시장・특별자치도지사・시장・군수・구청장은 개선계획의 이행이 완료된 때에는 실내공기질 측정 등을 통해 그 이행상태를 확인하여야 한다.

5.4.3 벌칙 및 과태료

① 벌칙(법 제14조)

실내공기질 유지기준 위반에 대한 개선명령을 이행하지 아니한 시설과 기준을 초과하여 오염물질을 방출하는 건축자재를 사용한 자는 1년 이하의 징역 또는 1천만 원 이하의 벌금에 처한다.

② 과태료(법 제16조)

실내공기질 유지기준을 지키지 아니한 경우, 기준을 초과하여 오염물질을 방출하는 건축자재를 사용한 경우, 오염물질 방출 여부를 확인받지 아니하거나 거짓으로 확인받고 공급한 경우에는 1천만 원 이하의 과태료를 부과한다. 그 외 교육이수의무, 실내공기질 측정 및 측정결과 기록・보관 등의 의무를 위반한 경우에는 5백만 원 이하의 과태료를 환경부장관, 시・도지사, 시장・군수・구청장이 부과할 수 있다.

제 6 절

주요 국가들의 실내공기질 관리정책

많은 국가에서 관리부서는 조금씩 다르지만 실내공기 오염물질에 대한 위험성을 인식하고, 실내공기질을 관리하고 있다. 관리대상 오염물질은 미세먼지, 이산화탄소, 라돈 등으로 인체 위해성과 관련하여 주로 생활하는 대상시설의 실내환경에 맞게 정하고 있으며, 주요 국가의 실내공기질 관리정책 담당부서와 관리수단 및 실내공기 오염물질은 표 8.11과 같다.

〈표 8.11〉 주요 국가들의 실내공기질 관리정책

국가	관리부서	관 리 수 단	관리대상 오염물질
미국	환경보호청	▪ 오염물질별 법적규제는 하고 있지 않으나 민간 연구소나 작업장 지침을 토대로 권고 ▪ 실내공기질 관리 프로그램 제시 ▪ 면 사용규제 및 라돈의 가이드라인 설정	미세먼지(PM_{10}), 이산화탄소, 일산화탄소, 폼알데하이드, 이산화질소, 오존, 라돈, 석면 등
일본	후생노동성 국토교통성	▪ 후생노동성에서 새집증후군과 관련하여 13가지 실내공기 오염물질에 대한 관리기준 설정 ▪ 국토교통성에서 건축기준법에 의해 건축물의 실내공기질 관리	폼알데하이드, 휘발성유기화합물, 다이아지논과 같은 살충제
캐나다	보건부, 환경부, 노동부 등	▪ 작업장 및 주거지의 실내공기질 허용기준 및 관리지침을 제정하여 관리 ▪ 건축관련법에서 최소환기율 규정	이산화탄소, 일산화탄소, 폼알데하이드, 이산화질소, 오존, 총부유분진, 이산화황
독일	환경부, 보건부 등	▪ 범정부적 실내공기질 연구집단 조직 ▪ 보건부에서 라돈, 폼알데하이드, 테트라크로로 에틸렌 권고기준 설정	라돈, 폼알데하이드, 테트라크로로에틸렌
싱가포르	환경부	▪ 실내공기질 관리지침 제정 ▪ 2년마다 실내공기질 정밀검사 실시 및 6개월 마다 환기시스템 정밀검사 의무 부여	이산화탄소, 일산화탄소, 폼알데하이드, 부유분진, 휘발성유기화합물, 오존, 총박테리아수, 총곰팡이수

〈표 8.12〉 국내 · 외 실내오염물질 관리기준

구분		WHO	대만	일본		우리나라	
				일반 건물	학교	일반 시설	민감 시설
미세먼지 ($\mu g/m^3$)	PM_{10}	50	75	150	100	100	75
	$PM_{2.5}$	25	35	–	–	50	35
이산화탄소 (ppm)		–	1,000 (8h)	1,000	–	1,000	1,000
폼알데하이드 ($\mu g/m^3$)		100 (30분)	98 (0.08 ppm)	100	100	100	80
총부유세균 (CFU/m^3)		–	1,500	–	–	–	800
일산화탄소 (ppm)		31 (1h) 9 (8h)	9 (8h)	10	10	10	10
이산화질소 (ppm)		0.1 (1h) 0.02 (yr)	–	–	0.06	0.1	0.05
라돈 (Bq/m^3)		100 (yr)	–	–	–	148	148
휘발성 유기화합물 ($\mu g/m^3$)		▪ 에틸벤젠 22,000 (yr) ▪ 스티렌 260 (1주) ▪ 톨루엔 260 (1주) ▪ 테트라클로로에틸렌 250 (yr)	2,110 (0.56 ppm, 톨루엔 환산)	400 잠정 목표값	–	500	400
곰팡이 (CFU/m^3)		500	1,000	–	–	–	500

[출처 : 관계부처합동 실내공기질관리기본계획(2020~2024)]

〈표 8.13〉 주택 라돈 기준

국가(기관)	기준(Bq/m^3)	대상	국가(기관)	기준(Bq/m^3)	대상
WHO	100	주택	영국	200	기존주택
ICRP *	300	주택		100	신축주택
한국	148	신규주택	스웨덴	200	기존 · 신규주택
미국	148	주택, 학교	핀란드 체코	400	기존주택
독일	100	주택		200	신규주택

* 국제방사선방호위원회(International Commission on Radiological Protection)

[출처 : 관계부처합동 실내공기질관리기본계획(2020~2024)]

6.1 미국

미국 환경보호청(EPA)에서는 실내공기질에 대한 법적규제와 강제성은 없으나, 학교나 대규모 건축물과 가정집 등의 실내공기질 유지 및 개선을 위한 관리기준은 제시하고 있으며, 학교와 대규모 건축물의 경우에는 실내공기질의 체크리스트를 제공하고 있다.

〈표 8.14〉 미국 환경보호청(EPA)의 실내공기 오염물질 관리기준

오염물질	기 준
라돈(Rn)	4 pCi/L 이하

산업안전보건국(OSHA)과 미국산업위생사협회(ACGIH)에서 작업환경 조건의 공기질 기준을 제시하고 있으며, 민간단체인 냉난방공조협회(ASHRAE)에서 건물의 설계, 시공, 진단하는 단계에서 실내공기질을 개선할 수 있는 실내공기질 가이드라인(Indoor Air Quality Guide)과 실내공기질을 위한 환기기준을 제시하고 있다.

〈표 8.15〉 미국 냉난방공조협회(ASHRAE)의 관리기준

오염물질	목표 가이드라인	오염물질	목표 가이드라인
이산화탄소(CO_2)	1,000 ppm	$PM_{2.5}$	15 $\mu g/m^3$
일산화탄소(CO)	9 ppm (8시간 평균)	PM_{10}	50 $\mu g/m^3$
폼알데하이드(HCHO)	0.08 ppm	라돈(Rn)	4 pCi/L
이산화질소(NO_2)	100 $\mu g/m^3$	이산화황(SO_2)	80 $\mu g/m^3$
오존(O_3)	100 $\mu g/m^3$	납(Pb)	1.5 $\mu g/m^3$

또한, 실내공기 오염물질에 대한 지침이나 권고 이외에도 실내공기질의 개선 효과를 유도할 수 있는 방법으로 친환경 건축물 인증제도인 LEED (Leadership in Energy and Environmental Design)를 시행하고 있다. 이 제도는 건물 전체의 관점에서 지속 가능한 부지 개발, 수자원 효율성, 에너지 효율성, 자원 재활용, 실내환경 및 공기질을 감안하여 친환경 설계 및 시공 지침서로 활용되고 있다. 실내환경의 질에 대해서는 친환경 청소 프로그램 운영, EPA 기준 실내공기질 관리, 입주자 열쾌적 모니터링에 대한 점수를 부여하고, 이 외의 다른 항목들에 대한 평가 점수를 합산하여 기준에 따라 인증 등급을 부여하고 있다.

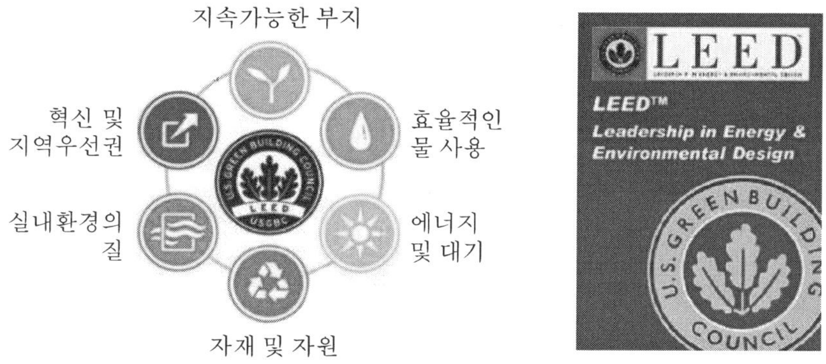

LEED Credit Categories

그림 8.4 미국의 LEED (Leadership in Energy and Environmental Design)의 개요
[출처 : www.usgbc.org/leed]

6.2 일본

일본은 후생노동성에서 강제성은 없으나 새집증후군과 관련하여 13가지 실내공기오염 화학물질에 대하여 실내공기질의 관리지침을 제시하고 있으며, 실내공기 중 휘발성유기화합물의 측정과 분석방법을 제공하고 있다.

이처럼 일본에서는 실내공기질 관리에 대한 지침을 법에 근거를 두고 있지는 않지만, 예를 들면 새집증후군위원회(Committe on Sick House Syndrome)에서 실내공기 오염물질인 폼알데하이드, 톨루엔, 자일렌, *p*-dichlorobenzene 등과 같은 휘발성유기화합물의 측정과 분석방법으로 건축가들에게 실내오염에 대해 규제하는 것과 같은 방식으로 관리하고 있다. 또한, 문부과학성은 부유분진을 포함한 9개 항목에 대하여 학교환경 위생기준 중 실내공기질 기준을 정하고 매학기 정기적으로 측정하여 관리하고 있다.

〈표 8.16〉 일본 후생노동성의 실내공기 오염물질 관리기준

오 염 물 질	실내농도 지침값
폼알데하이드	100 μg/m^3 (0.08 ppm)
톨루엔	260 μg/m^3
자일렌	870 μg/m^3
p-디클로로벤젠	240 μg/m^3
에틸벤젠	3,800 μg/m^3
스티렌	220 μg/m^3
클로로피리포스	1 μg/m^3 (단, 소아의 경우 0.1 μg/m^3)
DBP	220 μg/m^3
테트라데칸	330 μg/m^3
DEHP	120 μg/m^3
다이아지논	0.29 μg/m^3
아세트알데히드	48 μg/m^3
페노브카르브	33 μg/m^3
TVOC	400 μg/m^3

〈표 8.17〉 일본의 학교환경위생기준 중 실내공기질 관련 기준

오 염 물 질	기 준
환기	이산화탄소 1,500 ppm 이하를 권장
온도	10℃ 이상, 30℃ 이하를 권장
상대습도	30～80% 범위를 권장
미세먼지(PM_{10})	0.1 mg/m^3
기류	0.5 m/sec 이하
일산화탄소	10 ppm
이산화질소	0.06 ppm
폼알데하이드	100 μg/m^3
톨루엔	260 μg/m^3
자일렌	870 μg/m^3
파라디클로로벤젠	240 μg/m^3
에틸벤젠	3,800 μg/m^3
스티렌	220 μg/m^3
진드기 또는 진드기알레르겐	100마리/m^2

6.3 캐나다

캐나다에서는 관리대상 오염물질을 비발암물질과 발암물질로 구분하여 관리하고 있으며, 그 밖에 생물학적 오염원과 기타 먼지, 담배연기 등을 포함한 권고기준을 두고 있다. 특히 역학조사와 임상실험, 동물실험 결과에 대한 연구와 평가를 기초로 구체적인 근거를 토대로 다음과 같이 기준치를 설정하여 관리하고 있으며, 건축 관련법에서 시설별 최소 환기량을 다음과 같이 규정하고 있다.

〈표 8.18〉 캐나다의 주거공간 실내공기질에 대한 관리기준

오염물질	목표 가이드라인
벤젠	가능한 낮은 수준으로 유지되어야 함
일산화탄소(CO)	장기(24시간) : 11.5 mg/m^3 (10 ppm) 단기(1시간) : 28.6 mg/m^3 (25 ppm)
미세먼지($PM_{2.5}$)	가능한 낮은 수준으로 유지되어야 함
폼알데하이드(HCHO)	장기(8시간) : 50 μg/m^3 (40 ppb) 단기(1시간) : 123 μg/m^3 (100 ppb)
곰팡이	습도를 조절하고 주기적으로 물기를 제거하여 곰팡이 증식을 방지
나프탈렌	장기(24시간) : 0.01 mg/m^3 (0.0019 ppm)
이산화질소(NO_2)	장기(24시간) : 20 μg/m^3 (11 ppb) 단기(1시간) : 170 μg/m^3 (90 ppb)
오존(O_3)	장기(8시간) : 40 μg/m^3 (20 ppb)
톨루엔	장기(24시간) : 2.3 mg/m^3 (0.6 ppm) 단기(8시간) : 15 mg/m^3 (4.0 ppm)

〈표 8.19〉 캐나다의 시설별 최소환기량 기준

대상 시설		최소환기량 기준
사무실 건물		1인당 최소 10 mL/h, 1인당 최소 30 mL/h 흡연전용실
학교 건물		1인당 8 mL/s
주거용 건물	총환기량	0.3회/h 이상, 1인당 3 mL/s
	주방	50 mL/s 간헐배기, 30 mL/s 연속배기
	욕실 겸용 화장실	25 mL/s 간헐배기, 15 mL/s 연속배기

〈표 8.20〉 캐나다 BEPAC (Building Environmental Performance Assessment Criteria)의 내용

평가요소		건축 설계 시 고려사항	건축물 유지관리 시 고려사항
오존층 보호		• 오존층 파괴 물질에 대한 목록 작성 • 배출을 최소화할 수 있는 장비 선택 • 오존층을 파괴하지 않는 물질로 대체 조항 명시	• 건축물로부터 오존층 파괴 물질의 연간 배출량 평가 • 에너지 절약요원 지정 교육 • 입주자들에게 에너지절감 방안 홍보 • 기계/전기설비에 대한 에너지 절약 관리 프로그램
실내환경	IAQ	• 효과적인 습도조절을 통한 오염가능물질 감소, 독성이 적은 재료의 사용 • 효율적인 여과장치의 사용으로 오염원의 차단, 냉각탑의 분리를 통한 실내오염물질 확산 차단 • 독성이 적은 재료의 사용 • 청정외기 도입이 가능한 인입구 설치 • 효율적인 제어시스템	• 실내공기환경을 잘 유지시킬 관리자 지정 교육 • 스케줄에 따른 검토와 관리 • 금연정책 등 실내공기 정화방안 • 쾌적 환경 유지
	조명	• 자연채광의 이용 • 고효율 조명과 고주파 안정기의 사용	
	소음	• 실내에서 소음 발생과 음전달 감소	
자원 절약		• 폐자원, 재활용 재료의 사용 • 환경에 피해를 적게 주는 재료의 사용 • 효과적인 목재의 사용으로 목재 사용량 절약 • 재활용 저장시설과 설비시설	• 규칙적인 유리창 청소 및 적절한 교환 계획
대지 및 교통		• 대중교통시설을 이용할 수 있는 도보시설 제공 • 자전거 이용자를 위한 시설 제공	• 폐기물 재활용 담당자 지정 • 종이 절약, 음식쓰레기 절약

영국의 BREEAM을 기본으로 캐나다의 실정에 맞게 수정·보완한 BEPAC (Building Environmental Performance Assessment Criteria)를 신축 및 기존 사무실 건물의 실내공기질 인증제도로 시행하고 있다. 이 평가 기준은 오존층 보호, 에너지소비에 의한 환경의 영향, 실내환경의 질, 자원절약, 대지 및 교통에 대한 5가지 측면의 평가를 중심으로 각 세부요소를 기술하고 있다.

또한, 주거공간의 실내공기질에 대한 노출 가이드라인을 제시하고 있으며, 권장 노출한계를 제공하고 있다. 권장 노출한계는 장기간에 걸쳐 지속적으로 또는 반복적으로 노출에 의해 생길 수 있는 건강문제(일, 주, 월 단위)로부터 보호하기 위한 장기 노출기준과 가정에서 페인트, 접착제 등을 사용한 작업과 같이 단기간에 높은 농도 수준의 노출에 의해 생길 수 있는 건강문제(시간단위)로부터 보호하기 위한 단기 노출기준이 있다.

6.4 독일

독일의 경우 개별적 물질에 대한 실내공기질의 권고기준은 권고기준 I (RW1)과 권고기준 II (RW2)로 나뉘어 설정되어 있다. 권고기준 I 은 건물의 신축 또는 개축 시 목표기준으로, 현재의 의학수준에 따라 일평생 노출되더라도 전혀 건강상의 위해를 초래하지 않는다고 판단되는 특정 화학물질의 농도를 말한다. 권고기준 II 는 일정시간 이상 노출되는 경우, 인체 건강에 위해를 가져올 위험성이 있는 특정물질의 농도를 기준으로 정하고 있다. 여기서 기준이 되는 사람은 화학물질에 특히 민감한 사람이므로 그 기준치는 상당히 엄격한 수준이라고 할 수 있다. 이외에도 보건부에서 라돈의 권고치를 250 Bq/m^3(6.8 pCi/L), 폼알데하이드는 0.1 ppm, 테트라클로로에틸렌은 1 mg/m^{3}으로 설정하여 관리하고 있다.

6.5 싱가포르

싱가포르는 실내공기질 관리기준을 설정하고 건물의 소유자는 2년마다 전문가에 의해 실내공기질의 정밀심사를 실시하며, 환기시스템은 6개월마다 정밀검사 의무를 부여하고 있다.

〈표 8.21〉 싱가포르의 사무실 건물에 대한 실내공기질 권고기준

오염물질	기 준	비 고
이산화탄소(CO_2)	1,000 ppm	최대 가이드라인 농도 (Guideline maximum concentration)
일산화탄소(CO)	9 ppm	
폼알데하이드(HCHO)	120 μg/m^3	
오존(O_3)	0.05 ppm	
미세먼지(PM_{10})	150 μg/m^3	최대 권고 농도 (Recommended maximum concentration)
TVOC (PID)	3 ppm	
총세균	500 CFU/m^3	
총곰팡이	500 CFU/m^3	
온도	22.5～25.5℃	가이드라인 수치 (Guideline value)
상대습도	70% 이하	
기류	0.25 m/s 이하	

〈표 8.22〉 독일의 실내공기질 권고기준 현황

오염물질	권고기준 I (mg/m^3)	권고기준 II (mg/m^3)
에틸벤젠(Ethylbenzol)	0.2	2
아킬벤젠(ALkylbenzol, C9-C15)	0.1	1
크레졸(Kresole)	0.005	0.05
벤즈알데하이드(Benzaldehyde)	0.02	0.2
벤질알코올(Benzyl alcohol)	0.4	4
디-리모넨(d-Limonene)	1	10
알데하이드류(Aldehydes, C4-C11)	0.2	2
C9-C14-알칸 / Isoalkanes (dearomatized)	0.2	2
나프탈렌(Naphthalene)	0.002	0.02
알파피넨(α-Pinen)	0.2	2
TCEP [Tris(2-chlorethyl)phosphate]	0.005	0.05
수은(Hg, 증기형태)	0.000035	0.00035
스티렌(Styrene)	0.03	0.3
이산화질소(NO_2)	–	0.35 (30분) 0.06 (1주)
다이클로로메탄(Dichloromethane)	0.2	2 (24시간)
일산화탄소(CO)	6 (30분) 1.5 (8시간)	60 (30분) 15 (8시간)
펜타클로로페놀(PCP)	0.0001	0.001
톨루엔(Toluene)	0.3	3
페놀(Phenol)	0.02	0.2
2-Furaldehyde	0.01	0.1
Zyklische Dimethylsilozane D3-D6 (Summernrichtwert)	0.4	4
이산화탄소(CO_2)	$<$ 1000 ppm (Harmeless) 1000～2000 ppm (Elevated) $>$ 2000 ppm (Unacceptable)	
TVOCs	$\leq$ 0.3 (무해; No objections) $>$ 0.3～1 (No relevant objections) $>$ 1～3 (Hygienic aspects of concern) $>$ 3～10 (Major obections) $>$ 10 (Situation not acceptable)	
$PM_{2.5}$	25 $\mu g/m^3$	

제 7 절 주요 국가들의 건축자재 관리정책

7.1 미국

미국은 여러 단체에서 다양한 방법으로 친환경 건축자재를 인증하고 있다. 예를 들어, 비영리단체인 GREEN GUARD에서는 다음과 같은 기준을 설정하여 친환경 가구 및 건자재 인증 프로그램을 운영하고 있다.

〈표 8.23〉 미국의 가구 및 건축자재에 대한 실내공기 오염물질 방출 기준치

구 분	성 분	기 준
접착제	TVOCs	0.50 mg/m^3
일반건축재	Formaldehyde	0.05 ppm
바닥재	Total aldehydes	0.1 ppm
	4-phenylcyclohexene	0.0065 mg/m^3
	Styrene	0.70 mg/m^3
가정용 기구	TVOCs	0.50 mg/m^3
	Formaldehyde	0.05 ppm
	Total aldehydes	0.1 ppm
천정재	TVOCs	0.50 mg/m^3
단열재	Formaldehyde	0.05 ppm
	Total aldehydes	0.1 ppm
	분진	0.05 mg/m^3
사무가구 (의자, 데스크, 테이블 등)	TVOCs	0.25 mg/m^3
	Formaldehyde	0.025 mg/m^3
	Total aldehydes	0.05 ppm
	4-phenylcyclohexene	0.00325 mg/m^3

7.2 일본

일본공업규격(JIS)은 접착제, 단열재, 도료, 보드류 등에서 방출되는 폼알데하이드의 방산속도, 방산량의 기준을 F☆☆☆☆, F☆☆☆, F☆☆, 등급 외의 총 4등급으로 분류하고 있으며, 각각에 대해서 사용량 면적을 제한하고 있다.

〈표 8.24〉 일본공업규격(JIS)에 의한 오염물질 방출기준

등급	규 격			비고
	방산속도(μg/m^2 · h)	방산량(mg/L)	방산량(mg/L)	
F☆☆☆☆	5 이하	0.12 이하	0.3 이하	건축 기본법상 제한 없음
F☆☆☆	20 이하	0.35 이하	0.5 이하	건축 기본법상 법적 제한
F☆☆	120 이하	1.8 이하	1.5 이하	
등급 외	120 초과	1.8 초과	1.5 초과	건축 기본법상 사용 금지
적용자재	접착제류 6종 단열재류 3종	도료류 11종	보드류 2종 (섬유판, 파티클보드)	

일본농림규격(JAS)은 합판 등에서 방출되는 폼알데하이드의 방산속도, 방산량 기준을 제시하고 있으며, 적용자재로 합판, 구조용 패널, 플로어링, 집성재, 단판적층재, 구조용 단판적층재가 있다. 등급별로 F☆☆☆☆, F☆☆☆, F☆☆, F☆의 표시기호를 사용하며, 각 표시기호에 따른 방산량의 평균값과 최대값은 다음과 같다.

〈표 8.25〉 일본농림규격(JAS)에 의한 오염물질 방출기준

표시기호	방산량 (mg/L)	
	평균치	최대치
F☆☆☆☆	0.3	0.4
F☆☆☆	0.5	0.7
F☆☆	1.5	2.1
F☆	5.0	7.0
적용자재	합판(보통합판, 구조용 합판, 특수합판, 콘크리트 거푸집용 합판, 난연 합판, 방염 합판), 구조용 패널, 플로어링, 집성재, 단판적층재, 구조용 단판적층재	

7.3 캐나다

캐나다는 접착제, 페인트 및 카펫 등의 실내공기질과 관련 있는 건축자재를 포함한 29개 생활용품에 대하여 환경에 유해한 정도, 재활용성, 인체 유해성, 폐기물 활용 등을 평가하여 친환경마크를 부여하는 「Environmental Choice M」 Program을 시행하고 있다.

〈표 8.26〉 캐나다의 생활용품 환경마크 취득 기준

자재 종류	물 질	기 준
페인트	휘발성유기화합물 함량	200 g/L
카펫	총휘발성유기화합물	0.25 mg/m^2 · h(24시간 후)
	폼알데하이드	0.02 mg/m^2 · h(48시간 후)
카펫 접착제	총휘발성유기화합물	0.05 mg/m^2 · h(72시간 후)
	폼알데하이드	0.02 mg/m^2 · h(72시간 후)

7.4 독일

독일은 건축자재 관리대책으로 접착제 제조사들로 구성된 비영리 단체인 GEV (Germeinschaft Emissionskontrollierete Verlege-werkstoffe)가 부여하는 환경라벨링 EMICODE를 1999년부터 시행하고 있으며, 대상자재로는 접착제, 프라이머, 충진제 등이 있다. GEV가 자체적으로 총휘발성유기화합물의 배출량에 따라 제품을 분류한 것을 EMICODE라고 하며, EMICODE는 EC1, EC2, EC3의 3등급으로 구분된다.

〈표 8.27〉 독일 건축자재의 실내공기환경 인증기준

등급	방출량 범위	총휘발성유기화합물 (프라이머)	총휘발성유기화합물 (모르타르)	총휘발성유기화합물 (접착제 등)
EC1	매우 낮음	100 μg/m^2 이하	200 μg/m^2 이하	500 μg/m^2 이하
EC2	낮음	100～300 μg/m^2	200～600 μg/m^2	500～1500 μg/m^2
EC3	다소 높음	300 μg/m^2 이상	600 μg/m^2 이상	1500 μg/m^2 이상

〈표 8.28〉 독일의 EMICODE 분류 기준

구분	총휘발성유기화합물 농도($\mu g/m^3$)		
	EC1	EC2	EC3
접착제	500	1,500	발암물질만 함유하지 않은 경우
프라이머	100	300	
충진제	200	600	

또한 접착제, 페인트, 벽지 등의 건축자재를 포함한 88개 생활용품에 대하여 환경에 유해한 정도, 재활용성, 인체 유해성, 폐기물 활용 등을 평가하여 친환경 마크를 부여하는 친환경 라벨링 제도인 Blue Angel을 시행하고 있으며, 그 일환으로 실내용으로 생산되는 목재가구 또는 합판, 코어보드, 섬유판 등 목재 기반의 건축자재를 대상으로 하는 RAL-UZ38과 가죽 제품에 대한 RAL-UZ148 등을 관리규정으로 시행하고 있다.

〈표 8.29〉 독일의 RAL-UZ38 건축자재 등급 기준

구분	평면형상의 제품 (도어, 판넬, 적층플로어링, 목재바닥)		입방형상의 제품 (가구 등)	
	초기값 24시간 후	최종값 28일 후	초기값 24시간 후	최종값 28일 후
폼알데하이드	-	0.05 ppm	-	0.05 ppm
VOCs	-	300 $\mu g/m^2$	-	600 $\mu g/m^2$
SVOCs	-	100 $\mu g/m^2$	-	100 $\mu g/m^2$
발암물질	1 $\mu g/m^2$ 미만	1 $\mu g/m^2$ 미만	1 $\mu g/m^2$ 미만	1 $\mu g/m^2$ 미만

7.5 핀란드

핀란드의 건설정보센터(RTS)에서 주관하여 건축자재 오염물질 방출 등급 인증제도(M1 Classification)를 실시하고 있다. M1 등급은 벽돌, 자연석, 세라믹타일, 유리, 금속표면 등 천연물질이 포함되며, M3는 M2 기준을 초과하거나 배출자료가 없는 제품이 포함된다. 측정은 제품이 생산된 시점 혹은 포장을 벗긴 후 4주 뒤 챔버에서 시행되며, 총휘발성유기화합물, 폼알데하이드, 암모니아, 발암물질, 냄새 등을 측정한다.

〈표 8.30〉 핀란드의 건축자재 오염물질 방출등급 인증제도 기준

구분	M1 ($mg/m^2 \cdot h$)	M2 ($mg/m^2 \cdot h$)	M3
VOCs	0.2	0.4	M2에서 정의한 범위를 넘는 물질
폼알데하이드	0.05	0.125	
암모니아	0.03	0.06	
발암성물질	0.005	0.05	
냄새	무취성의 재료 (냄새에 대한 불만족도 15% 이하)	강한 냄새가 나지 않는 재료 (냄새에 대한 불만족도 30% 이하)	
기타	플라스틱 등에는 카세인이 포함되지 않아야 함		
대상자재	바닥재, 페인트, 니스, 보드류, 광물섬유, 플라스틱, 첨가제 등		

그밖에 북유럽 국가들은 연합학회(SCANVAC, 스칸디나비아국가 실내환경학회)를 구성하여 실내공기질과 건축자재 품질에 대한 엄격한 기준을 정해놓았다. 총휘발성유기화합물과 폼알데하이드의 농도에 의하여 실내공기환경을 AQ1, AQ2, AQX의 3단계로 분류하였으며, 건축자재의 오염물질 방출강도에 따라 건축재료를 MEC-A, MEC-B, MEC-C의 3단계로 규정하여 관리한다.

〈표 8.31〉 북유럽국가(스웨덴, 노르웨이, 핀란드, 덴마크)의 실내공기환경 분류(SCANVAC)

구분	노출시간	최대 허용농도(mg/m^3)			비고
		AQ1	AQ2	AQX	
총휘발성유기화합물	0.5 h	0.2	0.5	*	단, *는 필요에 따라 별도로 정함.
폼알데하이드	0.5 h	0.05	0.1	*	

※ AQ는 Air Quality의 약칭

〈표 8.32〉 SCANVAC의 건축재료에 의한 분류

방출강도의 분류	최대 방출강도(20℃, RH 50%)	비고
MEC-A	40 $\mu g/m^2$ per hour	
MEC-B	100 $\mu g/m^2$ per hour	
MEC-C	450 $\mu g/m^2$ per hour	

※ MEC는 Material Emission Class의 약칭
MEC-A : Low Emission Building Materials
MEC-B : Moderately Emitting Building Materials
MEC-C : Heavily Emitting Building Materials

참고문헌

국가법령정보센터, 2017. 실내공기질관리법 검색, http://www.law.go.kr

국내외 실내공기질 기준 및 관리동향, 2015. 한국실내환경학회

다중이용시설 등의 실내공기질 관리, 2016. 환경보전협회

국외의 친환경 건축자재 인증제도, 2009. 건설시공인협회

International Labelling, ECO INSTITUT, http://www.eco-institut.de

신진호 박사

9

실내공기질공정시험기준

제 1 절 총론

1.1 정의

공정시험기준은 「환경분야 시험·검사 등에 관한 법률」 제6조(환경오염공정시험기준)의 규정에 의하여 실내공기 오염물질을 측정함에 있어서 어느 누구나 동일한 방법, 동일한 원리로 측정하여 오염물질, 오염상태, 유해성에 대한 측정·분석·평가의 통일성과 정확성을 기하기 위하여 필요한 제반사항을 규정한 것이다. 다만, 이 공정시험기준 이외의 방법이라도 측정결과가 같거나 그 이상의 정확도가 있다고 인정된 방법을 사용할 수도 있으나 여러 시험방법으로 시험한 결과가 서로 달라 판정에 영향을 줄 수 있는 경우에는 각 오염물질 항목별 측정방법 중에서 주 시험방법에 의한 분석결과가 우선한다.

1.2 적용범위

공정시험기준은 실내공기질관리법 제5조 실내공기질 유지기준(미세먼지, 일산화탄소, 이산화탄소, 폼알데하이드, 총부유세균), 제6조 실내공기질 권고기준(이산화질소, 라돈, 휘발성유기화합물, 석면, 오존), 제9조 신축 공동주택의 실내공기질 관리항목(폼알데하이드, 벤젠, 톨루엔, 에틸벤젠, 자일렌, 스티렌), 제9조의 2 대중교통차량의 실내공기질 관리항목(미세먼지, 이산화탄소), 제11조 오염물질 방출 건축자재의 사용제한 항목(폼알데하이드, 톨루엔, 총휘발성유기화합물)에 적용된다.

※ 실내공기질 권고기준에는 2016년 하위법령 개정 시 석면·오존을 제외하고, 미세먼지($PM_{2.5}$)와 실내부유곰팡이를 권고기준에 추가(2018년부터 적용)

제 2 절
정도보증/정도관리 (Quality Assurance/Quality Control)

2.1 목적

환경측정의 정도보증/정도관리는 측정・분석결과의 정밀도와 정확도를 관리하고 보증하여 시험에 따른 측정 및 분석결과에 대한 신뢰성을 확보하는 데 그 목적이 있다.

① 정도보증(QA, quality assurance) : 정도관리 프로그램이 효과적으로 수행되고 있는지에 대해 신뢰성을 확보하기 위한 모든 절차로 정의된다.

② 정도관리(QC, quality control) : 측정자료에 대한 정밀도와 정확도를 확보하기 위하여 통계적 처리를 통한 일정한 신뢰범위 내에서 분석결과를 관리하는 모든 수단을 말한다.

2.2 구성요소

2.2.1 바탕시료

① 방법 바탕시료(method blank)

시료와 유사한 매질을 선택하여 동일한 방법으로 추출, 농축, 정제 및 분석과정을 수행함으로써 매질, 실험절차, 시약 및 측정장비로부터 발생할 수 있는 오염물질을 파악하여 오차를 줄일 수 있다.

② 시약 바탕시료(reagent blank)

시료를 사용하지 않고 일련의 추출, 농축, 정제 및 분석과정에 따라 모든 시약과 용매를 이용하여 시험을 수행함으로써 실험절차, 시약 및 측정장비로부터 발생할 수 있는 오염물질을 파악하여 오차를 줄일 수 있다.

2.2.2 검정곡선

검정곡선(calibration curve)은 분석물질의 농도변화에 따른 지시값을 나타내는 직선식으로 시료 중 분석 대상물질의 농도범위가 포함되도록 설정하고 측정값을 정확히 알고 있는 표준물질과 비교하면 분석물질의 농도변화에 따른 지시값을 검정곡선에서 구할 수 있다.

① 절대검정곡선법(external standard method)

시료의 농도와 지시값의 상관성을 검정곡선에 대입하여 작성하는 방법으로 적어도 3가지 이상 농도의 표준물질에 대하여 측정한 지시값을 세로축에, 표준물질의 농도를 가로축에 취하여 그래프를 그려서 작성한다.

② 표준물질첨가법(standard addition method)

시료와 동일한 매질에 일정량의 표준물질을 첨가하여 검정곡선을 작성하는 방법으로 같은 양의 분석시료를 여러 개 취하고 여기에 표준물질을 각각 다른 농도로 첨가하여 이에 대한 지시값과 알려진 농도로 검량선을 작성하여 분석하는 방법이다.

③ 상대검정곡선법(internal standard calibration)

검정곡선 작성용 표준용액과 시료에 시험・분석하려는 성분과 물리・화학적 성질은 유사하나 해당 시료에는 없는 순수물질을 동일한 양의 내부 표준물질로 첨가하여 시험 분석절차, 기기 또는 시스템의 변동으로 발생하는 오차를 보정하기 위한 방법이다. 일반적으로 내부 표준물질로는 분석하려는 성분에 동위원소가 치환된 것을 많이 사용한다.

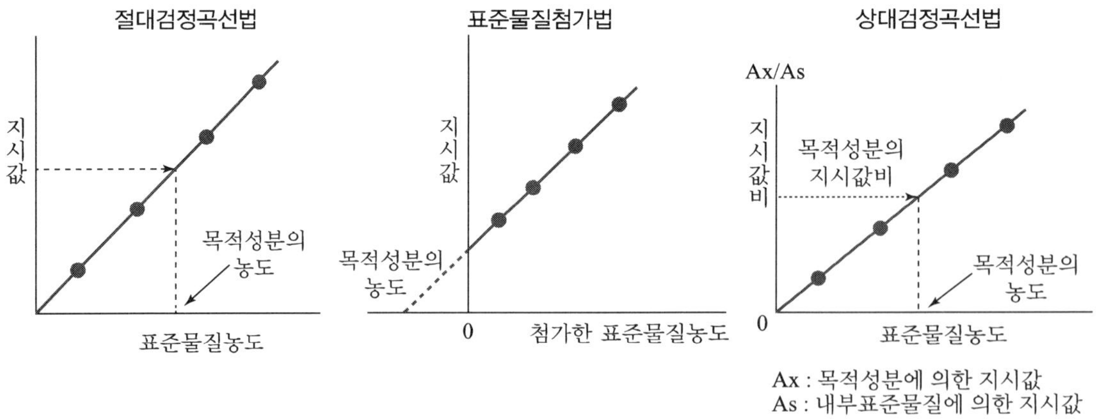

그림 9.1 검정곡선(calibration curve)

2.2.3 검출한계

① 기기검출한계(IDL : instrument detection limit)

시험·분석 대상물질을 기기가 검출할 수 있는 최소한의 농도를 말한다.

② 방법검출한계(MDL : method detection limit)

시료와 비슷한 매질 중에서 시험·분석 대상을 검출할 수 있는 최소한의 농도를 말한다.

③ 정량한계(LOQ : limit of quantification)

시험·분석 대상물질을 정량화할 수 있는 측정값을 말한다.

2.2.4 정밀도/정확도

① 정밀도(precision)

시험분석결과의 반복성을 나타내는 것으로, 동일한 조건에서 반복 적용하였을 때 각각 2개 이상의 측정치 간에 일치하는 정도를 말한다.

② 정확도(accuracy)

시험분석 결과가 실제값에 대하여 일치하는 정도를 나타내는 것을 말한다.

③ 오차(error)

참값(true value)과 측정값의 차이로 정의된다.

2.2.5 현장 이중시료 채취

현장 이중시료(field duplicate)는 동일한 위치에서 동일한 조건으로 중복 채취한 시료를 독립적으로 분석하여 비교한다. 예를 들면, 하루에 20개 이하 시료를 채취할 때 현장 이중시료 1개, 그 이상의 시료를 채취할 때는 시료 20개당 1개씩 추가로 채취·분석하여 오차를 줄이는 데 목적이 있다.

제 3 절
실내공기 오염물질의 시료채취 및 평가

3.1 시료채취방식으로 구분하는 실내공기 오염물질의 측정방법

시료채취는 일반적으로 펌프 등을 이용하는 능동식 시료채취(active methods)와 시료를 확산·침투시키는 수동식 시료채취(passive methods)방식이 있고, 현장에서 측정결과를 바로 확인할 수 있는 직독식(direct reading) 측정방식도 있다.

3.1.1 능동식 시료채취

능동식 시료채취는 시료채취펌프(pump)를 이용하여 강제적으로 공기를 통과시켜 오염물질을 포집하는 방식이다. 대부분 펌프와 같은 외부 동력원이 필요하고 상대적으로 고가의 장비를 운영하여야 하며, 활성탄이나 실리카겔 등의 흡착제나 흡수액, 흡인펌프, 유량계로 구성되어 있다. 시료채취 후에는 가능한 한 신속하게 실험실로 이송하여 정성·정량분석해야 한다.

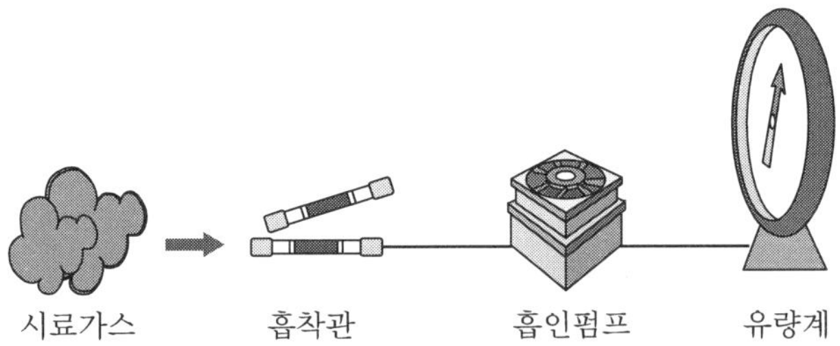

그림 9.2 흡착관과 흡인펌프를 이용한 능동식 시료채취장치의 일반적인 구성도

3.1.2 수동식 시료채취

수동식 시료채취는 강제적인 시료채취펌프 등을 이용하는 것이 아니라 실내환경의 자연적인 기류를 이용하여 가스상 물질의 확산(diffusion)과 투과(infiltration)의 물리적 과정이나 화학적 반응에 의한 과정을 통하여 실내공기 오염물질을 측정하는 방식이다. 이러한 수동식 시료채취기는 펌프 등의 동력이 불필요하여 작고, 가볍고, 조작방법이 간단하여 실내환경뿐만

아니라 개인노출 측정에도 주로 사용되며, 가격이 저렴하여 동시에 여러 곳을 측정할 수 있다. 하지만 기류의 영향을 많이 받고 정확도·정밀도가 떨어진다는 단점이 있다.

그림 9.3 농도차에 의한 확산의 일반적인 원리

3.1.3 직독식 시료채취 측정기기

직독식 기기에 의한 측정은 적외선 및 자외선, 광이온화, 전기화학반응 및 화학발광 등을 이용하여 현장에서 곧바로 실내공기 오염물질을 측정하는 방법이다. 이러한 직독식 측정기는 측정과 작동방법이 간편하여 분석 인력과 비용을 크게 절감할 수 있으며, 실내공간 현장에서 즉각적인 자료가 요구될 때 매우 유용하지만 정밀도가 능동식에 비해 떨어지기 때문에 주의가 요구된다. 또 직독식 측정기기는 제조회사의 측정 매뉴얼에 따라 순서에 의해 작동시키고 교정을 통하여 항상 측정결과의 정확도를 유지하여야 한다.

그림 9.4 일산화탄소와 이산화탄소를 동시에 측정하는 직독식 측정기기

3.2 시료채취지점의 선정 및 조건

3.2.1 다중이용시설

① 시료채취지점의 선정

시료채취장소 및 지점 수는 측정하려는 대상시설의 구조와 용도, 예상되는 오염물질 발생원의 분포 및 발생강도, 환기설비의 설치위치와 운용패턴, 시설의 이용빈도 및 특성을 측정하기 전에 충분히 고려하여 다음과 같이 결정한다.

(ㄱ) 대상시설이 여러 개의 동과 층으로 구성되어 있는 경우, 시설의 용도 및 사용목적을 대표할 수 있는 기준 동과 층을 위주로 하여 측정지점을 선정한다. 건물의 용도와 사용목적의 중요도에 따라 여러 개의 동과 층에서 측정지점을 선정할 수 있다.

(ㄴ) 대상시설의 동일 층 내에서도 시설의 구조특성과 용도가 달라서 실내공기질이 명확히 다를 것으로 예상되는 경우에는 공간을 구분하여 측정지점을 별도로 선정할 수 있다.

(ㄷ) 대상시설의 최소 측정지점 수는 건물의 규모와 용도에 따라 결정한다.

〈표 9.1〉 다중이용시설 내 최소 시료채취지점 수의 결정

다중이용시설의 연면적(m^2)	최소 시료채취지점 수
10,000 이하	2
10,000 초과 ~ 20,000 이하	3
20,000 초과	4

[출처 : 실내공기질공정시험기준(환경부 고시 제2010-24호)]

※ 실내・외 공기는 침기와 환기 절차에 의해 상시 교환이 일어나기 때문에 실외공기를 동시에 측정하여 실내공기질 측정값 검토 시 활용할 수 있다. 따라서 필요 시 대상시설 건축물로부터 최소 1 m 이상 떨어져서 실외 공기시료를 채취해야 하며, 시료채취 당시의 온도, 습도, 풍속 등 물리적 환경 인자에 관한 정보를 기록해야 한다.

② 시료채취위치

시료채취위치는 환기시설의 위치, 시설 이용자의 다수 여부, 오염물질 발생원의 분포, 실내기류 분포, 공기질의 대표성 등을 고려하여 다음과 같이 결정한다.

(ㄱ) 시료채취위치는 주변시설 등에 의한 영향과 부착물 등으로 인한 측정장해가 없고,

대상시설의 오염도를 대표할 수 있다고 판단되고 시설을 이용하는 사람이 많은 곳으로 선정한다.

(ㄴ) 시료채취는 인접지역에 직접적인 오염물질의 발생원이 없고, 시료 채취지점의 중앙점의 바닥면으로부터 1.2～1.5 m 높이에서 수행한다. 만약 이것이 불가능하다면 시료 채취지점의 모든 벽으로부터 1 m 이상 떨어진 곳의 바닥면에서 1.2～1.5 m 높이에서 시료를 채취한다.

(ㄷ) 측정지점에 자연 환기구나 기계 환기설비의 급·배기구가 설치되어 있는 경우에는 급·배기구에서 가능한 멀리 떨어진 곳(최소한 1 m 이상)에서 채취하며, 다수의 환기 및 급·배기구가 존재할 경우는 인접한 환기구 설치지점의 중간지점을 채취지점으로 한다.

〈표 9.2〉 다중이용시설의 시료채취위치 사례

대상시설	시료채취위치의 예	비고
지하역사	승강장, 대합실, 연결통로 등	환승역사의 경우는 역간 연결통로
지하도 상가	주 보행공간 등	
여객자동차 터미널의 대합실, 공항시설 중 여객터미널, 항만시설 및 철도역사의 대합실	대합실, 승강장 등	승강장이 외기에 노출되어 있을 경우에는 대합실만 해당
도서관	주 열람실, 개방형 서고 등	
박물관 및 미술관	주 관람 및 전시실 등	
대규모 점포	층별 주요 활용공간	지하층이 있을 경우에는 지하층 1개 지점을 반드시 포함
장례식장	로비 등 주요 활용공간	
찜질방	휴식공간, 로비 등	
의료기관	로비, 대기공간 등	
보육시설	보육실, 놀이공간, 식당, 로비 등	
노인복지시설	침실, 휴식공간, 식당, 강당, 로비 등	
산후조리원	로비, 대기공간 등	
실내주차장	층별 주차공간	지하층이 있을 경우에는 지하층 1개 지점을 반드시 포함

[출처 : 실내공기질공정시험기준(환경부 고시 제2010-24호)]

③ 시료채취조건

시료채취 혹은 측정시간은 각 오염물질별로 규정하는 것을 원칙적으로 하며, 주간시간대(오전 8시~오후 8시)에 해당시설이 실제 운영하고 있는 조건과 동일한 온도, 습도 등의 환경조건에서 실시한다. 자연 환기구가 설치되어 있거나 기계 환기설비가 가동되는 대상시설의 경우, 채취지점이 이러한 공기 이동경로 및 기류 발생원의 주변에 위치하지 않도록 최대한 주의한다. 단, 지하역사 승강장 등 불가피하게 기류가 발생하는 곳에 한해서 실제 조건에서 시료채취를 수행한다. 황사경보와 황사주의보 발령 시에는 다중이용시설 시료채취를 실시하지 않는다.

3.2.2 신축 공동주택

① 시료채취세대의 선정

신축 공동주택 내 시료채취세대의 수는 공동주택의 총 세대수가 100세대일 때 3개 세대(저층부, 중층부, 고층부)를 기본으로 하고, 100세대가 증가할 때마다 1세대씩 추가한다. 이때 중층부, 저층부, 고층부 순으로 증가한다. 저층부는 최하부 3층 이내, 고층부는 최상부 3층 이내, 중층부는 전체 층 중 중간의 3개 층을 의미한다(예를 들면, 15층 건물에서 저층부는 1~3층, 중층부는 7~9층, 고층부는 13~15층을 의미한다). 단, 공동주택이 여러 개의 동으로 구성되어 있는 경우에는 선정된 시료채취 세대수를 넘지 않도록 각 동에서 골고루 선택해야 하며, 하나의 단지에 시공사가 여러 개인 경우는 시공사별로 구분하여 측정지점을 선정한다.

〈표 9.3〉 신축 공동주택 내 시료채취 세대수의 예시

총 세대수	100~199	200~299	300~399
시료채취세대	3세대	4세대	5세대

[출처 : 실내공기질공정시험기준(환경부 고시 제2010-24호)]

② 시료채취위치

각 단위세대에서 실내공기의 시료채취는 거실의 중앙 바닥면의 1.2~1.5 m 높이에서 실시한다. 만약에 이것이 불가능하다면 모든 벽으로부터 1 m 이상 떨어진 곳의 바닥면의 1.2~1.5 m 높이에서 시료를 채취한다.

③ 시료채취조건

신축 공동주택에서 실내공기의 시료채취는 일반적으로 오후 1시에서 6시 사이에 실시하

며, 시료를 채취하기 위해서는 다음과 같은 조건이 필요하다.

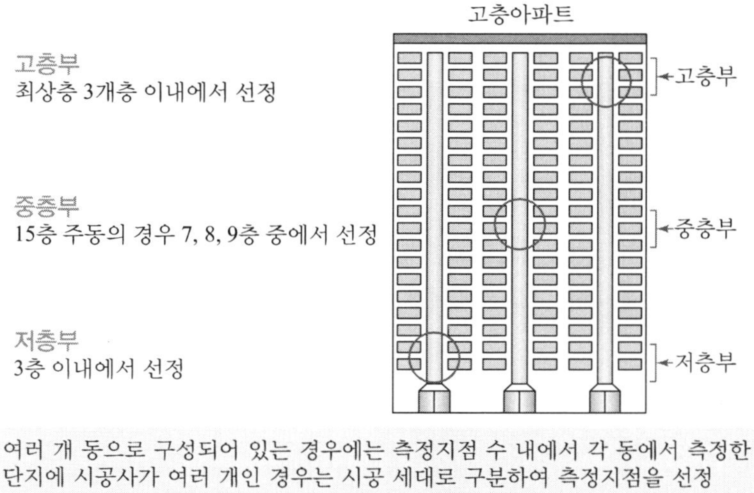

그림 9.5 **신축 공동주택 시료채취세대의 선정 방법**
[출처 : 중앙대학교 친환경건축연구센터 홈페이지(http://www.csbr.re.kr), 2016년 7월 7일 검색]

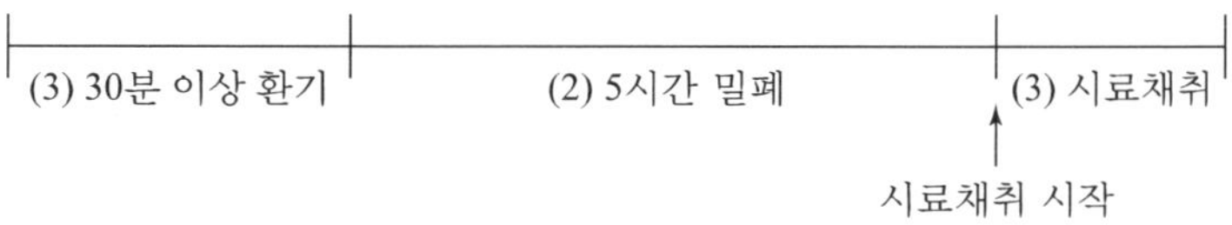

(1) 30분 이상 환기	신축 공동주택의 단위세대의 외부에 면한 모든 개구부(창호, 출입문, 환기구 등)와 실내출입문, 수납가구의 문 등을 개방하고, 이 상태를 30분 이상 지속한다.

↓

(2) 5시간 이상 밀폐	외부공기와 면하는 개구부(창호, 출입문, 환기구 등)를 5시간 이상 모두 닫아 실내외 공기의 이동을 방지한다. 이때, 실내간의 이동을 위한 문과 수납가구 등의 문은 개방한다.

↓

(3) 시료채취	시료채취는 실내에 자연환기 및 기계환기설비가 설치되어 있을 경우, 이를 밀폐하거나 가동을 중단하고 실시한다. 시료채취 시 실내온도는 20 °C 이상을 유지하도록 한다.

그림 9.6 **신축 공동주택 실내공기의 시료채취조건**
[출처 : 실내공기질공정시험기준(환경부 고시 제2010-24호)]

3.3 오염물질별 시료채취시간 및 횟수 산정

오염물질의 종류에 따라 시료채취시간과 횟수를 산정하는 방법은 실내공기 오염물질의 특성, 잠재적인 건강영향, 발생원의 방출특성, 분석방법의 정량한계, 측정목적에 따라 달라진다. 시료채취는 실내공기 오염물질의 오염도를 대표할 수 있다. 다중이용시설의 이용객이 많은 시간대에 시료를 채취한다. 단, 측정대상물질의 적정한 정량범위를 고려하여 시료채취유량 및 채취시간을 조절할 수 있다.

〈표 9.4〉 실내공기 오염물질별 시료채취시간 및 횟수

실내공기 오염물질	시료채취시간	횟수	비고
휘발성유기화합물	30분	연속 2회	30분/1회씩 연속 2회 측정
폼알데하이드	30분	연속 2회	30분/1회씩 연속 2회 측정
미세먼지(PM_{10})	6시간 이상	1회	지하역사의 경우 혼잡시간대(7~9시 또는 18~20시)를 반드시 포함하도록 함
석면	총 시료채취량 1,200 L 이상	1회	미세먼지 농도를 고려하여 시료채취량 조절
일산화탄소	1시간	1회	
이산화탄소	1시간	1회	
오존	1시간	1회	
이산화질소	1시간		
라돈	측정방법에 따라 다름	1회	단기측정(2일 이상~90일 이하)과 장기측정(90일 이상)으로 구분
총부유세균	총 시료채취량 250 L 이하	3회	시료채취간격 20분 이상

[출처 : 실내공기질공정시험기준(환경부 고시 제2010-24호)]

3.4 실내공기질의 표시 및 평가방법

다중이용시설의 실내공기질 측정값은 각 측정지점의 측정값에 대한 산술평균값으로 대상시설 전체의 오염도를 평가하며, 신축 공동주택의 실내공기질은 각 측정세대의 측정값으로 표시하고 오염도를 평가한다. 다중이용시설이나 신축 공동주택의 실내공기질 측정값을 한 지

점에서 반복 측정하는 경우, 그 지점의 실내공기질 측정값은 반복 측정농도의 평균값으로 나타낸다.

3.5 시험결과의 표시방법

시험결과의 표시단위는 「실내공기질관리법」에서 규정한 유지기준 및 권고기준의 단위로 표시한다.

한국산업규격

데이터의 통계적 해석 방법 - 제1부 : 데이터의 통계적 기술

KS Q 5002 (변경 전 KS A 3251-1)

(지식경제부 기술표준원 고시 제2008-0872)

최종개정확인일 ; 2008.12.11

1. 적용 범위 이 규격은 공장, 실험실 등에서의 데이터를 취하는 방법, 정리하는 방법 및 표시 방법에 관한 통계적 방법에 대하여 규정한다.

4. 측정값을 취하는 방법
   4.1 측정의 목적 측정에서는 먼저 그 목적을 명확히 하고 그 목적에 맞도록 샘플을 뽑는 방법, 측정 방법, 계측기의 선택 등을 고려하는 것이 바람직하다.
      a) 개개 물품의 적합・부적합 판정을 내리기 위하여 개개 물품의 품질특성을 측정한다.
      b) 로트의 합격・불합격의 판정을 내리기 위하여, 로트에서 무작위로 뽑은 샘플을 측정하여 그 평균값이나 표준편차를 구한다.
      c) 로트의 성질을 조사하기 위하여, 로트에서 무작위로 뽑은 샘플을 추적하여 그 평균값, 범위 등을 구한다.
      d) 프로세스(공정)를 관리・해석하는 관리도를 작성하기 위하여, 프로세스에서 무작위로 뽑은 샘플을 측정하여 그 평균값, 범위 등을 구한다.
      e) 요인 효과 측정을 위하여, 복수 인자의 여러 가지 수준에 대하여 실험한 결과를 측정하고 해석한다.
      f) 2가지 특성의 관계를 알아보기 위하여, 프로세스 또는 로트에서 쌍으로 된 측정값을 취하여 상관관계를 조사한다.
   4.2 측정값의 수치 맺음법 평균값・표준편차의 자릿수 및 수치의 맺음법은 다음과 같다. "맺음한다"는 것은 주어진 크기의 수치를 일정한 맺음 간격의 정수배 계열에서 고른 크기의 수로 바꾸는 것이다.

[출처 : 국가표준인증센터 홈페이지(http://www.standard.go.kr), 2015년 10월 26일 검색]
한국산업규격 KS Q 5002 (데이터의 통계적 해석 방법 - 데이터의 통계적 기술)

※ 한국산업규격 KS Q 5002(변경 전 KS A 3251-1)의 데이터 통계적 해석방법에서는 실험실 등에서 데이터를 취하는 방법, 정리하는 방법 및 표시 방법에 관한 통계적 방법에 대하여 규정하고 있다.

① 데이터의 통계적 해석방법은 따로 규정이 없는 한 한국산업규격 KS Q 5002에 따른다 (기술표준원 고시 제2008-0872, 2008.12.11).

② 공정시험기준 중 각 항에 표시한 검출한계는 재현성, 안정성 등을 고려하여 해당되는 조건으로 시험하였을 때, 얻을 수 있는 한계치를 참조하도록 표시한 것이므로 실제 측정할 때는 그 목적에 따라 적당히 조정할 수 있다.

③ 이 시험기준에 규정되지 않은 사항에 대해서는 일반적인 화학 기초이론에 기반하며, 만약 세부조작이 시험의 본질에 영향을 주지 않는다면 실험자가 변경·조정할 수도 있다.

제 4 절 실내공기 오염물질 측정방법

4.1 미세먼지

4.1.1 중량법(gravimetric method)

실내공기 중 미세먼지(PM_{10})를 여과지에 1～30 L/min의 유량으로 6시간 이상 연속 채취하여 채취 전·후의 여과지 중량의 차이를 이용하여 실내공기 중 미세먼지를 측정하는 주 시험방법이다. 단, 지하역사의 경우에는 출근시간대(오전 7～9시) 혹은 퇴근시간대(오후 6～8시)를 반드시 포함하도록 하여야 한다.

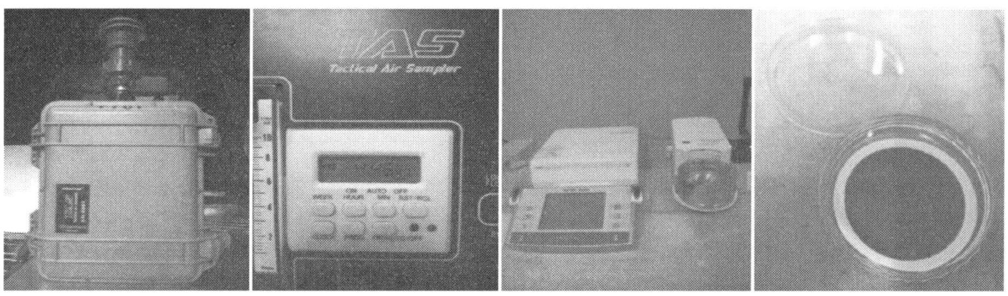

1～30 L/min의 유량으로 6시간 이상 연속 채취

채취 전·후의 여과지 중량의 차이를 이용하여 미세먼지 측정

그림 9.7 미세먼지를 중량법으로 측정하는 방법

4.1.2 베타선흡수법(beta-ray absorption method)

실내공기 중 미세먼지(PM_{10})를 여과지에 채취하고 여과지에 베타선을 투과시켜 흡수되는 베타선의 정도를 이용하여 미세먼지의 중량농도를 연속적으로 측정하는 부 시험방법이다. 즉, 베타선 광원으로부터 방출된 베타선이 먼지가 축적된 테이프 여과지를 통과할 때 채취된 먼지의 양에 비례하여 흡수 소멸된 나머지가 감지부에 도달되어 연산장치 또는 기록부에 감지된 양으로 입자상 물질의 농도를 정량하게 된다.

$$I = I_o \times \exp(-\mu\delta) \quad \cdots\cdots\cdots\cdots \text{ Beer-Lambert의 법칙}$$

여기서, I_o : Blank 여과지에 투과된 베타선의 세기

I : 여과지에 포집된 분진을 투과한 후 베타선의 세기

δ : 단위면적당 포집된 분진의 양(mg/cm^2)

μ : 분진에 의한 베타선 질량 흡수 감쇠계수(cm^2/mg)

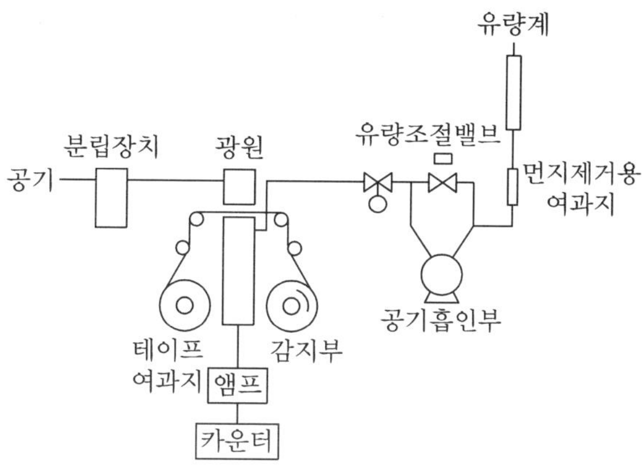

그림 9.8 미세먼지 베타선흡수법 측정장치의 일반적인 구성도

4.1.3 광산란법(light scattering method)

실내공기 중에 부유하고 있는 입자상 물질에 빛을 조사하면 입자상 물질에 의하여 빛이 산란되고, 물리적 성질이 동일한 입자상 물질에 빛을 조사하면 산란광의 양은 질량농도에 비례하는 원리를 이용하여 산란광의 양을 측정하고 그 값으로부터 입자상 물질의 농도를 정량하는 방법이다.

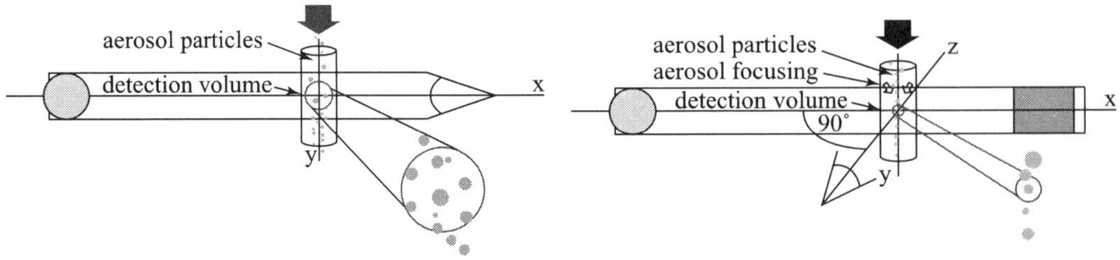

입자가 레이저 광과 부딪히면서 산란되는 전체 산란광량을 측정하는 원리이며, 대부분의 광산란 장비들이 이 원리를 사용하므로 저렴한 가격에 판매가 가능하나 데이터의 신뢰성이 부족

입자가 유입부에 의해 일렬로 정렬되어 들어오면 레이저 광과 부딪혀서 입자 개수농도를 측정하고, 산란되는 양에 의해 입자크기를 측정하는 원리로 PM_{10}, $PM_{2.5}$ 측정이 동시에 가능

그림 9.9 미세먼지를 측정하는 광산란법 원리

4.2 이산화탄소

4.2.1 비분산적외선법(non-dispersive infrared spectrometer)

이산화탄소에 의한 특정 파장의 적외선 흡수량 변화를 선택적 검출기로 측정하여 실내공기 중 이산화탄소를 연속·자동 측정하는 주 시험방법이며, 측정범위는 약 0~5,000 ppm이다.

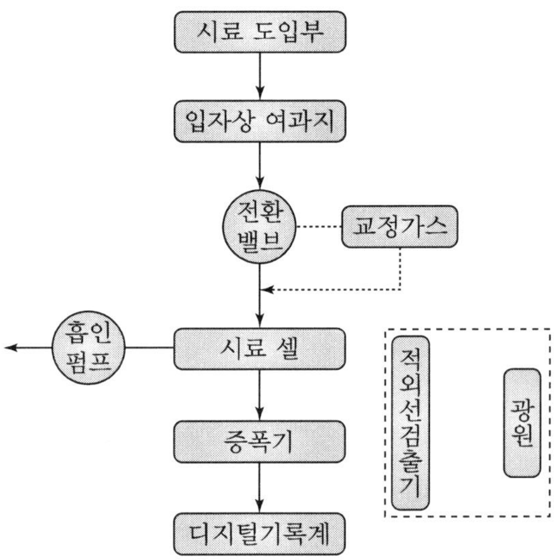

그림 9.10 일반적인 이산화탄소 측정장치의 구성도

4.3 일산화탄소

4.3.1 비분산적외선법(non-dispersive infrared spectrometer)

실내공기 중 일산화탄소를 측정하는 주 시험방법으로 일산화탄소가 특정 파장의 적외선을 흡수하는 특성을 이용하여 실내공기 중 일산화탄소를 연속·자동 측정하는 방법이며, 측정범위는 약 0~100 ppm, 방법 검출한계는 0.05 ppm이다.

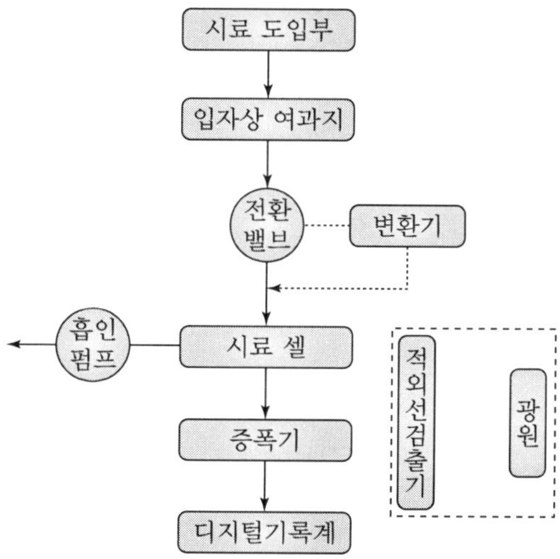

그림 9.11 일반적인 일산화탄소 측정장치의 구성도

4.3.2 전기화학식센서법(electrochemical sensor method)

실내공기 중 일산화탄소를 측정하는 부 시험방법으로 일산화탄소 분자의 전기적 산화·환원반응에서 발생하는 전자의 양을 감지하여 실내공기 중 일산화탄소를 연속·자동 측정하는 방법이며, 측정범위는 약 0~200 ppm, 방법 검출한계는 0.1 ppm이다.

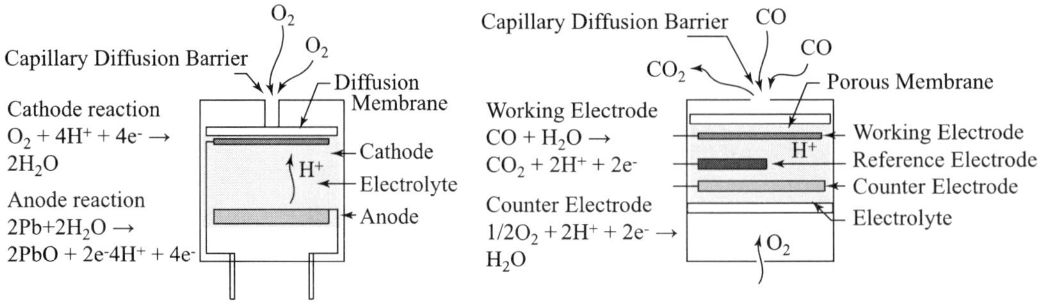

Working electrode : $CO + H_2O \rightarrow CO_2 + 2H^+ + 2e^-$
Counter electrode : $1/2\ O_2 + 2H^+ + 2e^- \rightarrow H_2O$
Overall reaction : $CO + 1/2\ O_2 \rightarrow CO_2$

그림 9.12 전기화학식 센서방식의 일산화탄소 측정원리

4.4 총부유세균

4.4.1 충돌법

실내공기 중 부유하고 있는 배양 가능한 세균의 총부유농도를 측정하는 주 시험방법으로 미생물이 배지에 충돌하는 원리를 이용하여 세균배양용 배지가 장착된 채취기로 총부유세균을 채취하고 농도를 측정하는 방법이다.

세균배양용 배지가 장착된 채취기를 이용하여 채취 | 35±1℃에서 48시간 동안 배양기에서 배양 | 배양 중 증식되는 세균의 집락수를 계수

그림 9.13 충돌법에 의한 총부유세균의 측정과정

4.5 이산화질소

4.5.1 화학발광법(chemiluminescence method)

실내공기 중 이산화질소 농도를 측정하기 위한 주 시험방법으로 일산화질소(NO)와 오존(O_3)의 반응으로 생긴 이산화질소(NO_2)로부터 발생하는 발광현상을 이용하여 실내공기 중 이산화질소 농도를 연속·자동 측정하는 방법이다. 측정범위는 약 0~10 ppm이며, 방법 검출한계는 0.00784 ppm이다.

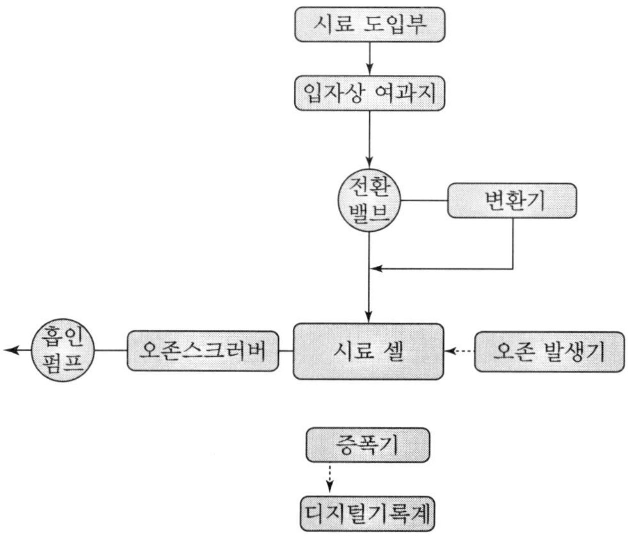

그림 9.14 일반적인 이산화질소 측정장치의 구성도

4.6 라돈

4.6.1 알파비적검출법(alpha track detector)

실내공기 중 라돈-222 (Rn-222, 이하 라돈)을 측정하기 위한 주 시험방법이며, 90일 이상 1년 미만의 장기 측정방법을 규정한다. 그 원리는 실내공기 중 라돈 및 라돈붕괴생성물이 방출하는 알파입자가 고체형태의 검출소자(필름)에 입사될 때 생성되는 손상을 충분한 기간 동안 축적한 후 화학적 처리를 통하여 손상의 흔적을 계수하여 공기 중 라돈의 평균 방사능 농도를 측정하는 방법이다.

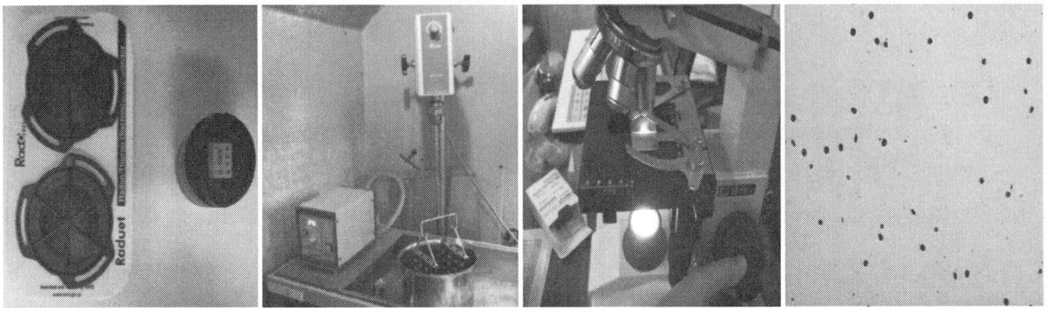

90일 또는 그 이상 시료채취　　시료 전처리(에칭)　　광학현미경을 이용한 비적 계수

그림 9.15　알파비적검출법에 의한 라돈의 측정과정

4.6.2 라돈 연속측정방법(continuous radon monitor)

실내공기 중 라돈을 측정하는 부 시험방법으로 연속 자동측정기를 이용하여 실내공기 중 라돈 방사능 농도를 2일 이상 90일 이하의 단기 측정하는 방법이다. 연속 라돈측정기에는 주로 다음의 세 가지 검출방식이 이용된다.

① 섬광셀(scintillation cell) 방식

여과지를 거친 후, 자연확산 또는 동력펌프를 통해 셀 내로 유입된 라돈과 셀 내부에서 생성된 라돈 붕괴생성물에서 방출되는 α-입자와 ZnS(Ag)가 반응하여 나온 섬광을 광증배관으로 증폭하여 계수하는 방식이다.

② 이온화상자(pulsed ionization chambers) 방식

전위계가 부착된 이온화상자 방식은 자연확산 또는 동력펌프를 통해 라돈이 포함된 공기를 전리함 내부로 유입시킨 후, 라돈의 붕괴로 생성된 이온을 전위계에서 전기적인 펄스 형태로 변환시키고 변환된 펄스는 교정인자에 의하여 다시 Bq/m^3으로 변환되어 측정하는 방식이다.

③ 실리콘 검출기(silicon detector) 방식

용기벽과 실리콘 검출기 사이의 2200 V에 이르는 높은 전위차를 이용하여 용기 내부로 유입되는 라돈 및 라돈붕괴 생성물이 붕괴할 때 방출하는 알파입자를 실리콘 반도체 검출기를 이용하여 포집・계수하는 방식이다.

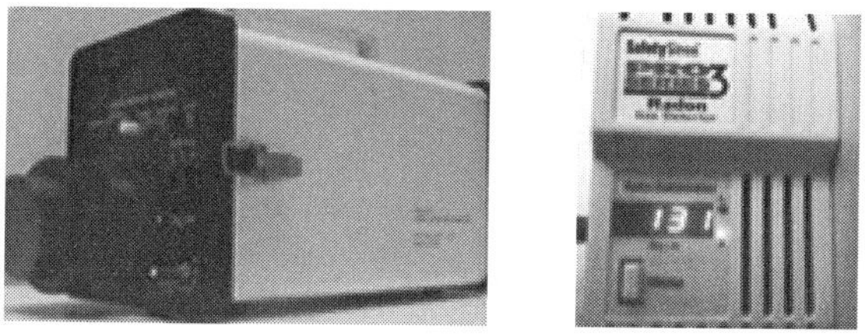

섬광셀 방식 (Scintillation cell) | 펄스 이온화함 방식 (Pulsed ionization chambers) | 실리콘 검출기 방식 (Silicon detector)

그림 9.16 검출방식에 따른 라돈 자동 연속측정기기의 종류
[출처 : ㅇㅇ원자력 홈페이지(http://www.hanilnuclear.co.kr), 2016년 7월 7일 검색]

제 5 절
실내 및 건축자재에서 방출되는 오염물질 측정방법

5.1 폼알데하이드 - 2,4-DNPH 카트리지와 액체크로마토그래프법

실내공기 및 건축자재에서 방출되는 폼알데하이드를 2,4-DNPH (dinitrophenylhydrazine) 카트리지를 사용하여 시료채취하고, 자외선 흡수법에 의한 고성능 액체 크로마토그래프 (HPLC, High Performance Liquid Chromatograph)로 분석·측정하는 주 시험방법이다.

30분간 2회 연속 시료채취 | 시료 전처리 | 기기(HPLC) 분석

그림 9.17 폼알데하이드 측정방법

5.2 휘발성유기화합물 - 고체 흡착관과 기체크로마토그래프법

실내 및 건축자재에서 방출되는 휘발성유기화합물(VOCs, Volatile Organic Compounds)을 고체 흡착관을 사용하여 시료를 채취하고, 열탈착 전처리하여 GC-MS/FID로 휘발성유기화합물을 분석하는 주 시험방법이다.

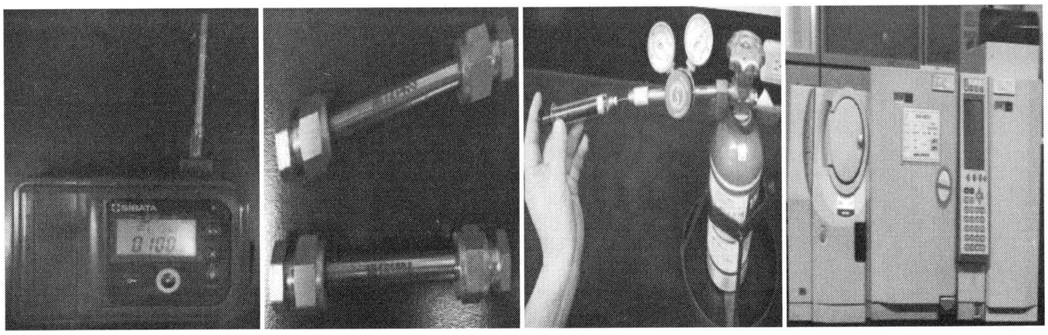

30분간 2회 연속 시료채취 표준흡착관 제조 기기(GC) 분석

그림 9.18 휘발성유기화합물 측정방법

제 6 절
건축자재에서 방출되는 오염물질 시험방법

6.1 소형챔버법

실내에 사용되는 고체 및 액체 건축자재에서 방출되는 휘발성유기화합물과 폼알데하이드를 일정한 온도와 상대습도, 환기횟수를 유지하는 소형방출시험챔버를 이용하여 단위 방출량을 평가하는 주 시험방법이다.

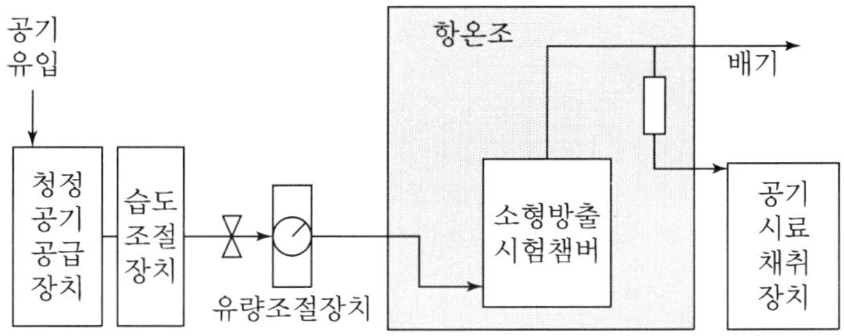

그림 9.19 소형방출챔버장치의 일반적인 구성도

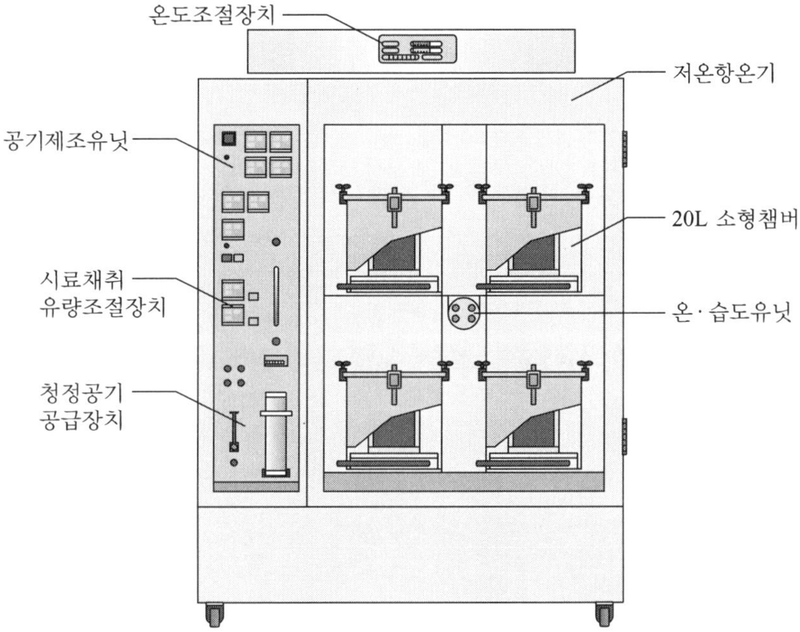

그림 9.20 방출챔버장치의 내부 모식도

6.2 방출셀법

실내에 사용되는 고체 및 액체 건축자재에서 방출되는 휘발성유기화합물과 폼알데하이드를 일정한 온도와 상대습도, 환기횟수 조건에서 방출셀을 이용하여 단위 방출량을 평가하는 부 시험방법이다.

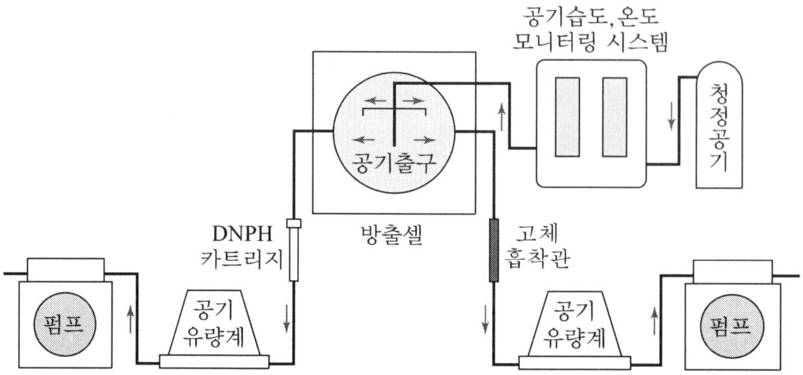

그림 9.21 방출셀 시스템의 구성도의 예

참고문헌

강공언 · 김신도 · 이정실 · 최경순, 2012. 실내공기질관리학, 문운당, 99-140.

김윤신, 2010. 실내환경과학특론, 신광출판사, 75-135.

서광석 · 박종웅 · 서부갑, 2002. 신환경위생학, 대학서림, 27.

손종렬 · 이정주, 2008. 실내환경과 건강, 신광문화사, 71-117.

심상효, 2007. 실내공기질 모델을 이용한 신축공동주택의 공기오염도 평가, 한국학술정보(주), 64-65.

양원호, 2008. 실내공기질 및 위해성 관리, 집문당, 271-320.

차동원, 2007. 건축환경 실내공기오염, 기문당, 68-70.

환경부, 2010. 실내공기질공정시험기준, 환경부고시 제2010-24호.

환경부, 2016. 환경분야 시험 · 검사 등에 관한 법률, 법률 제13176호(2015.2.3. 일부 개정).

국가법령정보센터, 2016. 실내공기질관리법 검색, http://www.law.go.kr

국가법령정보센터, 2016. 환경분야 시험 · 검사 등에 관한 법률, http://www.law.go.kr

국가표준인증종합정보센터, 2016. 「한국산업규격」, http://www.standard.go.kr

한일원자력, 2016. 라돈 자동 연속측정기, http://www.hanilnucler.co.kr

권순박 · 양지연 · 최유진 박사

10

생활공간의 실내공기질 관리

제 1 절
대중교통 생활공간

1.1 대중교통의 주요 생활공간

1.1.1 대중교통

대중교통은 불특정 다수가 이용하는 교통시설로 이동을 위한 차량과 탑승 및 대기, 환승을 위한 역(터미널)으로 구분될 수 있다. 대중교통 차량은 버스, 지하철, 고속철도 등이 포함되며, 역(터미널)은 지하철역, 철도역사, 버스터미널, 복합환승센터, 선착장 등이다. 보다 구체적으로 살펴보면, 실내공기질관리법이 적용되는 대중교통 시설은 지하역사(출입통로, 대합실, 승강장 및 환승통로와 이에 딸린 시설 포함), 철도역사의 대합실, 여객자동차터미널의 대합실, 항만법에 따른 항만시설 중 대합실, 공항시설법에 따른 공항시설 중 여객터미널로 구분되며, 적용대상 대중교통 차량은 도시철도법에 따른 도시철도 차량, 철도산업발전기본법에 따른 여객을 운송하기 위한 철도차량, 여객자동차 운수사업에 사용되는 자동차 중 대통령령으로 정하는 자동차로 구분된다. 서울시 통계자료를 살펴보면, 2014년 기준 승용차의 통행분담율은 22.8%, 버스(시내외버스, 마을버스 및 통근, 통학, 기타버스)는 27%, 지하철과 철도는 39%로 조사되어 전체 교통에서 대중교통 분담율이 66%를 차지하는 것으로 조사되었다(서울시, 2014). 이러한 통계자료를 통해 하루 평균 약 2천2백만 명이 서울에서 대중교통을 이용하고 있으며, 이용객은 이와 관련된 역사시설 및 차량의 실내공기질에 영향을 받는다.

1.2 대중교통 차량

1.2.1 도시철도(지하철) 차량

도시철도 차량의 경우 2대의 냉방장치가 지붕 위에 설치되어 있고 천정 내 설치된 2열의 에어덕트를 통해 객실에 균등하게 공기를 분배하는 방식을 취하고 있으며, 객실 중앙부의 리턴그릴로 순환공기를 유입하여 재공급하게 된다. 냉방장치 가동 시 객실의 공기흐름도는 그림 10.1과 같다. 객실 끝에 위치한 배기구(exhaust outlet)의 역할은 냉방 시 유입된 외기를 자연 배기하는 것으로, 차량 내가 양압으로 유지된다는 조건에서 설계되었다(서울메트로 2호선 신조차량 기준). 차량의 종류나 제작시기에 따라 배기구는 강제배기방식으로 설치된 경우도 있다. 한편, 객실 내의 공기를 순환시키는 장치로 라인데리아가 사용되고 있다.

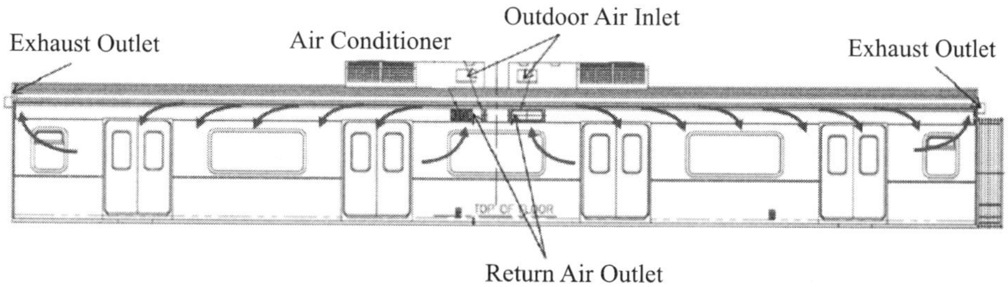

그림 10.1 도시철도 차량의 공조환기 방식

[출처 : 환경부, 2013, 대중교통수단 실내공기질 기준 및 측정방법 개선 연구, 국립환경과학원]

1.2.2 일반여객 차량

국내에서 운행 중인 일반여객 차량은 새마을, 무궁화 및 통근차량으로 구분된다. 일반여객 차량의 공조장치는 냉방장치, 난방장치, 환기설비를 총칭하는 것으로 객실과 운전실 및 기타 공간(화장실, 복도, 식당칸 등)의 환기 및 적절한 온도 유지를 위해 설치・운영된다. 환기는 지붕의 유니트쿨러 덮개에 부착되어 있는 통풍기를 통하여 객실에 신선한 공기를 공급하고, 객실의 오염된 공기는 차량 끝의 지붕에 설치되어 있는 배기팬에 의해 객실 양쪽의 통풍구를 통하여 외기로 배출하는 방식을 취하고 있다. 새마을 객차의 냉방장치는 대상 차량의 지붕에 장착하는 천정형이며, 무궁화 차량의 경우 초기 모델은 천정형으로, 최근 모델은 하부형으로 제작되었다. 새마을과 무궁화 차량 모두 객실 통로에 설치된 냉・난방 배전반과 실내 흡입공기의 입구 내면에 있는 실내온도 조절기에 의해 제어・운전되며, 각 유닛은 별도로 분리・독립된 냉매 체계에 의해 송풍(ventilation), 반냉방(half cooling), 전냉방(full cooling) 등의 수동 선택운전이 가능하도록 되어 있다. 무궁화 객차의 냉방장치는 덕트가 필요 없는 지붕 장착 분산형 방식을 채택하고 있고, 새마을 객차의 냉방장치는 덕트로 공기흐름을 조절하는 지붕 장착 반집중식 방식을 채택하고 있다. 난방장치는 전기난방기가 창측 바닥으로 분산 배치되어 있으며, 전기난방기는 객차의 냉난방 배전반에서 제어한다.

1.2.3 고속철도 차량

고속철도의 공조시스템은 일반여객과 유사하나 고속운행 시 차외 압력변동에 대응한 신선공기량을 확보해야 하며, 터널 운행 시 발생할 수 있는 실내 압력변동을 최소화 할 수 있도록 설계되어야 한다. 고속철도 차량의 공조시스템은 실내에서 되돌아오는 리턴(return)공기와 환기를 목적으로 실외로부터 받아들이는 신선공기를 혼합하여 냉·난방 코일을 거쳐 실내로 공급하는 시스템과 신선공기를 실내로 공급한 양만큼 실외로 배출시키는 배기구로 구분할 수 있다. 일반여객 및 지하철과 달리 고속철도에 특별히 적용되고 있는 시스템은 여압장치로 차량이 터널에서 주행할 때 발생하는 차량 외부의 압력변동에 의한 객실 내 압력변동을 일정 수준 이하로 조절하는 기능을 수행한다. 원래 여압시스템은 영문으로 Pressurization으로 표현하며 어떤 공간에 인위적으로 압력을 가하는 것인데, 항공기 등과 같이 어떤 구간에서 실내 압력이 대기압보다 매우 낮아져 인위적으로 실내 압력을 높여주지 않으면 안 되는 경우에 사용하는 시스템을 말한다. 실내외 압력차가 크거나 단위시간당 변화하는 압력이 기준치 이상으로 크면 승객에게 이명 현상 등의 불쾌감을 유발한다. 고속철도의 여압시스템은 일반여객 차량과 달리 반드시 구비되어야 하며, 실외 압력변동으로부터 신속한 대응 가능, 고정압 송풍기의 소음문제 해결, 차 내외 압력 모니터링, 연속환기가 가능해야 한다. 특히 차내 압력변동을 최소화하기 위하여 연속환기가 이루어지지 않을 경우 객실 내 오염물질이 누적되어 불쾌감 유발 및 인체위해성 증대가 우려될 수 있기 때문에 압력조절 기능과 더불어 연속환기 기능이 필수적이다.

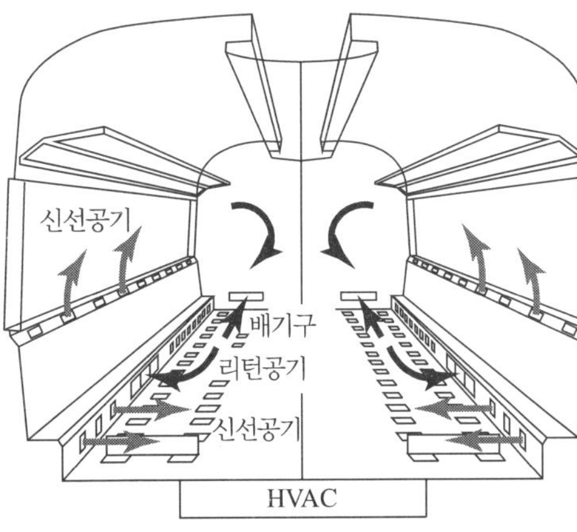

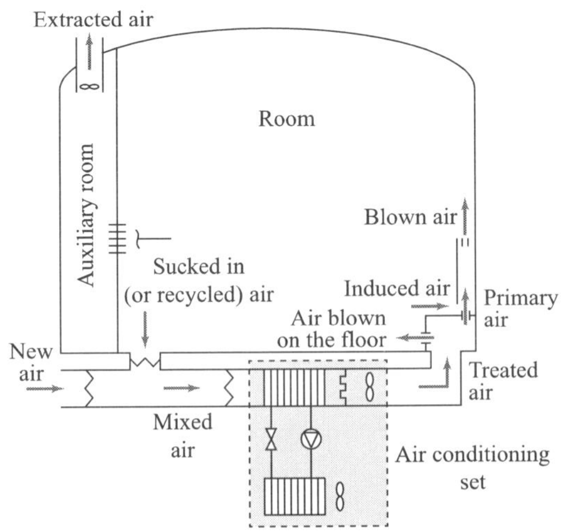

그림 10.2 일반 여객 차량(무궁화, 고속철도)의 공조환기 방식

[출처 : 환경부, 2013, 대중교통수단 실내공기질 기준 및 측정방법 개선 연구, 국립환경과학원]

1.2.4 고속버스 차량

버스 제작 국내 3사의 환기시스템은 유사한 방법을 적용하고 있다. 기본적으로 고속버스의 경우 공조모드는 자동운전(냉방, 난방), 외기도입, 내기배출, 내기순환 모드로 나눌 수 있다. 외기도입 및 내기배출 모드의 경우 제조사에 따라 강제 및 자연적인 방법을 적용하고 있으나, 대부분 외기도입과 내기순환 모드로 운영하고 있으며, 그림 10.3과 유사한 방식인 것으로 조사되었다. 승객석 에어컨 및 외기 도입 시 전체 공급풍량은 4,800 CMH로 조사되었으며, 실제 상황에서는 분배덕트에 의한 압력손실 등의 요인으로 인해 설계풍량의 70% 정도가 구현되는 것으로 조사되었다. 승객석 난방장치는 승객시트 하단에 좌우 각각 1개씩 설치되어 있으며, 난방 시 공급풍량은 1,300 CMH이며, 내기순환 모드에서 작동한다. 운전석 대시보드에 2개소, 차량 전면 유리하단부 4개소에 운전석 급기구가 있으며, 차량 출입문 하단부에 전체 배기구가 있다. 운전석의 최대풍량은 600 CMH이며, 내외기 도입의 전환이 가능하다(국립환경과학원, 2013).

그림 10.3 고속버스 차량의 공조환기 방식

[출처 : 환경부, 신규 대중교통차량 실내공기질 및 내장재 관리기준 설정 연구, 2013]

1.3 도시철도(지하철) 지하역사

지하철 역사는 차량 운행으로 발생하는 오염물질과 지상에서 유입되는 오염물질로 인하여 적절한 실내공기질 관리가 이루어지지 않을 경우 미세먼지, 이산화질소 등의 오염물질로 인한 공기오염 문제가 발생할 가능성이 높다. 지하역사의 공기조화설비는 대합실, 승강장으로 크게 구분하여 개별적으로 관리되고 있으며, 보다 상세히 살펴보면 그림 10.4와 같이 구성되어 있다. 초기에 건설된 지하역사의 경우 대합실은 급기와 배기가 동시에 이루어지지만, 승강장의 경우 승강장안전문(PSD, platform screen door)이 반영되지 않아 터널공간과 동일한 개념으로 공조설비가 구축되었다. 따라서 승강장의 공조설비는 주로 급기가 이루어지면 재순환되지 않고 외부로 배기되는 방식을 취하였다. 그러나 승강장안전문이 추가적으로 설치되면서 일부 역사는 충분한 배기량을 확보하지 못하고 있는 실정이다. 최근 건설되는 역사의 경우 승강장에도 대합실과 동일한 배기방식을 취함으로써 급배기량이 균형을 이루게 되었다. 지하역사에서 오염되지 않은 외부공기를 지속적으로 지하공간에 공급하는 것이 매우 중요하며, 특히 교통량이 많은 도로변에 설치된 급기구를 통해 유입되는 공기 중 미세먼지와 이산화질소 등의 가스상 오염물질이 유입되지 않도록 급기구를 설치하는 것이 중요하다. 미세먼지, 황사, 초미세먼지 등 외부에 오염상황이 발생할 경우 적절한 급기량을 선정하여 급기를 차단하거나 최소화하는 공조설비 운영이 요구되고 있다.

그림 10.4 도시철도 지하역사의 공조환기 계통도

[출처 : 국토부, 2016, 도시철도 역사 환경관리 기술 개발, 한국철도기술연구원]

1.4 대중교통 실내공기질 관련 기준

1.4.1 대중교통 관련 시설물의 실내공기질 법적 관리 대상 및 기준

〈표 10.1〉 대중교통 관련 실내공기질 유지 및 권고기준 현황

	대중교통 실내공기질 유지 및 권고기준 오염물질 농도				
유지기준					
적용대상	미세먼지 (PM_{10})	이산화탄소 (CO_2)	폼알데하이드 (HCHO)	총부유세균	일산화탄소 (CO)
대중교통 관련 시설물[a]	150 $\mu g/m^3$	1000 ppm	100 $\mu g/m^3$	–	10 ppm
권고기준(~2017년 12월 31일)					
적용대상	이산화질소 (NO_2)	라돈 (Rn)	총휘발성 유기화합물 (TVOC)	석면	오존 (O_3)
대중교통 관련 시설물	0.05 ppm	148 Bq/m^3	500 $\mu g/m^3$	0.01개/cc	0.06 ppm
권고기준(2018년 1월 1일 이후 적용)[b]					
적용대상	이산화질소 (NO_2)	라돈 (Rn)	총휘발성 유기화합물 (TVOC)	미세먼지 ($PM_{2.5}$)	곰팡이
대중교통 관련 시설물	0.05 ppm	148 Bq/m^3	500 $\mu g/m^3$	–	–
권고기준(대중교통차량의 실내공기질 권고기준－노선 1회 운행시 평균값)[c]					
적용대상	미세먼지(PM_{10})		이산화탄소(CO_2)		
			비혼잡		혼잡[d]
도시철도	200 $\mu g/m^3$		2,000 ppm		2,500 ppm
철도, 시외버스	150 $\mu g/m^3$		2,000 ppm		2,500 ppm

a 대중교통 관련 시설물 : 지하역사, 지하도상가, 철도역사의 대합실, 여객자동차터미널의 대합실, 항만시설 중 대합실, 공항시설 중 여객터미널

b 2018년부터 적용되는 권고기준으로, 기존 권고기준에서 석면과 오존이 제외되는 대신 미세먼지($PM_{2.5}$)와 곰팡이가 추가되었으나 대중교통 관련 시설물에는 적용되지 않음

c "노선 1회 운행 시 평균값" 이란 해당 대중교통차량 운영주체별 소속차량의 각 노선의 출발지에서 도착지까지 연속 측정한 값의 평균값을 의미함

d 혼잡시간대는 도시철도의 경우 주중 07시 30분부터 09시 30분까지 또는 18시부터 20시까지를, 철도 및 시외버스의 경우 주말이나 휴일 또는 성수기를 말하며, 비혼잡시간대는 혼잡시간대 외의 시간대를 의미함

대중교통 관련 시설물에 대한 실내공기질의 법적 관리 대상물질은 유지기준 항목과 권고기준 항목으로 구분된다(표 10.1). 유지기준은 미세먼지, 이산화탄소, 폼알데하이드, 일산화탄소의 네 가지 항목이 시설물에 적용되고 있으며, 권고기준은 2017년까지 이산화질소, 라돈, 총휘발성유기화합물, 석면, 오존의 다섯 가지 항목이고 2018년부터 석면과 오존 대신 미세먼지($PM_{2.5}$)와 곰팡이로 변경되지만 대중교통 시설물에는 적용되지 않으므로 세 가지 항목이 된다.

1.4.2 대중교통 차량의 실내공기질 법적 관리 대상 및 기준

대중교통 차량의 경우 실내공기질 관리대상에 포함되는 차량은 도시철도, 철도, 시외버스로 구분되며, 권고기준으로 미세먼지(PM_{10})와 이산화탄소(CO_2)를 대상 항목으로 규정하고 있다. 일반적인 다중이용시설 또는 대중교통 관련 시설물과 달리 대중교통 차량에서 대상물질이 미세먼지와 이산화탄소로 제한적인 이유는 이동하는 차량 안이라는 공간적 특성과 이용객으로 인한 혼잡으로 인해 측정기기의 설치 및 운용이 어렵다는 점을 감안한 것이며, 실내 이산화탄소 농도값이 전반적인 실내오염 축적 정도를 보여주는 지표(index) 물질로 사용될 수 있기 때문이다. 즉, 특정 실내공간의 이산화탄소 농도가 증가한다는 것은 일정 이산화탄소 농도를 유지하는 외기(바깥 공기)의 유입이 부족하다는 의미로 환기량 부족의 결과이다. 따라서 실내에서 발생하는 오염물질이 환기를 통해 외부로 배출되지 않는 것으로 볼 수 있어 실내 이산화탄소 농도의 증가는 다양한 실내오염물질의 실내공간 축적과 실내오염 증가를 의미할 수 있다.

1.4.3 실내공기질 관리를 위한 대중교통 차량의 제작 운행 관리지침

대중교통 차량의 제작자 및 운송사업자에게 실내공기질을 쾌적하게 유지하고 관리하기 위하여 필요한 사항을 정하여 권고함으로써 대중교통 차량을 이용하는 국민의 건강을 보호하고 환경상의 위해를 예방하는 것을 목적으로 제정된 "실내공기질 관리를 위한 대중교통 차량의 제작 운행 관리지침(환경부고시 제2013-186호, 2013 년 12월 31일 제정)"은 대중교통 차량의 설계 제작 시 고려사항과 운행 시 고려사항에 대한 내용을 담고 있다. 차량의 설계 및 제작 시에는 충분한 양의 외부공기가 유입될 수 있도록 설계되어야 하며, 외기도입부에 집진필터 등을 설치하여 미세먼지 등의 오염물질 유입을 최소화하여야 한다. 특히, 차량 내부공기를 순환시켜 이산화탄소와 미세먼지 등의 오염물질을 저감할 수 있는 필터 등 공기정화설비를 설치할 것을 권고하고 있다. 또한 차량 내부 마감재의 경우 폼알데하이드, 벤젠, 톨루엔, 에틸벤젠, 자일렌, 스티렌의 함량 또는 방출량이 최소화된 자재를 사용하여 제작하도록 권고하고 있다. 대중교통 운송사업자는 주기적인 실내공기질 측정을 수행하고 운전 중에는 적절한 환기 및 공기정화를 시행하여 객실 내 대상 오염물질의 농도가 기준값 이하로 유지되도록 관리해야 한다.

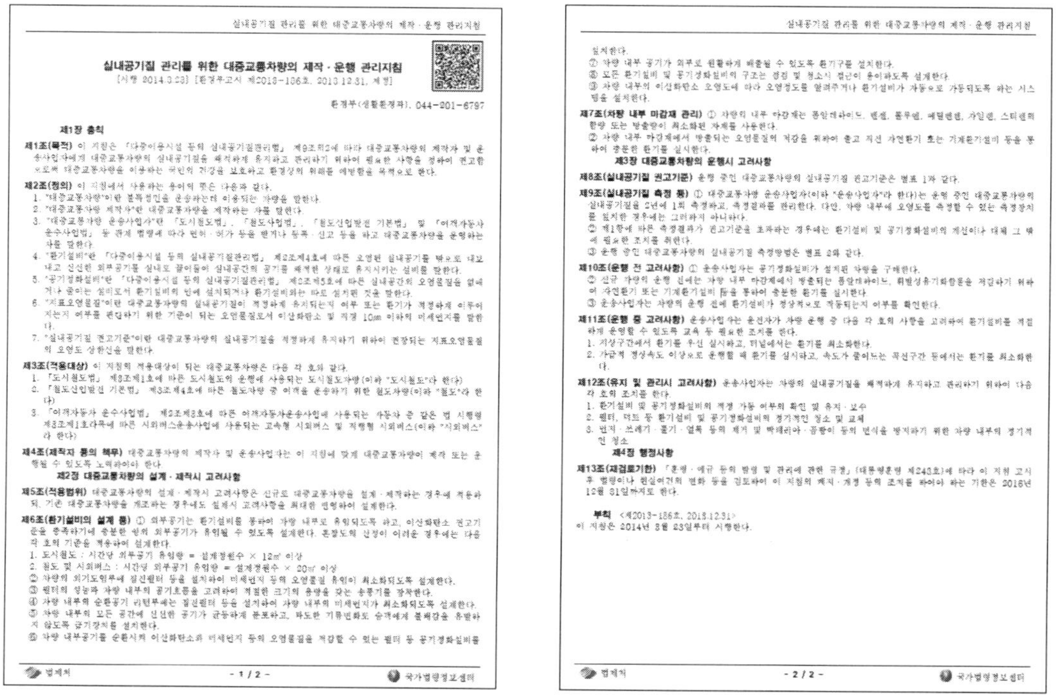

실내공기질 관리를 위한 대중교통차량의 제작 · 운행 관리지침

[시행 2014.3.23] [환경부고시 제2013-186호, 2013.12.31, 제정]

환경부(생활환경과), 044-201-6797

제1장 총칙

그림 10.5 실내공기질 관리를 위한 대중교통 차량의 제작 · 운행 관리지침 [환경부, 2013]

1.5 대중교통의 실내공기질 현황

1.5.1 대중교통 역사의 실내공기질 현황

대중교통 역사 중 도시철도 지하역사와 일반 철도 지상역사에서 '실내공기질관리법'에서 유지기준과 권고기준으로 지정된 항목 중 농도가 검출되지 않은 석면을 제외한 미세먼지(PM_{10}), 이산화탄소(CO_2), 일산화탄소(CO), 이산화질소(NO_2), 폼알데하이드(HCHO), 오존

(O_3), 총부유세균(TAB), 총휘발성유기화합물(TVOC), 라돈 등 총 9종의 오염물질에 대한 측정결과를 그림 10.6에 제시하였다(남궁형규 등, 2016). 공기질 측정결과를 살펴보면 지상역사에 비해 지하역사에서 미세먼지, 폼알데하이드, 총휘발성유기화합물, 이산화질소, 라돈이 높은 농도로 검출되었으며, 이는 지하역사 내부에 이러한 오염물질의 발생요소가 존재하기 때문으로 판단된다. 오존 농도는 지상역사에서 지하역사보다 높은 농도로 검출되었으며, 특히 외부로 노출되어 있는 지상역사 승강장에서 높은 농도를 보임으로써 외기 유입에 의한 영향이 있는 것으로 확인되었다. 따라서 외기에 의한 영향을 받는 오염물질은 역사의 기계환기 시 제거 과정을 거쳐 오염물질의 실내유입을 차단하고, 지하역사에서 기인한 미세먼지 등의 물질들은 실내에서 발생원에 따른 별도의 처리가 필요할 것으로 판단된다.

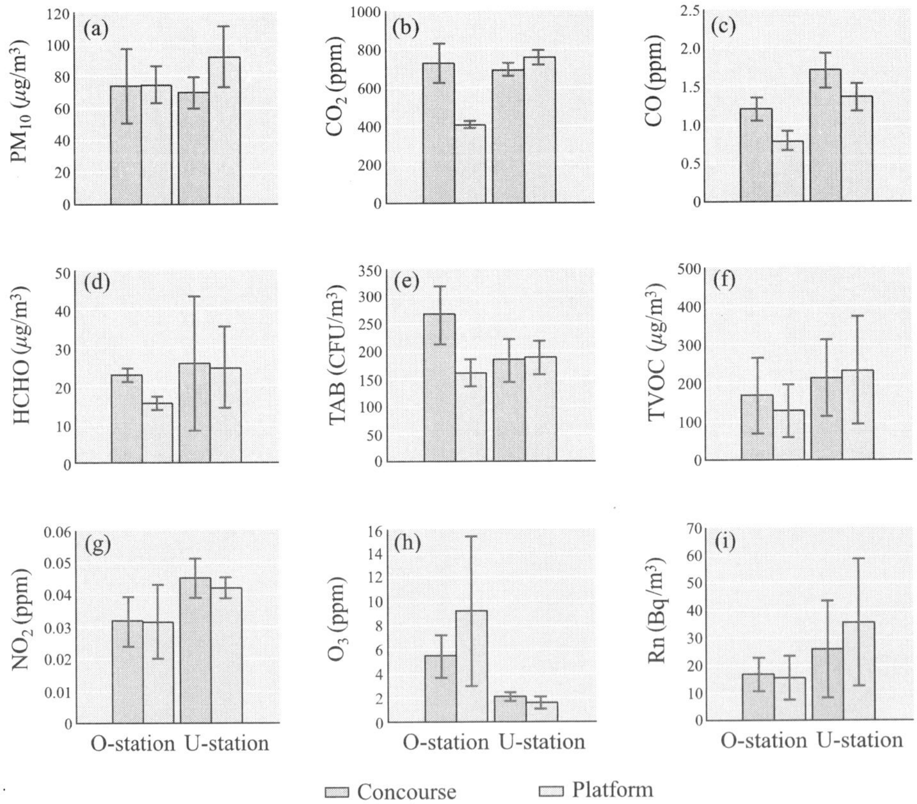

그림 10.6 지상과 지하 철도역사의 대합실(concourse)과 승강장(platform)의 실내공기질 측정결과 (a) PM_{10}, (b) CO_2, (c) CO, (d) HCHO, (e) TAB, (f) TVOC, (g) NO_2, (h) O_3, (i) Rn
[남궁형규 등, 2016]

1.5.2 대중교통 차량의 실내공기질 현황

2005년부터 2013년까지 대중교통 차량 내 실내공기질 관련 연구에서 보고된 PM_{10}, CO_2 농도 측정값에 대한 분석을 수행한 연구결과(정준식 등, 2015)에 따르면 선정된 대중교통 운송수단(시외버스, KTX, 새마을호, 무궁화호, 도시철도)에 따라 혼잡시간(출퇴근 시간 혹은 주말)과 비혼잡시간에 따라 미세먼지 농도와 이산화탄소 농도 경향을 살펴볼 수 있다. 그림 10.7 (a)는 도시철도 객실 내 미세먼지 농도에 대하여 비혼잡시간(non-rush hour)에 측정된 181개 측정 데이터의 분포특성을 보여주고 있는데, 평균 127 $\mu g/m^3$을 나타내며 약 32.5%는 기준값 150 $\mu g/m^3$을 초과하며 7.7%는 250 $\mu g/m^3$을 초과하는 것으로 나타났다. 혼잡시간대의 경우 총 260개의 측정결과를 분석하였으며 평균 135 $\mu g/m^3$을 나타내고 200 $\mu g/m^3$을 초과하는 경우가 44건으로 약 16.9%, 250 $\mu g/m^3$을 초과하는 경우가 약 3.8%인 것으로 나타났으며 혼잡 시간대와 비혼잡 시간대는 통계적으로 유의한 차이를 나타내지 않는 것으로 분석되었다. 반면 그림 10.7 (b)에 제시된 도시철도를 제외한 타 교통수단(시외버스, KTX, 새마을호, 무궁화호)의 미세먼지 농도는 비혼잡 시간대 42.8 $\mu g/m^3$, 혼잡시간대 59.2 $\mu g/m^3$로 나타나 도시철도에 비하여 낮은 수준임을 알 수 있다.

그림 10.8 (a)는 도시철도 객실 내 이산화탄소 농도분포 현황을 보여주는데, 혼잡 시간대 평균 1811 ppm, 비혼잡 시간대 1248 ppm으로 나타났으며 통계학적으로 유의미한 차이를 나타내었다. 도시철도를 제외한 대중교통 차량의 객실 이산화탄소 농도는 혼잡 시간대 1530 ppm, 비혼잡 시간대 1423 ppm으로 나타났다[그림 10.8 (b)].

1.5.3 대중교통 생활공간의 실내공기질 관리

다양한 대중교통 차량과 지하역사는 실내공기질관리법에 따라 법적 관리대상으로 지정되어 있다. 대중교통 차량의 경우 현재 권고기준에 따라 관리되고 있으나 역사(터미널, 대합실, 승강장 등)의 경우 유지기준에 따라 보다 광범위한 오염물질에 대한 기준이 제시되어 있다. 다른 실내공기질 관리대상에 비하여 불특정 다수가 짧은 시간 동안 이용한다는 특징이 있는 대중교통 생활공간의 효과적인 실내공기질 관리를 위해서는 개별 대상공간의 공조환기 특성과 이에 따른 실내공기질 특성을 이해하고 각 공간에 적합한 공조환기 및 공기정화를 수행할 필요가 있다.

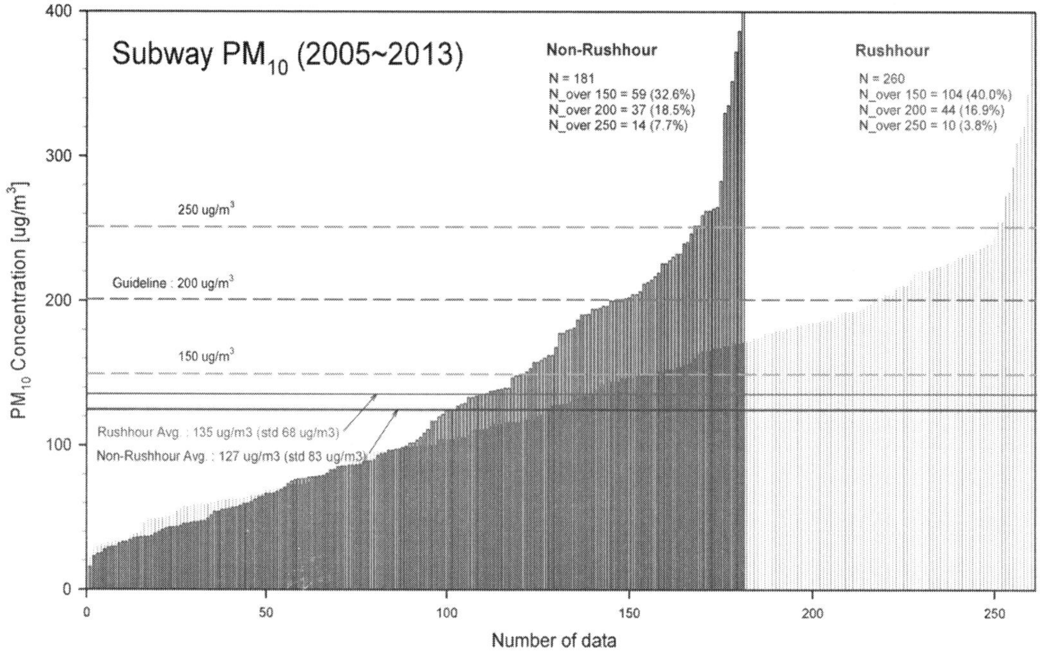

(a)

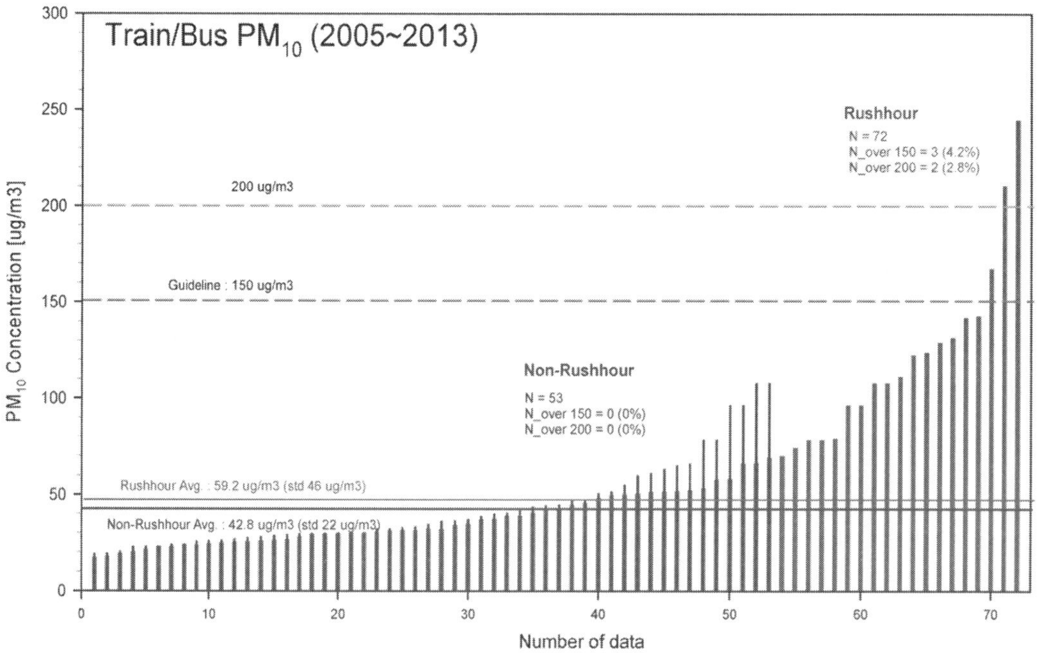

(b)

그림 10.7 **대중교통 차량 객실의 미세먼지 농도분포 현황** [정준식 등, 2015]

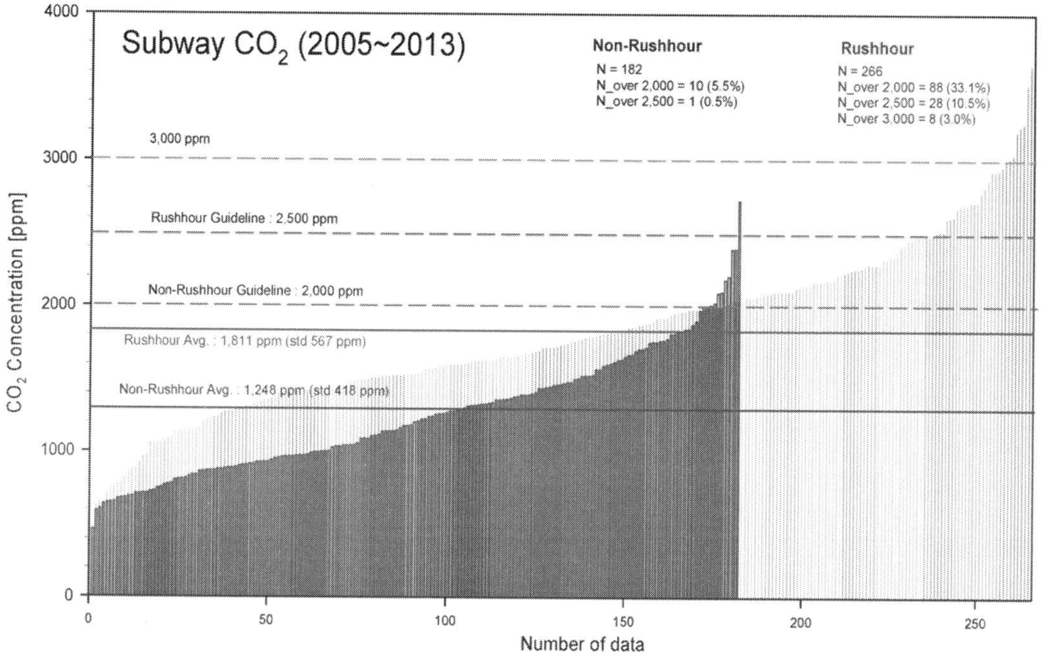

(a)

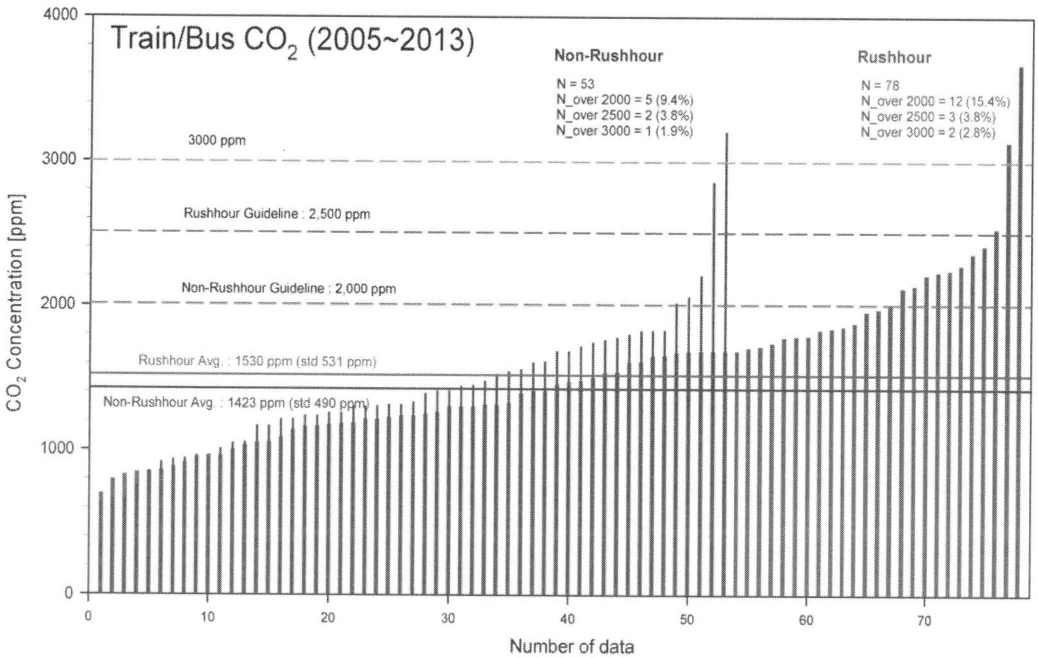

(b)

그림 10.8 대중교통 차량 객실 이산화탄소 농도분포 현황 [정준식 등, 2015]

참고문헌

국토부, 2016, "도시철도 역사 환경관리 기술 개발", 한국철도기술연구원.

남궁형규, 송지한, 김수연, 김희만, 권순박, 2016, "지상과 지하역사의 실내공기질 특성과 외기영향 평가", 한국산학기술학회지, 17, 17-25.

서울시, 2014, 교통정책과 통계자료.

정준식, 김종범, 김성연, 이우석, 배귀남, 박덕신, 권순박, 2015, "혼잡영향에 따른 대중교통 차량 내 PM_{10}과 CO_2 농도 특성에 관한 연구", Journal of Odor and Indoor Environment, 14, 1-8.

환경부, 2013, "대중교통수단 실내공기질 기준 및 측정방법 개선 연구", 국립환경과학원.

환경부, 2013, "신규 대중교통차량 실내공기질 및 내장재 관리기준 설정 연구", 국립환경과학원.

제 2 절
어린이 생활공간

현대 사회일수록 어린이에게 다양한 질환이 증가하고 있는 이유는 그들이 살고, 놀고, 배우며 자라는 동안 접하는 유해한 환경 및 화학물질과 관련이 있다. 석유화학 산업이 급속히 발전하고, 에너지 절약 정책에 의해 실내 밀폐가 강화되면서 성인보다 실내 거주 점유율이 높은 어린이의 실내공간에서 유해물질 노출 가능성이 높아지고 있다. 세계보건기구에서는 조리나 난방에 사용되는 화석 연료로 배출되는 연소가스로 인해 5세 이하의 어린이 사망률의 20%까지 설명할 수 있다고 보고하였다(WHO, 2001). 최근 국내에서는 부모의 경제 활동이 많아지면서 영유아 및 어린이의 공동 보육시설의 이용이 증가되고, 보육과 놀이 및 교육 활동이 밀집되어 있는 어린이 활동공간에서 실내 유해물질로 인한 건강 위해 가능성이 보고되고 있다(환경부, 2008, 2010).

여기에서는 어린이 활동공간을 이용하면서 노출될 수 있는 실내공기오염으로 인한 건강 위해 특성을 살펴보고, 합리적인 어린이 활동공간에서 실내공기질의 관리 방안을 알아보고자 한다.

2.1 어린이는 키 작은 성인이 아니다

2.1.1 생리적 · 신체적 차이

어린이는 단순히 성인보다 키와 체중이 적은 개체가 아니다. 왜냐하면 어린이는 꾸준히 성장하고 있으며, 불완전한 면역체계를 완성해 가는 발달 과정이 진행되고 있는 시기이기 때문에 위험 인자에 대한 감수성이 약할 수밖에 없다. 이로 인해 성장 · 발달 단계에 있는 어린이는 성인과 동일한 양의 유해물질에 노출될 때 성인보다 더 유해한 건강 영향이 발생될 수 있으며, 생애주기의 초기 단계의 건강 영향은 궁극적으로 성인 시기의 건강을 좌우할 수 있다.

성인에 비해 어린이는 활동량이 많기 때문에 동일 시간별 호흡량이 많으며, 심박수가 빠르기 때문에 쉽게 신체 장기로 확산될 수 있다. 성인은 단위 체중당 및 분당 150 mL/kg/min인 것에 비해 신생아는 400 mL/kg/min이며, 분당 호흡수는 신생아에 비해 성장할수록 느려지는 것으로 알려져 있다(Woolf et al., 2000). 호흡량이 많다는 것은 같은 실내공간에 있어도 성인에

〈표 10.2〉 영유아의 분당 호흡수

연령 (개월)	1분당 평균 호흡수	1분당 상위 호흡수
0~2	45	80
3~4	36	60
5~6	31	50
6~12	25	36
13~24	24	35

[출처 : Indoor air pollutants affecting child health. Woolf et al., 2000]

비해 어린이의 공기 흡입량이 크며, 호흡기로 유입되는 유해물질의 양도 많다는 것이다.

성인에 비해 어린이는 체내로 유입된 유해인자의 대사(무독화 과정) 능력 및 배설이 적다. 체내로 유입된 유해인자의 독성을 감소시켜서 체내로 쉽게 배설되도록 하는 과정이 간에서 대사과정이다. 간에서 대사 활성은 간 효소 농도와 양의 상관성이 있다. WHO (World Health Organization)의 보고서에 의하면, 신생아의 간 효소 농도는 성인의 약 20% 수준이며, 5~15세도 성인의 60~80% 정도이다(WHO, 2006).

낮은 대사 활성은 성인과 동일한 양의 유해인자가 호흡기를 통해 노출되어도 체내로 배설되는 양이 적어 유해인자의 체내 잔류시간이 길어 독성 영향을 유발할 가능성이 커질 수 있는 요인이 된다. 신생아의 체내 유해물질 반감기($t^{1/2}$)는 성인에 비해 약 2~4배까지 증가된다는 보고도 있다(WHO, 2006).

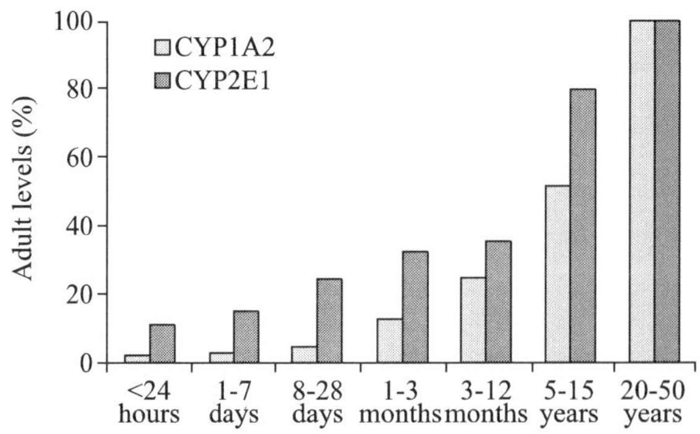

그림 10.9 성인의 간 효소(CYP1A2, CYP2E1) 농도 대비 연령별 간 효소 발생율 비교
[출처 : Principles for evaluating health risks in children, WHO, 2006]

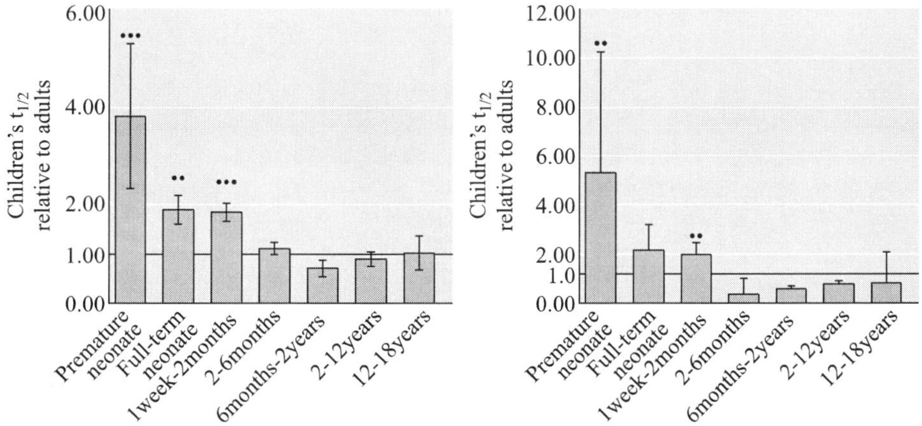

그림 10.10 유해물질의 성인 대비 어린이 체내 반감기 비교
[출처 : Principles for evaluating health risks in children, WHO, 2006]

성인에 비해 어린이의 많은 호흡량, 낮은 대사능력에 의해 체내 잔류하는 유해인자의 양이 많을 수 있는 취약한 요소와 더불어 또 하나의 차이는 호흡기, 특히 폐의 발달 상태가 성인과 다르다는 것이다. 폐의 발달 과정은 두 단계로 이루어지며, 첫 번째 단계는 폐의 폐포와 모세혈관이 증식하는 과정으로 약 5~8세까지 진행된다. 그 다음 발달 과정은 폐포 확장을 통한 성장과정으로 신장과 체중의 증가에 따른 폐의 크기가 적정하게 커지는 단계이며, 약 15세까지 진행된다. 따라서 어린이와 같이 폐의 발달이 성숙되기 전에 유해물질의 흡입 노출은 잠재적인 알레르기 항원에 의한 염증 반응에 더 취약할 수 있다(Woolf et al., 2000).

이와 같이 생리적, 신체적으로 미완성 시기에 발암성 물질의 노출은 성인에 비해 유해 영향의 발생을 증가시킬 수 있다. 미국 환경보호청에서는 성인 시기 노출로 인한 암 발생률에 비해 생애 초기 노출로 인한 암 발생 가중 가능성을 확인하기 위해 18종의 유해물질에 대한 동물발암성 실험 보고서 30개를 비교하여 고찰하였다. 그리하여 동일한 농도로 성인 시기에 노출됨으로 인해 발생되는 급성 독성은 성인에 비해 어린 시기 노출로 인한 유해영향 유발율은 거의 차이를 보이지 않았다. 이에 비해 반복적 노출로 인한 암 영향은 성인의 암 비율보다 어린 시기 노출로 인한 암 발생률이 평균 10배 정도 높다는 것이 관찰되었다. 즉, 생애 초기 노출로 인한 위해도는 평생 노출로 인한 위해도와 비교할 수 있으며, 이후 동일한 기간 동안 노출되어 발생할 수 있는 위해도보다 10배 정도 큰 위해를 갖는다고 주장하였다.

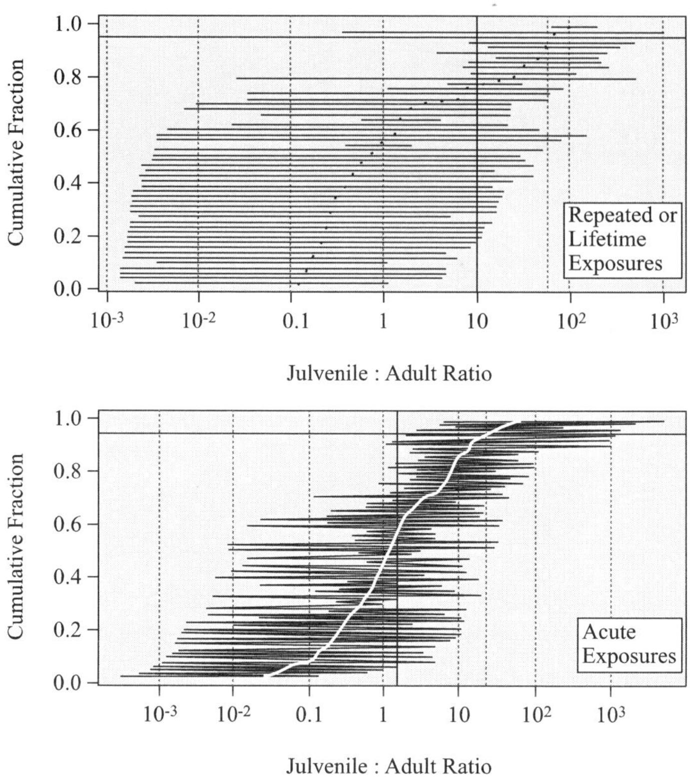

그림 10.11 동물 시험에 의한 성체 대비 어린 시기의 암 발생율 비교
[출처 : Supplemental Guidance for Assessing Susceptibility from Early-Life Exposure to Carcinogens, US EPA, 2005]

미국 환경청에서는 동물실험 자료뿐만 아니라 일부 역학연구 결과에서도 어린 시기 노출로 인한 암 발생 또는 사망률 증가 현상이 관찰된다고 보고하였다. 일본에서 방사능 누출로 인한 초과비교위험도(ERR, Excess Relative Risk)를 피폭 연령에 따라 비교한 결과, 20세 이후 피폭 대상자보다 20세 이전 피폭 대상자의 뼈 및 관련 조직 이상으로 인한 ERR이 최대 11배 높게 관찰되었다. 또한 모든 표적 장기에 대한 평균 ERR은 20세 이상의 대상자는 0.10인데 비해 10~19세 대상자는 4.5, 0~9세 대상자는 10.25로 높게 추정되었다.

이와 같은 독성자료의 고찰 결과를 근거로 하여 미국 환경청에서는 초과발암위해도 평가 시 연령별 민감도를 고려할 것을 권고한 바 있다. 생애초기 노출은 이후 동일한 기간 동안 노출로 인한 위해도보다 돌연변이원성의 기작을 통해 작용하므로, 발암 위해성이 더 높다는 것으로 결론을 도출하였다. 미국 환경보호청에서는 이를 근거로 성인 발암성 자료를 이용하여 어린이 발암 위해성을 평가할 경우에는 노출 연령에 따라 독성값의 민감성을 보정할 수

Table 9. Excess Relative Risk(ERR) estimates for cancer indence from Life Span Study (Japanese survivors) [a]

Site	Average ERR at 1Sv	
	<20[b]	>20[b]
Stomach	0.74	0.24
Colom	0.62	0.7
Liver	1.3	0.31
Lung	0.57	1.1
Bone and connective tissue	11	0.42
Skin	5.4	0.39
Breast	3.3	0.98
Urinary bladder	0.71	0.79
Leukemia	6.4	3.7

[a] Information extracted from tables in UNSCEAR, Annex I(2000).
[b] Age at exposure.

Table 10. Excess Relative Risk(ERR) estimates for incidence of thtroid cancer from Life Span Study [a]

Age at exposure	Average ERR at 1Sv (No. cases)
0~9 yr	10.25 (24)
10~19 yr	4.5 (35)
20~29 yr	0.10 (18)
>30 yr	0.04 (55)

[a] Information extracted from tables in UNSCEAR, Annex I(2000).

그림 10.12 일본 방사능 누출 역학 연구에서 노출 시기에 따른 초과비교위험도 비교
[출처 : Supplemental Guidance for Assessing Susceptibility from Early-Life Exposure to Carcinogens, US EPA, 2005]

있는 ADAF (Age Dependent Adjustments Factors)를 제안하고 있다. 해당 물질에 대한 생애 초기 노출에 대한 구체적인 자료가 없는 경우에는 생애초기 노출에 대한 민감도를 고려하기 위하여 발암잠재력을 평가 연령별로 3~10배 보정한다(US EPA, 2005).

국립환경과학원의 환경유해인자의 위해성 평가를 위한 절차와 방법 등에 관한 지침(환경부예규 제415호)에서도 어린이를 대상으로 한 위해성 평가 수행 시 성인의 발암 자료를 이용할 경우, 미국 환경보호청에서 권고하고 있는 연령보정계수를 적용할 수 있도록 제시한 바 있다(국립환경과학원, 2010).

어린이 발암력 산출을 위한 연령보정계수(제21조제4항 관련)

노출 연령 집단	노출 지속 기간(년)	보정 계수
출생 후 1개월 미만	0.083	10×
1~3개월 미만	0.167	10×
3~6개월 미만	0.25	10×
6~12개월 미만	0.5	10×
1~2세 미만	1	10×
2~3세 미만	1	3×
3~6세 미만	3	3×
6~11세 미만	5	3×
11~16세 미만	5	3×
16~21세 미만	5	1×
21세 이상 (21<70)	49	1×

(예) 노출 대상 어린이 연령군이 3세부터 13세 미만인 경우, 연령보정계수 3을 적용함.
따라서 일반 성인의 발암력이 $2mg/kg/day^{-1}$ 인 경우, 해당 노출 연령군(3~13세)에서의 어린이 발암력은 3(연령보정계수)×$2mg/kg/day^{-1}$=$3mg/kg/day^{-1}$으로 산정

그림 10.13 환경유해인자의 생애 초기 민감성을 고려한 발암성 연령보정계수(ADAF)
[출처 : 환경유해인자의 위해성평가를 위한 절차와 방법 등에 관한 지침(환경부예규 제415호)]

2.1.2 노출 행태의 차이

어린이는 어른과 생리적 차이뿐만 아니라 노출 행동도 전혀 다르다. 실내공기 오염으로 인한 노출 행태에서 성인에 비해 호흡하는 영역이 바닥에 근접하는 정도의 낮은 위치에 있는데, 공기보다 가벼운 물질을 제외하고는 대부분의 오염물질은 바닥부에 가까울수록 농도가 높아질 수 있다. Fenske et al.(1990)은 실내공간의 높이별로 클로로포스를 측정해보니, 성인이 앉아 있는 높이에서는 63 $\mu g/m^3$인 반면 영아가 앉아 있는 높이에서는 94 $\mu g/m^3$으로 측정되었다고 발표한 바 있다.

어린이는 흡입 노출과 더불어 기기(crawling), 식품 외 섭취(eating), 빨기(mouthing), 손빨기(hand-to-mouth), 만지기(touching), 놀기(playing), 구르기(roll-over), 씻기(washing) 등 매우 다양한 놀이 행태를 하는 것으로 알려져 있다(RIVM, 2007). 세계보건기구는 미국 환경보호청의 자료를 이용하여 생후 연령별로 성장발달 단계에 따라 빨기, 기기, 구르기 등 다양한 놀이 행태를 도식화하기도 하였다(WHO, 2006).

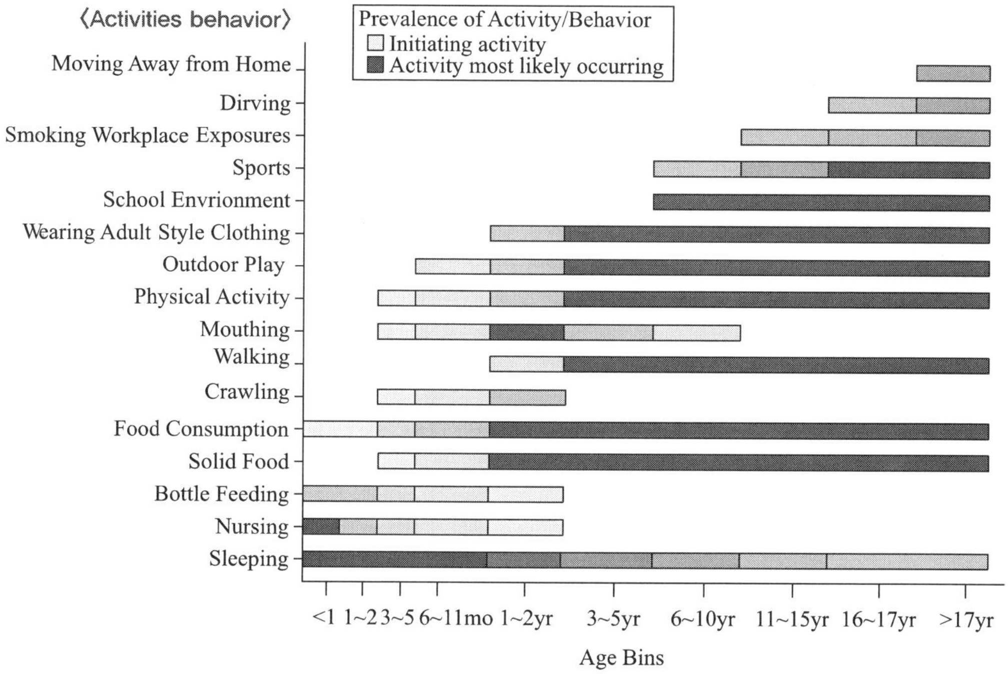

그림 10.14 어린이 성장발달 단계별 주요 노출 행태 비교
[출처 : Principles for evaluating health risks in children, WHO, 2006]

어린이의 빨기, 먼지 집어먹기 등의 놀이 행태는 궁극적으로 실내 오염물질이 체내로 유입되는 직접적인 요인이 된다. 환경부의 어린이 보육시설을 이용하는 일부 어린이를 대상으로 노출 행태에 대한 비디오 분석을 수행한 결과, 보육시설은 1일 최소 5시간에서 최대 10시간을 이용하고 있었으며, 누워있기, 앉아있기, 기어다니기, 구르기, 제품빨기, 손빨기, 바닥 이물질 집어먹기 등 매우 다양한 노출 행동을 하는 것으로 관찰되었다(환경부, 2008). 이러한 다양한 노출 행태로 인해 어린이 활동공간에서 영유아는 바닥제품 등의 표면 접촉에 의한 피부접촉 노출, 3~4세 어린이는 실내공기 및 제품 표면에 의한 흡입 및 피부접촉 노출, 5~6세 어린이는 실내공기에 의한 흡입 노출이 유해물질의 주요 노출 경로로 조사된 바 있다(환경부, 2008).

〈표 10.3〉 어린이 활동공간의 실내 유해물질별 노출 경로 및 노출 시나리오 예시

노출매체	노출 시나리오 작성	주요 노출경로	유해물질
공기	대상시설 이용 시 주위 공기를 들여마심	흡입 (inhalation)	휘발성 물질 및 부유 물질
바닥 (먼지)	대상시설 이용 시 먼지를 섭취하는 경우	섭취(oral intake); 피부 접촉 (dermal uptake)	비휘발성 물질
	바닥 먼지에서 유해물질로 오염된 손을 입으로 가져가는 행위(hand to mouth)	섭취 (oral uptake)	
바닥 (고무 바닥재)	대상시설 바닥 매트에 포함된 물질이 휘발되어 흡입되는 경우	흡입 (inhalation)	휘발성 물질
	대상시설 바닥 매트에 코팅된 물질을 만져서 오염된 손을 입으로 가져가는 행위(hand to mouth)	섭취 (oral uptake)	
	바닥 매트와 신체 접촉	피부 접촉 (dermal uptake)	

[출처 : 어린이 활동공간 위해성 평가 사업 – 보육시설 및 실내놀이터 시설을 중심으로 –. 환경부, 2008]

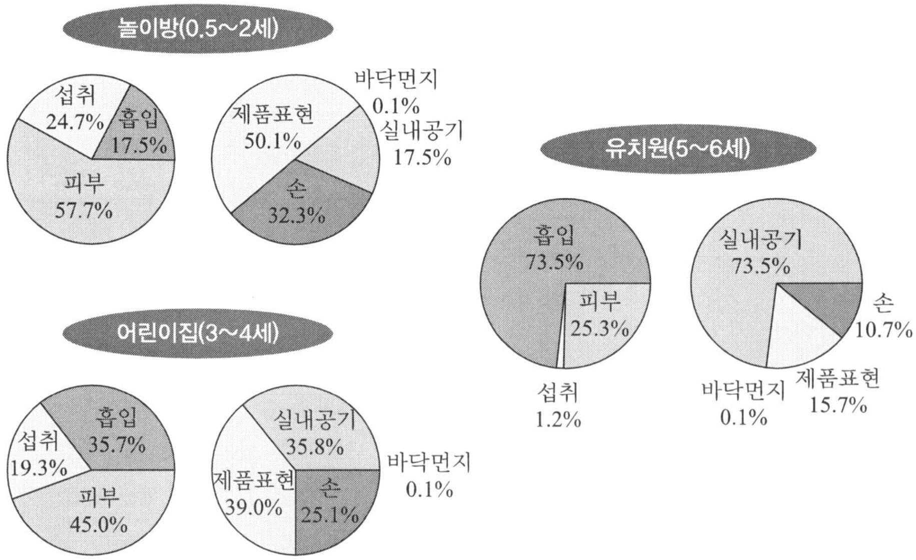

그림 10.15 어린이 활동공간의 연령별 유해물질 노출원 및 노출 경로별 노출 기여율 사례
[출처 : 어린이 활동공간 위해성 평가 사업 – 보육시설 및 실내놀이터 시설을 중심으로 –. 환경부, 2008]

2.2 실내 유해인자로 인한 어린이 건강 영향

실내 유해인자로 인한 어린이 건강영향은 천식 등 알레르기 및 면역 질환, 호흡기계 질환, 발암 등이 주로 알려져 왔다. 그러나 최근에는 성장발달과 연관된 신경행동학적 이상, 인지 발달장애 등에 대한 관심이 급증하고 있다. 미국 환경보호청의 2010년 보고서에 의하면, 18세 이하의 천식은 연간 9.9백만 명이 발생(2006년 기준)하며, 14세 이하의 소아암은 매년 10,400명의 신규 환자가 발생하고, 연간 1,545명이 사망(2007년 기준)한다고 보고하였다. 이에 비해 성장발달장애영향은 2001～2004년 동안 어린이 천명당 7명이 지체장애 진단을 받으며, 매년 출산 영아의 3～8%가 주의력 결핍, 과잉행동장애 등의 성장발달장애영향이 보고되었다. 또한 2003～2004년에는 4～17세 사이의 자폐아가 약 300,000명으로 추산되었다. 이로 인해 2001～2002년 동안 6.5백만 명의 특수 교육 대상 어린이가 발생하였으며, 이는 1976～1977년보다 약 75%가 증가된 수치이다. 따라서 미국에서는 최근 유해물질 노출로 인한 어린이의 성장발달장애영향을 사회비용 증가의 주요 요인으로 꼽고 있다(US EPA, 2010).

이러한 유해물질로 인한 어린이의 성장발달장애영향 가능성은 최근 우리나라에서도 지속적으로 보고되고 있다. 서울대학교 연구에서는 국내 일부 도시지역 거주 어린이(8～11세)의 소변 중 프탈레이트 대사체 농도와 ADHD (Attention-Deficit / Hyperactivity Disorder; 주의력결핍과잉행동장애) 증상과 양의 상관성이 관찰된다고 발표하였다(Kim et al., 2007). 국립환경과학원에서는 전국 9개 초등학교의 667명 학생을 대상으로 단면연구 결과, 소변 중 프탈레이트 대사체 농도와 단어구사력간 음의 상관성이 있음을 발표하였다(Cho et al., 2010). 국내 출생 코호트 연구 사업에서는 2006년부터 2009년까지 엄마－신생아 460쌍에 대해 뇨중 프탈레이트 대사체와 건강영향(Mental and Psychomotor Developmental Indices)의 관계를 연구한 결과, 음의 상관성이 관찰된 바 있다(Kim et al., 2011). 김대섭 등(2007)은 신축 초등학교 교실의 폼알데하이드 농도가 높을수록 인지 기능의 반응력이 유의미하게 느려지는 것을 관찰하여 발표한 바 있다.

폼알데하이드, 벤젠, 톨루엔 등은 대표적인 실내공기 오염물질이며, 프탈레이트 등 최근 어린이 성장발달장애영향과 관련성이 있다고 보고되고 있는 물질은 주로 실내환경에서 노출되는 것으로 알려져 있다. 특히 어린이 활동공간에서는 일반적 보육뿐만 아니라 다양한 놀이 및 학습 활동이 동일한 공간에서 이루어지기 때문에, 다수의 제품이 실내공간에 밀집됨으로 인해 유해물질 노출이 상승될 수 있어 실내환경관리가 더욱 중요하다.

2.3 어린이 활동공간의 실내환경 관리방안

과거에는 어린이와 실내환경문제를 인식조차 하지 못하고 있었지만, 삶의 질이 높아지고 선진국으로 발전할수록 어린이의 건강에 대한 의식이 고조됨에 따라 어린이들이 매일 접하는 실내환경을 건강하게 만드는 노력이 당연한 과제로 대두되고 있다.

우리나라도 어린이 생활환경 중 가장 많은 시간을 보내고 있는 어린이 활동공간의 실내환경 유해요소를 체계적으로 파악해야 할 필요가 있다. 미국 Office of Radiation and Indoor Air에서는 실내 오염물질로 인한 어린이 알레르기질환 유발 위험값을 평가하여 우선적으로 관리하여야 할 실내 유해물질을 제시하고 있다(Mendell, 2006). 대표적인 실내공기 오염물질인 VOCs도 있지만, 프탈레이트와 같이 접촉 등에 의해 주로 노출되는 실내환경 오염물질도 포함되어 있다.

Table 3. Summary table: odds ratios (ORs) for asthma, lower respiratory outcomes, and allergy in infants and children associated with *indoor chemical concentrations* and for *indoor source materials or activities*

Risk Factors	Health Outcomes	
	Asthma and Lower Respiratory OR	Allergy OR
Indoor Chemical Concentrations		
Formaldehyde	1.4* [11]; 1.8* [13]; 8.0*, 2.0*, * [12]; * [15]; 1.4 [17]	4.1 [10]
Aromatics		
toluene	1.3* [8]	13.0*, 16.0* [14]; 3.3*, 11.2* [19]
benzene	1.9*/8.0* [8]; 10*[14], 2.4*[18]	---
styrene	6.4* [14], 2.1* [18]	---
m-p-xylene	10.0* [14]	8.0* [19]
dichlorobenzene	1.2* [8]	---
chlorobenzene	---	5.9* [19]
4-ethyltoluene	---	3.0*, 9.3* [19]
Aliphatics		
decane	---	8.1* [19]
hexane	---	9.6* [19]
Total VOCs	1.3*/4.0* [8]	---
Phthalates (in dust)		
BBZP	1.9 [9];	2.0*, 2.6*, 3.0* [9]
DEHP	2.9* [9]	---
Indoor sources or activities		
Plastic materials	1.1, 1.4*, 1.4* [27]; 1.9* [26]; 1.5, 3.4* [23]; 2.9, 12.6* [25]; 2.1* [24]	1.3* [27]; 1.6* [9]
Recent painting	1.9*, 5.6* [18]; 1.1, 1.2, 1.3 [27]; 1.7*, * [21]; 4.1*, 4.1* [20]	1.2* [27]
New furniture or particleboard	1.3, 1.3, 1.6* [27]; 1.3, 1.4, 0.6 [27]	1.4*; 1.5* [27]
New synthetic carpets	1.7*, 1.8, 1.9* [27]	1.4* [27]
Textile wallpaper	1.6 [26]; 1.7, 3.7 [25]	---
Housecleaning by mother	2.0, 2.3* [22]	---

* p-value ≤ 0.05 (* with no OR indicates that p-value was reported without OR)

그림 10.16 미국의 실내공간에서 어린이 알레르기 유발 요인별 위험도 산출 사례
[출처 : US EPA, MJ Mendell, 2006]

이에 비해 우리나라는 미세먼지와 휘발성물질 중심의 실내공기 오염물질을 대상으로 노출 및 위해 관리를 하고 있다. 그러나 어린이 노출 행태를 고려한다면 실내공기뿐만 아니라 실내 먼지, 바닥재 등 다양한 실내 노출 매체를 통해 호흡기뿐만 아니라 섭취, 피부접촉 등 다양한 노출 경로를 통해 유해물질이 노출되어 건강 영향을 유발할 수 있는 바, 실내공기뿐만 아니라 실내환경에 대한 유해물질의 관리가 필요하다. 또한 다양한 제품 개발로 실내에서 사용하는 화학물질도 증가되고 있기 때문에 신속하게 실내 오염물질을 조사하여 신규 유해물질을 발굴할 수 있는 새로운 노출평가기법의 개발이 필요하다.

특히 어린이 활동공간은 다수의 어린이가 밀집하여 장시간 동안 반복적으로 이용하는 시설 특성으로 인해 유해물질에 노출될 수 있는 잠재적인 시설 단위 노출인구는 일반 가정보다 많을 것이다. 이에 어린이 활동공간의 관리를 책임지고 있는 관리자를 대상으로 건강한 실내환경을 조성하기 위한 방안을 교육하고 홍보하기 위한 노력도 중요하다. 어린이 활동공간에서 실내 유해인자의 노출을 줄이기 위한 교육 활동도 실내공기 관리를 위한 환기와 더불어 바닥먼지 제거, 실내 제품 및 손 청결 등 어린이 노출 행태를 고려한 방안이 제시되어야 한다.

환경은 사후 대책 중심보다는 사전 예방이 우선되어야 하는 분야이다. 이에 어린이가 건강하게 지낼 수 있는 실내환경을 조성하기 위해서 어린이 활동공간의 유해 요소를 파악하고, 저감할 수 있는 대처 방안들에 대한 교육과 홍보를 통한 예방 활동이 매우 중요하다. 이를 위해서 지속적이고, 주기적인 어린이 활동공간에 대한 실내환경 조사 활동이 바탕이 되어야 하며, 축적된 자료를 근거로 어린이의 노출 행태 및 독성 영향을 반영한 위해성 평가를 수행함으로써 효과적인 저감 방안들을 마련할 수 있을 것이다.

참고문헌

국립환경과학원 (2010). 환경유해인자의 위해성평가를 위한 절차와 방법 등에 관한 지침(환경부예규 제415호), 환경부.

김대섭, 김선주, 박시영 등 (2007). 신축학교 실내공기질이 초등학생들의 인지기능에 미치는 영향. 대한산업의학회지, 19(1): 73-80.

환경부 (2008). 어린이 활동공간 위해성 평가 사업 - 보육시설 및 실내놀이터 시설을 중심으로 -, 환경부.

환경부 (2010). 어린이 활동공간 위해성 평가 사업 - 학교, 학원 및 주거, 교통, 공공시설 중심으로 -, 환경부.

Cho et al. (2010). Relationship between environmental phthalate exposure and the intelligence of school-age children. Environmental Health Perspectives, 118(7): 1027-1032.

Fenske RA, Black KG, Elkner KP, et al. (1990). Potential exposure and health risks of infants following indoor residential pesticide applications. Am J Pub Health, 80: 689-693.

Kim BN, Cho SC, Kim Y, Shin MS, Yoo HJ, Kim JW, et al. (2009). Phthalates exposure and attention-deficit/hyperactivity disorder in school-age children. Biol Psychiatry 66: 958-963.

Kim et al. (2011). Prenatal exposure to phthalates and infant development at 6 months: Prospective Mothers and Children's Environmental Health (MOCEH) Study. Environemtnal Health Perspectives, 119: 1495-1500.

Mendell MJ. (2006) Indoor residential chemical exposures as risk factors for asthma and allergy in infants and children: a review, Environmental Energy Technologies Division, Indoor Environment Department, Lawrence Berkeley National Laboratory, 1 Cyclotron Road, Berkeley, CA 94720, USA.

RIVM (Rijks Instituut voor Volsgezondheid en Milieu) (2007). Guidance for assessment of chemical risks for children. RIVM report 320012001. Centre for Substances and Integrated Risk Assessment, P.O. Box 1, 3720 BA Bilthoven, Netherlands.

US EPA (Environmental Protection Agency) (2005). Supplemental Guidance for Assessing Susceptibility from Early-Life Exposure to Carcinogens, EPA/630/R-03/003F. Washington, DC 20460 US EPA.

US EPA (Environmental Protection Agency) (2010). Fast Facts on Children's Environmental Health. Washington, DC 20460 US EPA.

WHO (World Health Organization) (2001). 어린이 환경보건분과, http://www.who.int/ peh/CEH/index.htm.

WHO (World Health Organization) (2006). Principles for evaluating health risks in children associated with exposure to chemicals, WHO.

Woolf A, Flynn E, Matz P, et al. (2000). Indoor air pollutants affecting child health. US ATSDR.

제 3 절
어르신 생활공간

3.1 어르신 인구 증가와 주요 생활공간

3.1.1 어르신 인구의 증가

의료기술이 빠르게 발전하고 건강한 삶에 대한 관심이 증가하면서 평균수명도 크게 증가했다. 2012년 통계청의 장래인구추계는 1960년 우리나라 65세 이상 어르신 인구가 전체인구의 2.9%로 약 73만 명이었으나 2010년에는 11%인 545만 명으로 증가했고, 2030년에는 1,269만 명(24.3%), 2060년에는 1,762만 명(40.1%) 수준의 초고령사회[1]로 성장할 것을 전망하고 있다. 또한, 어르신 연령의 구성도 변화를 보여주는데, 65~74세 인구가 2010년 62.4%에서 2060년 37.7%로 감소하는 반면, 85세 이상 초고령인구는 2010년 6.8%에서 2060년 25.4%로 3배 이상 증가하는 것으로 예측되었다.

어르신층의 거주지역도 지난 20년 사이 변화하여 어르신 10명 중 7명 이상이 도시에 거주하는 것으로 나타났다. 즉, 어르신 중 도시지역 거주자의 비중이 1994년에는 56.4%에서 2014년에는 76.6%로 약 20% 증가한 것으로 보건복지부의 2014년 노인실태조사가 보여주고 있다.

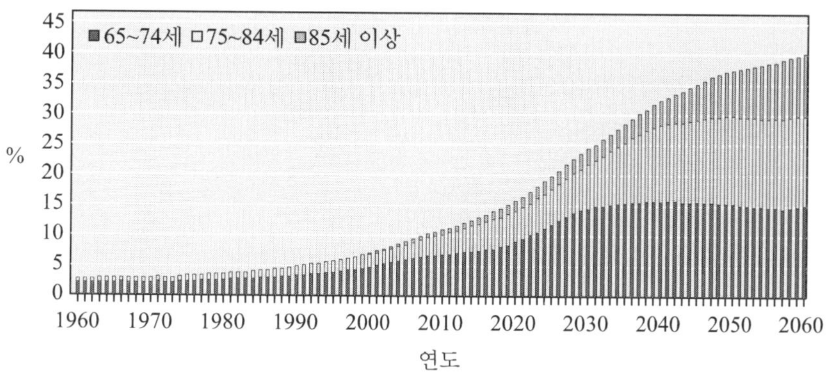

그림 10.17 총인구 대비 연령계층별 고령인구 구성비(1960~2060년)
[출처 : 통계청, 2012년, 장래인구추계]

1) UN의 규정에 의하면 65세 이상의 인구가 전체 인구의 7% 이상이면 고령화사회, 14% 이상이면 고령사회, 20% 이상이면 초고령사회

3.1.2 어르신의 주요 생활 및 활동공간

주택을 제외하면 어르신들이 가장 많은 시간을 보내는 실내공간은 노인복지시설일 것이다. 어르신 인구의 빠른 증가에 따라 우리나라에서도 국가적 차원에서 노인복지시설을 점진적으로 확대하고 있다. 노인복지시설은 65세 이상 어르신의 주거, 의료, 여가 복지를 위하여 국가, 지방자치단체 또는 민간단체가 경영하는 시설로 노인복지시설의 종류는 표 10.4와 같다.

2014년 기준 전국의 노인복지시설은 73,774개소로 이 중 89%가 노인여가시설이다. 노인여가시설 중에서도 경로당이 차지하는 비율이 97%로 전국에 61,537개소의 경로당이 설치되어 있다.

보건복지부 실태조사에서는 어르신의 25.9%가 경로당을 이용하고 있고, 주로 친목도모 및 식사 관련 서비스가 경로당의 주된 이유로 꼽히고 있다. 노인복지관은 어르신의 8.9%가 이용하며, 여가프로그램과 식사 관련 서비스가 노인복지관의 주된 이용 이유이다. 향후 경로당과 노인복지관 이용을 희망하는 비율도 각각 34.2%와 19.5%로 조사되어 노인여가복지시설 이용은 증가할 것으로 전망되고 있다(보건복지부, 2014, 2014년도 노인실태조사).

〈표 10.4〉 노인복지시설의 종류

분류	종 류
노인주거복지시설	양로시설, 노인공동생활가정, 노인복지주택
노인의료복지시설	노인요양시설, 노인요양공동생활가정
노인여가복지시설	노인복지관, 경로당, 노인교실
재가노인복지시설	방문요양서비스, 주·야간보호서비스, 단기보호서비스 등
노인보호전문기관	중앙/지역 노인보호전문기관

[자료 : 노인복지법 제31조~제39조]

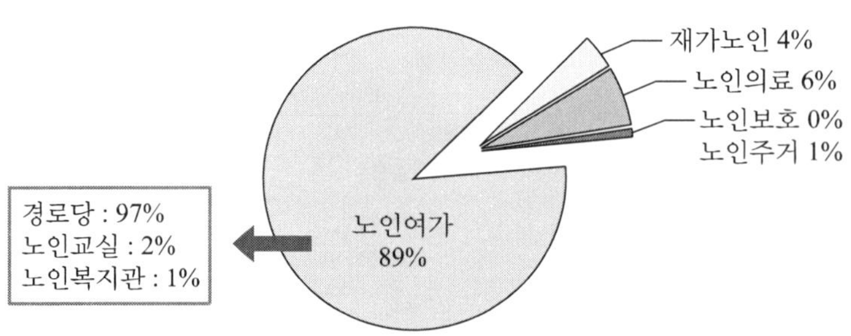

그림 10.18 전국 노인복지시설 현황(2014년 기준)
[출처 : 보건복지부, 2015 노인복지시설 현황, 2015]

2012년 서울시에서 실시한 경로당 이용실태조사에 따르면, 경로당 1일 평균이용인원은 23명이고, 연령대별로는 70대 50.5%, 80대 35.4%로 대부분 70~80대 후기 고령 어르신들이 주요 경로당 이용자로 조사되었다. 경로당 이용빈도도 일주일에 평균 5.6일로 거의 매일 이용하는 것으로 나타났다(서울시, 2012, 경로당 프로그램 모니터링 및 개선방안 연구).

향후 어르신 인구의 꾸준한 증가가 전망되고 있어 경로당뿐 아니라 노인복지시설에 대한 수요도 증가할 것으로 보인다. 따라서 노인복지시설의 건강한 실내공기 유지와 관리에 대한 관심이 필요한 시점이다.

3.2 노인복지시설의 실내공기질 관리 현황

도시에 거주하는 어르신의 비율이 증가하고 있어 도시가 안고 있는 다양한 환경문제가 신체 면역력이 약화된 어르신층의 건강에 더욱 영향을 미칠 것을 짐작할 수 있다. 더욱이 프라이버시 보호 및 안전 문제, 에너지 절감 등의 이유로 환기를 제대로 하지 않는 경우가 많고, 건축자재 및 생활용품에 화학물질 사용이 증가하면서 오염된 실내공기가 다양한 환경성질환을 야기하고 있다. 특히, 외부 활동이 적고 실내에서 보내는 시간이 많은 건강민감계층인 어르신층에게는 실내공간의 공기질이 건강문제의 중요한 요인이 될 수 있다.

그렇다면 주택 외 어르신이 가장 많이 이용하는 실내공간인 노인복지시설의 실내공기질 관리 현황은 어떨까? 법적 관리 대상이 되는 노인복지시설은 무엇이고, 어떻게 관리되고 있는지를 살펴보고, 노인복지시설의 실내공기에 대한 최근 연구를 정리하여 실내공기 현황을 살펴보았다.

3.2.1 실내공기질 법적 관리 대상 및 기준

우리나라의 어르신 대상 시설 중 실내공기질의 법적 관리대상은 '실내공기질관리법'에 따라 연면적 1천 m^2 이상의 노인요양시설만 해당된다.

법적 관리 대상이 되는 시설의 관리책임자는 기준에 맞게 시설을 관리해야 하고, 환경부장관이 고시한 오염물질 방출 건축자재를 사용할 수 없다. 또한, 시설의 소유자 등은 실내공기질 관리에 대한 교육을 받아야 하고, 실내공기질 측정결과를 기록하고 보존해야 한다.

하지만 노인요양시설을 제외한 노인복지시설은 법적 관리 대상에 속하지 않으므로 시설의 소유자, 관리자 또는 사용자가 스스로 실내공기질을 알아서 관리해야 하는 상황이다. 따라서 시설의 사용자 및 관리자가 실내공기의 중요성을 인식하고 올바른 관리방법을 실천하는 것이 중요하다.

〈표 10.5〉 실내공기질의 유지기준 및 권고기준

구분	미세먼지 PM_{10} ($\mu g/m^3$)	이산화탄소 CO_2 (ppm)	폼알데하이드 HCHO ($\mu g/m^3$)	총부유세균 (CFU/m^3)	일산화탄소 CO (ppm)
유지기준 (의료기관, 노인요양시설, 보육시설, 산후조리원)	100 이하	1,000 이하	100 이하	800 이하	10 이하
구분	**이산화질소 NO_2 (ppm)**	**라돈 (Bq/m^3)**	**총휘발성유기화합물 VOC ($\mu g/m^3$)**	**미세먼지 $PM_{2.5}$ ($\mu g/m^3$)**	**곰팡이 (CFU/m^3)**
권고기준 (의료기관, 노인요양시설, 보육시설, 산후조리원)	0.05 이하	148 이하	400 이하	70 이하	500 이하

[출처 : 실내공기질관리법 시행규칙 별표2, 별표3]

3.2.2 노인복지시설의 실내공기질 현황

어린이집 · 유치원 등 어린이 시설의 경우, 영유아 및 어린이 건강문제에 대한 사회적 관심이 커서 어린이 시설에 대한 실내공기 문제를 조사하고 연구한 사례는 꾸준히 있어 왔다. 하지만 상대적으로 어르신 시설에 대한 사회적 관심이 미미하여 그간 노인복지시설을 대상으로 실내공기 오염문제를 다룬 연구는 많지 않다.

실내공기질 법적 관리 대상에 해당하는 노인요양시설에 대해 환경부가 제공하고 있는 실내공기질 관리매뉴얼과 서울시가 경로당을 대상으로 실내공기질을 조사한 내용을 소개하여 노인복지시설의 실내공기질 현황을 미흡하나마 소개하고자 한다.

① 노인요양시설 2)

법적 관리대상에 해당되는 노인요양시설의 실내공기를 오염시키는 발생원과 오염물질은 표 10.6과 같다.

2) '환경부, 2012, 실내공기질 관리매뉴얼(노인요양시설)'의 내용을 발췌하여 정리함.

〈표 10.6〉 노인요양시설의 실내공기 발생원과 주요 오염물질

원인	발생원	주요 오염물질
이용자들의 내부활동	배변, 재채기, 체내 분비물	부유세균 및 미생물
	움직임이 요구되는 활동	미세먼지, 이산화탄소
	연소, 난방	이산화질소, 일산화탄소
시설 및 건축물	건축자재, 인테리어 제품, 가구	휘발성유기화합물, 폼알데하이드, 석면, 라돈
	주방(조리실)	이산화질소, 일산화탄소
	화장실, 샤워실, 새시	부유미생물, 곰팡이
	침구류, 식물	세균, 집먼지진드기, 곰팡이
	사무기기	오존, 미세먼지, 휘발성유기화합물
주변환경	주변도로	미세먼지, 휘발성유기화합물, 일산화탄소
	외부공기	미세먼지, 휘발성유기화합물

[출처 : 환경부, 2012, 실내공기질 관리매뉴얼(노인요양시설)]

환경부 조사에 따르면, 노인요양시설에서 가장 위험성이 높은 것으로 보고되는 오염물질은 폼알데하이드, 총휘발성유기화합물이고 이어 미세먼지, 총부유세균, 이산화탄소로 나타났다. 이러한 오염물질의 발생 원인으로 미흡한 환기, 건축물의 노후화로 인한 누수 발생, 목재 사용 가구와 인테리어 제품 사용, 벽지 교체, 살충제 사용 등이 지목되고 있다.

② 경로당

서울시보건환경연구원은 2013년 서울시에 위치한 경로당의 실내공기질을 측정·조사한 바 있다. 2013년 9~11월에 걸쳐 진행된 경로당 50개소에 대한 실내공기질 측정조사결과와 「다중이용시설 실내공기질기준」 중 노인요양시설에 대한 기준을 비교하였다. 미세먼지, 폼알데하이드 및 일산화탄소는 모든 시설에서 기준 이내였다. 다만, 일부 시설에서 이산화탄소와 총부유세균의 농도가 기준을 초과하는 사례가 조사되었다.

경로당을 이용하는 사람들의 호흡, 음식조리, 환기 부족이 이산화탄소 농도가 높았던 이유로 추정되고, 청소 및 청결 불량 등이 부유세균 농도가 높았던 주요 이유로 보고 있다. 이러한 오염물질은 적절한 환기와 청소 및 소독 등으로 제거 및 완화될 수 있으므로 경로당을 이용하는 어르신이나 관리자들이 문제를 인식하고 행동으로 실천할 수 있도록 유도하는 것이 필요하다.

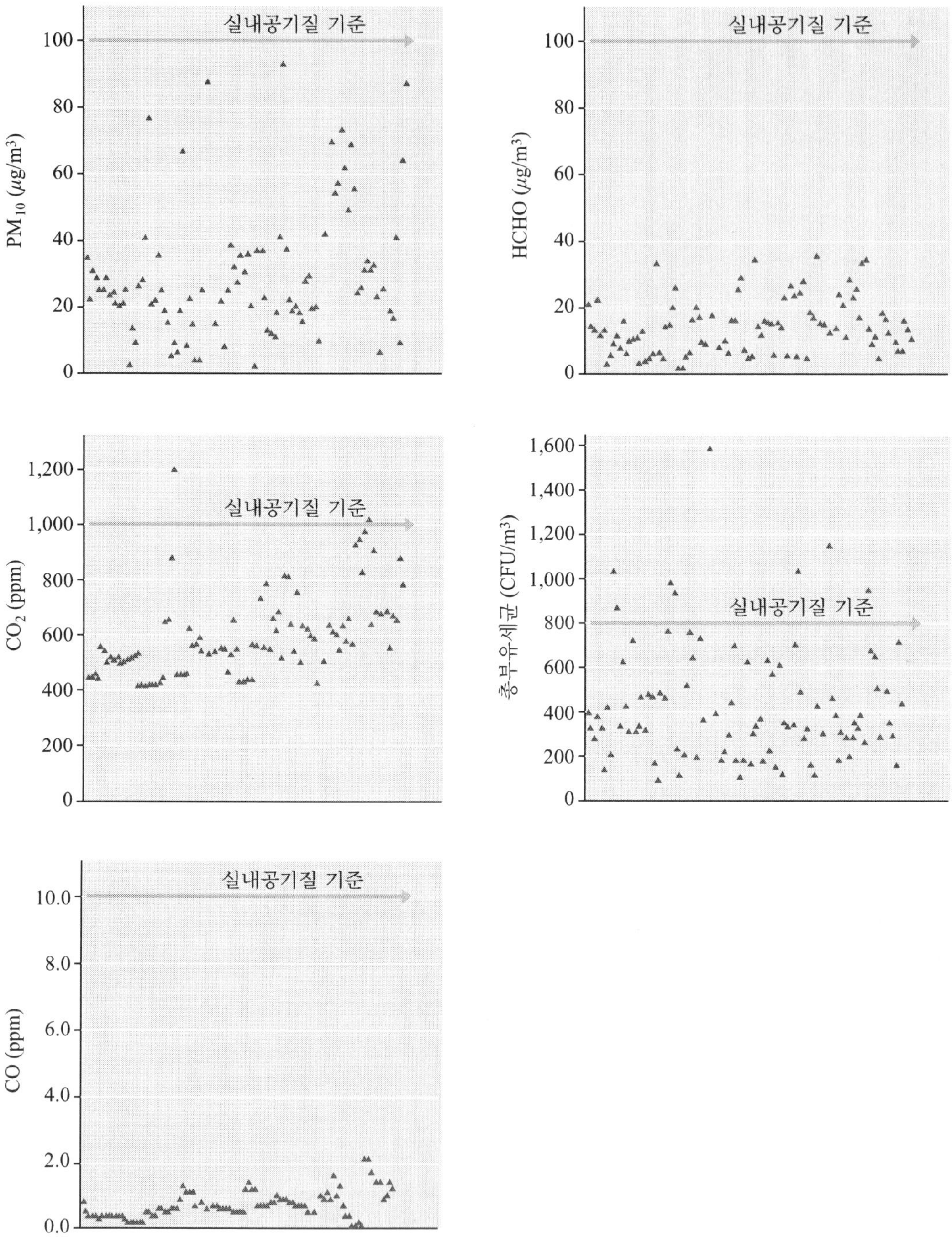

그림 10.19 서울 소재 경로당의 오염물질별 실내 오염도 현황
[출처 : 서울시보건환경연구원 2013년 경로당 실내오염도 측정조사 내부자료]

3.3 어르신의 실내공기질 인식 3)

서울연구원은 2014년 서울시에 위치한 경로당 100개소의 이용 어르신 100명을 대상으로 실내공기질 인식에 대한 설문조사를 실시한 바 있다.

실내공기질에 대한 평소의 관심도를 묻는 질문에 관심을 가지고 있다는 응답은 74%로 높은 반면, 실내공기질 관련 지식을 알고 있다는 비율은 46% 수준으로 나타나 실내공기질 관심도에 비해 관련 지식수준에 대한 주관적 평가는 낮은 것으로 나타났다.

실내공기질 관련 정보를 얻는 경로로 TV, 라디오 등의 방송매체가 69%로 가장 많고, 신문, 잡지 등의 지면매체는 22%였다. 주변 지인을 통한 경우도 39%로 적지 않고 강연이나 교육 등을 통한 정보 획득은 3%로 매우 미미하였다. 이는 어르신 대상의 정확한 실내공기질에 대한 정보전달 체계가 미흡하다는 것을 의미한다. 설문에 응답한 어르신들도 정확한 실내공기질에 대한 정보전달 통로가 없음을 인지하여 실내공기질 관련 지식 수준을 관심도에 비해 스스로 낮게 평가하고 있는 것으로 추정할 수 있다. 따라서 어르신들이 정확한 실내공기질에 대한 지식을 가지고 거주하는 주택을 포함한 노인복지지설의 실내공기질을 안전하게 유지할 수 있도록 관련 정보를 어떻게 효과적으로 전달할 지에 대한 고민이 필요하다.

실내공기를 악화시키는 원인에 대해서는 음식냄새가 52%로 가장 높았고, 연소시설(37%), 오염된 외부공기의 유입(23%), 환기부족(17%)의 순으로 나타났다. 건축자재 및 마감재, 유지관리 용품 등을 원인으로 꼽는 응답비율은 10% 미만으로 많지 않았다.

실내공기 개선을 위해 실천하는 방법으로는 자연환기 실시가 88%로 가장 많고, 청소 76%, 국소환기팬 사용 30% 등으로 나타나 대부분 가장 손쉬운 자연환기와 청소를 주요한 실내공기 개선방법으로 인식하고 있다.

다양한 연령층에 대한 선행연구의 설문조사에서도 이와 유사하게 실내공기에 대한 높은 관심도에 비해 실내공기를 악화시키는 원인과 적절한 관리방법에 대한 인식은 낮았다(최유진, 2012). 이는 전반적으로 일반 시민들이 실내공기질 악화의 원인과 관리 방법에 대한 이해가 부족하다는 것을 방증하는 것으로 볼 수 있다. 사람들이 많은 시간을 보내는 주택 등 사적인 공간뿐 아니라 모든 실내공간을 공공에서 규제로 관리한다는 것은 불가능하다. 따라서 개개인이 실내공기질 관리의 중요성, 원인 및 관리방법을 알 수 있는 홍보・교육 체계가 필요하다. 어르신이 쉽게 이해하고 실천하고 지원을 받을 수 있는 체계가 마련되어야 할 것이다.

---

3) '최유진, 2014, 서울시 복지시설의 실내공기질 관리방안 연구: 어린이집과 경로당 중심으로'의 내용을 발췌하여 정리

(단위 : %, 복수응답)

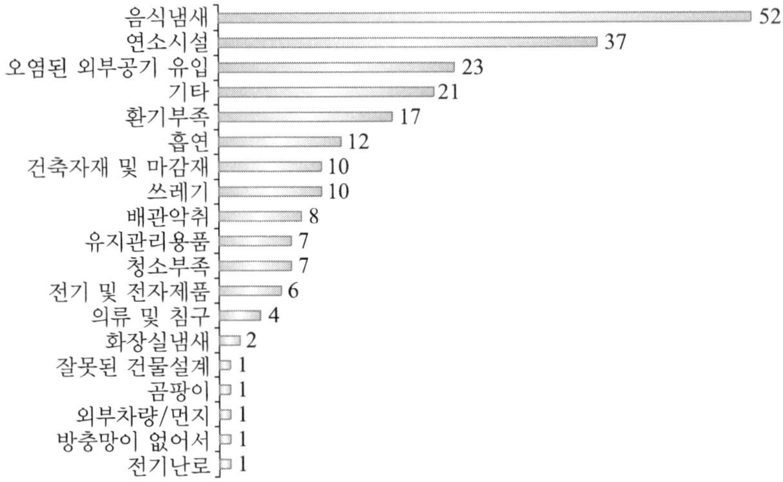

그림 10.20 경로당 이용자가 꼽은 실내공기의 악화 원인
[출처 : 최유진, 2014]

(단위 : %, 복수응답)

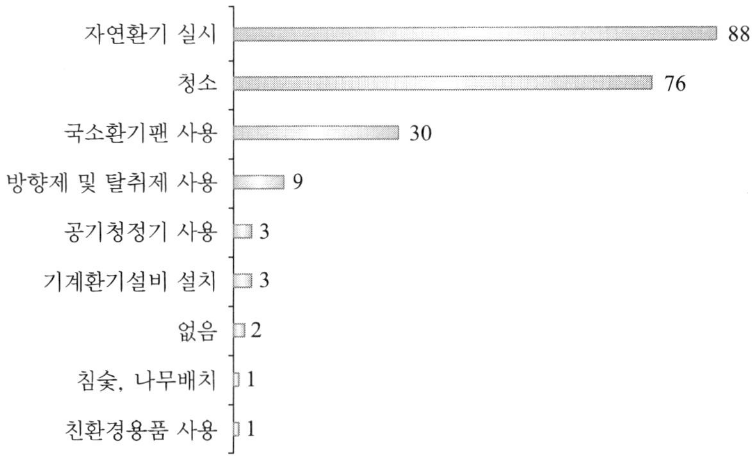

그림 10.21 경로당 이용자가 꼽은 실내공기의 개선 방법
[출처 : 최유진, 2014]

참고문헌

통계청, 2012, 장래인구추계.

보건복지부, 2014, 2014년도 노인실태조사, 한국보건사회연구원.

보건복지부, 2015, 2015 노인복지시설 현황.

서울시, 2012, 「경로당 프로그램 모니터링 및 개선방안 연구」, 서울연구원.

서울시, 2013, 「보건환경백서 2012」, 서울시보건환경연구원.

최유진, 2014, "서울시 복지시설의 실내공기질 관리방안 연구: 어린이집과 경로당 중심으로", 서울연구원.

최유진, 2012, "서울시 주택의 실내공기질 개선 방안", 서울연구원.

환경부, 2012, 실내공기질 관리매뉴얼(노인요양시설).

감 수 **배 귀 남**
KIST 환경복지연구단 단장

김 윤 신 건국대학교 환경공학과 교수
권 순 박 (주)디에이피 대표이사
김 성 환 단국대학교 미생물학과 교수
김 호 현 평택대학교 환경융합시스템학과 교수
문 정 숙 한양대학교 의학박사
박 준 석 한양대학교 건축공학부 교수
손 부 순 순천향대학교 환경보건학과 교수
신 진 호 서울특별시 보건환경연구원 환경연구관
양 원 호 대구가톨릭대학교 산업보건학과 교수
양 지 연 연세대학교 환경공해연구소 교수
조 승 연 연세대학교 환경공학부 교수
최 유 진 서울연구원 연구위원
한 화 택 국민대학교 기계시스템공학부 교수
홍 승 철 인제대학교 보건안전공학과 교수
황 정 호 연세대학교 기계공학부 교수

실내환경학개론

정가 18,000원

발 행 2024년 3월 10일 2판 1쇄
저 자 한국실내환경학회
발행인 정우용
발행처 도서출판 **동 화 기 술**
경기도 파주시 광인사길 201(문발동, 파주출판도시)
Tel (031)955-4211~6 donghwapub@nate.com
Fax (031)955-4217 www.donghwapub.co.kr
(등록) 1977년 12월 19일/9-16호

ISBN 978-89-425-9567-9